U0128782

· 高等学校计算机基础教育教材精选 ·

大学信息技术基础

李绍稳　主编

张武　辜丽川　副主编

朱诚　王永梅　杨宝华　李洋　张筱丹　石硕　参编

清华大学出版社

北京

内 容 简 介

本书根据国家教育部计算机基础课程教学指导委员会制定的大学计算机基础教学大纲组织编写。全书共分八章,主要内容包括计算机信息处理基础知识、中文 Windows XP 操作系统、Word 2003 文字处理、Excel 2003 电子表格、PowerPoint 2003 演示文稿、FrontPage 2003 网页制作,以及计算机网络、计算机病毒、网络安全等基础知识。本书还配套编写了《大学信息技术基础实验指导》(李绍稳编著,清华大学出版社出版)教材,供实验操作训练时使用。

本书可作为高等学校计算机基础课程的教材,也可供各类计算机基础培训人员学习参考。

图书在版编目(CIP)数据

大学信息技术基础/李绍稳主编. —北京:清华大学出版社,2009.9
(高等学校计算机基础教育教材精选)
ISBN 978-7-302-20825-9

Ⅰ. 大… Ⅱ. 李… Ⅲ. 电子计算机－高等学校－教材 Ⅳ. TP3

中国版本图书馆 CIP 数据核字(2009)第 161860 号

责任编辑: 袁勤勇 李玮琪
责任校对: 白 蕾
责任印制: 何 芊

出版发行: 清华大学出版社   **地 址:** 北京清华大学学研大厦 A 座
    http://www.tup.com.cn **邮 编:** 100084
  社 总 机: 010-62770175 **邮 购:** 010-62786544
  投稿与读者服务: 010-62776969,c-service@tup.tsinghua.edu.cn
  质 量 反 馈: 010-62772015,zhiliang@tup.tsinghua.edu.cn
印 刷 者: 北京国马印刷厂
装 订 者: 三河市溧源装订厂
经 销: 全国新华书店
开 本: 185×260 **印 张:** 21.75 **字 数:** 509 千字
版 次: 2009 年 9 月第 1 版 **印 次:** 2009 年 9 月第 1 次印刷
印 数: 1~6000
定 价: 30.00 元

出版说明

在教育部关于高等学校计算机基础教育三层次方案的指导下,我国高等学校的计算机基础教育事业蓬勃发展。经过多年的教学改革与实践,全国很多学校在计算机基础教育这一领域中积累了大量宝贵的经验,取得了许多可喜的成果。

随着科教兴国战略的实施以及社会信息化进程的加快,目前我国的高等教育事业正面临着新的发展机遇,但同时也必须面对新的挑战。这些都对高等学校的计算机基础教育提出了更高的要求。为了适应教学改革的需要,进一步推动我国高等学校计算机基础教育事业的发展,我们在全国各高等学校精心挖掘和遴选了一批经过教学实践检验的优秀的教学成果,编辑出版了这套教材。教材的选题范围涵盖了计算机基础教育的三个层次,包括面向各高校开设的计算机必修课、选修课以及与各类专业相结合的计算机课程。

为了保证出版质量,同时更好地适应教学需求,本套教材将采取开放的体系和滚动出版的方式(即成熟一本、出版一本,并保持不断更新),坚持宁缺毋滥的原则,力求反映我国高等学校计算机基础教育的最新成果,使本套丛书无论在技术质量上还是文字质量上均成为真正的"精选"。

清华大学出版社一直致力于计算机教育用书的出版工作,在计算机基础教育领域出版了许多优秀的教材。本套教材的出版将进一步丰富和扩大我社在这一领域的选题范围、层次和深度,以适应高校计算机基础教育课程层次化、多样化的趋势,从而更好地满足各学校由于条件、师资和生源水平、专业领域等的差异而产生的不同需求。我们热切期望全国广大教师能够积极参与到本套丛书的编写工作中来,把自己的教学成果与全国的同行们分享;同时也欢迎广大读者对本套教材提出宝贵意见,以便我们改进工作,为读者提供更好的服务。

我们的电子邮件地址是:jiaoh@tup.tsinghua.edu.cn。联系人:焦虹。

清华大学出版社

前言

具有系统、扎实、丰富的信息技术基础知识和应用技能是现代大学生必须具备的基本素质之一，大学计算机信息技术基础课是非计算机专业学生学习计算机的入门课程，也是当前我国高等学校公共基础课程体系中最为重要的课程之一。随着计算机技术的快速发展，许多学校对大学计算机基础教育课程体系进行了各种有益的探索，课程的内容也呈现多样化的趋势。本书根据国家教育部计算机基础课程教学指导委员会制定的大学计算机基础教学大纲组织编写。

考虑到非计算机专业开设计算机方面的课程较少，学生对信息技术知识的掌握需要通过这门课程的学习来实现，所以本书在编写过程中，通过对教学内容的基础性、科学性和前瞻性的研究，围绕当前高等教育改革发展的新形式、新目标和新要求，坚持既有利于教学又便于自学，既系统全面又突出重点难点，理论与实践相结合等原则，力求做到结构合理、通俗易懂，兼顾理论性、实用性及可操作性。同时，本书在内容的组织上也充分考虑到大学信息技术基础教学的目标是以学生应用能力培养为导向，引导学生学习关于计算机硬件、软件、网络和信息系统中最基本和最重要的概念和知识，了解最普通和最重要的计算机应用知识，为学生将来利用计算机技术解决本专业领域有关问题打下坚实的基础。因此本书涉及的内容较多，在实际使用时可根据教学的需要进行删减。

本书共分为8章，第1章计算机信息处理基础知识由张武编写，第2章中文Windows XP操作系统由朱诚编写，第3章Word 2003文字处理软件由王永梅编写，第4章Excel 2003电子表格软件由杨宝华编写，第5章PowerPoint 2003演示文稿制作软件由李洋编写，第6章计算机网络基础与应用由李绍稳和辜丽川编写，第7章计算机病毒与网络安全由张筱丹编写，第8章FrontPage 2003网页制作软件由石硕编写。全书由李绍稳统稿，张武、朱诚进行整理并校稿。

本书的编写得到了相关部门的大力支持与帮助，许多同志对本书的编写提出了宝贵的意见与建议，在此对所有给予我们帮助与支持的有关人员表示诚挚的谢意！

由于时间紧迫以及作者水平有限，书中难免有不足之处，恳请读者批评指正！

编　者

2009年6月

目录

第 1 章　计算机信息处理基础知识

1.1　概　　述

计算机技术的不断普及与深入发展正改变着人们传统的工作、学习和生活方式，同时也影响着教学内容和方法，推动了人类社会的发展和人类文明的进步，把人类带入一个全新的信息时代。作为 21 世纪的大学生，在信息社会里生活和学习，必须了解和掌握获取信息、处理信息、传输信息和存储信息的方法。

1.1.1　信息

信息一词来源于拉丁文 information，并且在英文、法文、德文、西班牙文中同字，在俄文、南斯拉夫语中同音，表明了它在世界范围的广泛性。信息一词在我国也有着悠久的历史，在两千多年前的西汉时期就出现了"信"字。

1. 什么是信息

迄今为止人们对信息有着各种各样的说法，还没有一个确切的定义。《辞源》中将信息定义为"信息就是收信者事先所不知道的报道"。《简明社会科学词典》中对信息的定义为"作为日常用语，指音信、消息。作为科学术语，可以简单地理解为消息接受者预先不知道的报道"。人类通过信息认识各种事物，人与人之间借助信息进行交流沟通，使人们能够互相协作，从而推动社会发展。

2. 信息的主要特征

信息是客观事物运动状态和存在方式的反映，主要具有如下一些特征：

(1) 信息的普遍性和无限性。信息是普遍存在的。人们生活在充满信息的环境中，一刻不停地接受或传递着各种各样的信息。读书、看报可以获得信息，与朋友交谈、看电视、听广播也可以获得信息。同时信息也是无限的。由于宇宙空间的事物是无限丰富的，所以它们所产生的信息也必然是无限的。

(2) 信息的可传递性和共享性。信息是可传递的。信息可以通过多种渠道、采用多种方式进行传输。人与人之间可以通过语言、文字、表情等传递信息。信息也可以通过多种现代通信手段传递，如通过电话、广播、电视、计算机网络等手段实现。

信息是可共享的。在信息传递的过程中，信息发出后，同一信息可以供给多个接受者。例如，教师授课、专家作报告、新闻广播、电视和网站等都是典型的信息共享实例。

（3）信息的依附性和可变换性。信息不能独立存在，必须借助某种符号才能表现出来，而这些符号又必须通过某些载体表现出来，才能为人们所交流和共识。信息可以通过纸张、文字、图像、符号、磁盘、磁带等载体加以存储，通过通信线路、计算机网络等信息媒体进行传递。

信息的存在形式是可变换的，同一信息的载体也是可以变换的。同样的信息可以用语言文字表达，也可以用声波来载荷，还可以用电磁波和光波来表示。

（4）信息的可处理性。信息是可以加工处理的。在流通使用过程中，经过综合、分析等处理，原有信息可以实现增值，可以更有效地服务于不同的人群或不同的领域。如土地资源信息经过选择、分析、统计可以为农业生产、城市规划建设等服务。

1.1.2 信息技术与信息化

1. 什么是信息技术

通常信息技术是指获取信息、处理信息、存储信息、传输信息所用到的技术，其核心主要包括传感技术、通信技术、计算机技术以及微电子技术等。

2. 信息化社会与计算机

计算机的迅速发展，加速了社会信息化的发展。如今，计算机已经成为人们生产和生活乃至学习的必备工具。计算机就在人们的身边，在学习、工作、生活、娱乐等各种领域都有它的存在。如在办公室工作、银行存取款、车站购票等，到处都离不开计算机。可以说，没有计算机就没有信息化，没有计算机、通信和网络技术的综合利用，就没有日益发展的信息化社会。所以说，计算机是信息化社会必备的工具。

3. 网络道德

网络正在改变着人们的行为方式、思维方式乃至社会结构，它对于信息资源的共享和信息资源的快速传播起到了巨大的推动作用，并且蕴藏着无尽的潜能。

网络道德主要表现在：网络文化的误导，传播暴力、色情内容；诱发不道德和犯罪行为；网络的神秘性"培养"了计算机"黑客"等。网络在造福人类的同时，也直接危害着社会的健康发展。这些陷阱的主要危害对象是青少年，因为在当今社会青少年是在网上遨游的主体。

首先，由于网络的开放性使人人可以自由上网，并在网上浏览信息、下载和利用网络资源，甚至在网上发表越轨的言论。这种情况使网络世界在某种程度上脱离了现实世界而成为"虚拟空间"。同时，由于网络法规制定的滞后，使网络世界处于无序状态。其次，由于网络的跨国性和即时性,网络在传播知识和健康信息的同时,也传播着一些反动的、迷信的甚至色情的东西,国内外敌对势力也在不遗余力地利用这个阵地对我国进行渗透。可以说,由于信息化的发展,在网络上已经形成一个新的思想文化阵地和思想斗争阵地。因此,加强青少年的网络道德素养已是当务之急,要使青少年在网络虚拟空间中增强明辨是非的能力,养成道德自律的习惯,并在全社会网络道德建设中发挥重要的作用。

4. 全国青少年网络文明公约

2001 年 11 月 22 日,共青团中央、教育部、文化部、国务院新闻办公室、全国青联、全国学联、全国少工委、中国青少年网络协会共同召开网络发布会,正式发布了《全国青少年网络文明公约》,提出了"五要"和"五不要"。《全国青少年网络文明公约》是青少年网络行为的道德规范,对加强青少年学生的思想教育,规范广大学生的网络行为,促进学校社会主义精神文明建设,必将产生积极的影响。

全国青少年网络文明公约如下:

- 要善于网上学习,不浏览不良信息;
- 要诚实友好交流,不侮辱欺诈他人;
- 要增强自保意识,不随意约会网友;
- 要维护网络安全,不破坏网络秩序;
- 要有益身心健康,不沉溺虚拟时空。

1.2　计算机概述

计算机是科学技术和生产力发展的必然产物。计算机的出现和发展完全改变了人类处理信息的工作方式和范围,由此带来了整个社会翻天覆地的变化。

1.2.1　计算机的起源和发展历史

世界上第一台计算机是 1946 年 2 月 15 日由美国宾夕法尼亚大学研制成功的,该机命名为 ENIAC(Electronic Numerical Integrator And Calculator),意思是"电子数值积分计算机"。ENIAC 一共使用了 18 000 个电子管和 1 500 个继电器,机重约 30t,占地约 170m^2,功率 150kW,每秒可做 5 000 次加减法或 400 次乘法运算。ENIAC 的运算速度比手摇计算机快 1 000 倍,比人工计算快 200 000 倍。

1950 年问世的第一台并行计算机 EDVAC(Electronic Discrete Variable Automatic Computer),首次采用了冯·诺依曼体系结构的两个重要设想:存储程序和采用二进制。今天的计算机几乎全部采用了冯·诺依曼的设计思想。

计算机自诞生以后一直迅猛发展,更新换代频繁。计算机的发展经历了 4 个阶段,每一阶段在技术上都是一次新的突破,在性能上都是一次质的飞跃。

第一代计算机(1946—1954 年)采用的逻辑元件是电子管,称为电子管计算机,主要用于科学计算。第一代计算机的计算速度为 1 000～10 000 次/秒。在这个时期,没有系统软件,使用的是机器语言和汇编语言编程。这些都使计算机性能受到限制。

第二代计算机采用晶体管代替电子管(1955—1964 年)。第二代计算机用磁芯取代磁鼓组成存储器,内存容量扩大到几十千字节。磁盘开始作为外存储器,其容量大大提高。计算机语言出现了如 Fortran、Cobol 和 Algol 60 等高级程序设计语言,批处理系统也开始出现在部分计算机系统中。第二代计算机的应用范围也进一步扩大,从军事与尖端技术领域延伸到气象、工程设计、数据处理以及其他科学研究领域。

第三代计算机(1965—1970 年)采用集成电路作为逻辑元件。第三代计算机的速度和稳定性有了更大程度的提高,计算速度可达每秒几百万次,而体积、重量、功耗大幅度下降。存储器普遍采用半导体存储器,存储容量进一步提高,可靠性和存取速度也有了明显改善。计算机操作系统开始出现,使计算机功能更强,应用范围更广。同时,计算机体系结构走向系列化、通用化和标准化。

从 1970 年至今的计算机基本上属于第四代计算机,它们采用大规模或超大规模集成电路。随着技术的进展,计算机的计算性能飞速提高,应用范围渗透到社会的各个角落,计算机开始分成巨型机、大型机、小型机和微型机。在这个时期,操作系统不断完善,应用软件已成为现代工业的一部分,计算机的发展进入了以计算机网络为特征的时代。

微型计算机,也称为个人计算机(Personal Computer,PC),属于第四代计算机。根据微处理器的功能,微型计算机的发展经历了不同的阶段,如 Intel 80486、Pentium、Pentium Ⅲ 和 Pentium 4 等。微型计算机具有体积小、重量轻、功耗低、价格低廉、对使用环境要求低等特点。所以,微型计算机一出现,就显示出它强大的生命力,迅速走进千家万户。

1.2.2 计算机的特点

1. 运算速度快

计算机的运算能力是其他一些传统的计算工具所无法比拟的。现在的高性能计算机每秒能进行上百亿次基本运算,可以完成很多人力所达不到的、其他计算工具所无法完成的工作。近年世界上已出现了万亿次的计算机。现在的微型计算机,如 Pentium 4,其主频已达 3GHz。

2. 计算精度高

由于计算机内部采用二进制数进行运算,数的精度主要由二进制数码的位数决定,因此可以通过增加数的二进制位数来提高精度,位数越多精度越高。一般计算机可以有十几位以上的有效数字。计算精度取决于计算机表示数据的能力,现代计算机提供多种表示数据的能力,例如,单精度浮点数、双精度浮点数等,以满足对各种计算精度的要求。

3. 记忆能力强

计算机的记忆能力是通过存储能力来体现的。存储信息的多少取决于所配备的存储器的容量,存储器容量越大,存储的数据就越多,记忆能力就越强。现在的计算机不仅提供了大容量的主存储器,同时还提供各种外存储器,以保存备份信息,例如,硬盘、U 盘、光盘等。配多少个外存储器取决于具体的需要,因此,可以说外存是海量的。而且,只要存储介质不被破坏,就可以使信息永久保存。

4. 具有逻辑判断能力

计算机不仅能进行算术运算,同时也能进行各种逻辑运算,具有逻辑判断能力,并能根据判断的结果自动决定下一步执行的操作,因而能解决各种各样的问题。计算机的逻辑判断能力也是计算机智能化所必备的基本条件。

5. 能自动执行程序

计算机的工作过程是执行程序的过程,而程序是人预先设计好并存储在计算机中的。在执行程序的过程中,一般不需要人工干预,程序中的每一条指令都是自动执行,直到完成指定的任务为止。这说明计算机可以完全自动化工作。这也是计算机区别于其他工具的本质特征。

1.2.3 计算机的应用

1. 科学计算

科学计算也称为数值计算,是指完成和解决科学研究和工程技术中的数值计算问题。通过计算机可以解决人工无法解决的复杂计算问题,例如天气预报、卫星轨道计算等。

2. 数据及事务处理

所谓数据及事务处理,是指对大量信息进行存储、加工、分类、统计、查询及报表等操作。其主要特点是数据处理量很大,而计算方法较简单。目前,数据及事务处理在诸如办公自动化、企业管理、事务处理和情报检索等领域的应用中占有相当大的比例。计算机管理信息系统的建立,使企业的生产管理水平跃上了一个新的台阶。

3. 过程控制与人工智能

过程控制也称为实时控制,是指利用传感器实时采集数据,然后通过计算机计算出最佳值并据此迅速地对控制对象进行自动控制或自动调节,如对生产流水线和数控机床的控制。人工智能是用计算机模拟人类的智能活动,用计算机完成更复杂的控制任务,如模拟人脑学习、推理、判断、理解、问题求解等过程,辅助人类进行决策。人工智能是计算机科学研究领域最前沿的学科,近几年来已应用于机器人和医疗诊断等方面。

4. 计算机辅助工程

计算机辅助设计(Computer Aided Design,CAD)是设计人员利用计算机协助进行最优化设计。计算机辅助制造（Computer Aided Manufacturing，CAM）是利用计算机对生产设备的控制和管理，实现无图纸化加工。计算机辅助教学（Computer Aided Instruction，CAI）是利用计算机的功能程序把教学内容变成软件，使得学生可以在计算机上学习，使教学内容更加多样化、形象化，以取得更好的教学效果。电子设计自动化（Electronic Design Automation，EDA）是利用专用软件和计算机接口设备，开发可编程芯片，将软件进行固化，扩充硬件系统的功能，提高系统的可靠性和运行速度。

5. 电子商务与电子政务

电子商务是指通过计算机和网络进行商务活动，它是结合 Internet 的丰富资源而产生的一种网上相互关联的动态商务活动。目前，世界各地的许多公司已经开始通过 Internet 进行商务交易，在网上进行业务往来。

电子政务是近些年兴起的运用信息与通信技术，打破行政机关的组织界限，改善行政组织，重组公共管理，实现政府办公自动化、政务业务流程信息化，为公众和企业提供广泛、高效和个性化服务的一个过程。

6. 娱乐

计算机已经走进家庭，在工作之余人们可以利用计算机玩游戏或欣赏电影和音乐，享受这些娱乐活动给人们带来的乐趣。这标志着计算机的应用已经渗透到人们的日常生活中，使人们可以享受具有更高品质的生活。

1.3 计算机系统的组成

计算机系统由硬件和软件两大部分组成，如图 1-1 所示。计算机是依靠硬件和软件的协同工作来完成某一给定任务的。

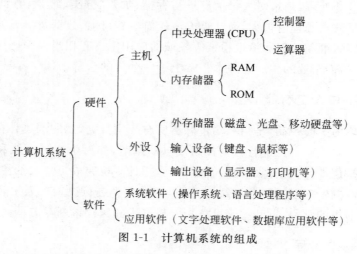

图 1-1　计算机系统的组成

在计算机系统中，硬件是计算机工作的物质基础，有了硬件才能装入并运行软件。没有安装软件的计算机硬件也只能是一台毫无意义的机器。构成一个完整的计算机系统必须要有硬件和软件两部分,软件和硬件是相辅相成的,缺一不可。

1. 硬件系统

计算机硬件(Computer Hardware)是指计算机系统所包含的各种机械的、电子的、磁性的设备,如运算器、控制器、磁盘、键盘、显示器、打印机等。每个功能部件各司其职、协调工作。

计算机的性能,如运算速度、存储容量、计算精度、可靠性等在很大程度上取决于硬件的配置。不同类型的计算机,其硬件组成不同。目前,各种类型的计算机都是根据冯·诺依曼思想而设计的,这种计算机的硬件系统从原理上来说主要由运算器、控制器、存储器、输入设备和输出设备5部分组成,如图1-2所示。

2. 软件系统

计算机软件(Computer Software)包括计算机运行所需的各种程序、数据及其有关技术文档。有了软件,人们可以不必过多地去了解机器本身的结构与原理而方便、灵活地使用计算机。因此,一个性能优良的计算机系统能否发挥其应有的作用,很大程度上取决于所配置的软件是否完善和丰富。

软件内容丰富、种类繁多,通常根据软件用途可将其分为系统软件和应用软件两类。系统软件是最靠近硬件的一层,如操作系统、编译程序、常用服务程序等;应用软件则是特定应用领域相关的软件,如文字处理、图形图像处理、科学计算、管理信息系统等。

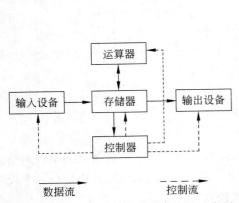

图1-2 计算机硬件系统的组成结构示意图

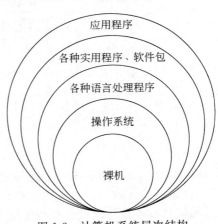

图1-3 计算机系统层次结构

3. 计算机系统的层次结构

作为一个完整的计算机系统,硬件和软件是按一定的层次关系组织起来的。层次之间的关系是:内层是外层赖以工作的支撑环境,通常外层不必了解内层细节,只需根据约定调用内层提供的服务即可。

计算机系统的层次结构如图1-3所示。最内层是硬件,是所有软件的物质基础;操作系统介于最内层硬件和外层软件之间,它对内(向下)控制硬件,对外(向上)提供其他软件运行的支撑环境,凡是对计算机的操作一律转化为对操作系统的使用,所有其他软件也都必须在操作系统的支持下才能运行;操作系统的外层为其他软件;应用程序在最外层,它是最终用户使用的软件或文档。

在所有的软件中,操作系统是最重要的,因为它位于软件的底层,直接与硬件接触。操作系统把用户与机器隔离开了,凡对机器的操作一律转换为操作系统的命令,这样一来,用户使用计算机就变成使用操作系统了。有了操作系统,用户不再是在裸机上艰难地使用计算机,而是可以充分享受操作系统所提供的各种方便的服务了。另外,这种层次关系为软件开发、扩充和使用提供了强有力的手段。

1.4 微型计算机系统

微型计算机简称微机,是应用最广泛的一种计算机。微型计算机以其设计先进、软件丰富、价格低廉等优势得到广大用户的青睐,发展迅速。微型计算机由硬件系统和软件系统组成。

1.4.1 微型计算机的体系结构

微型计算机采用总线体系结构,如图 1-4 所示。

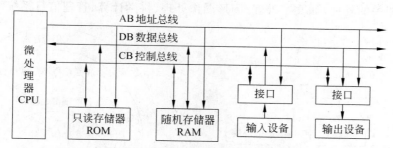

图 1-4 微型计算机体系结构示意图

所谓总线,是一组连接各个部件的公共通信线路,即两个或多个设备之间进行通信的路径,它是一种可被共享的传输媒介。当多个设备连接到总线上以后,其中任何一个设备传送的信息都可以被连接到总线上的其他设备所接收。

微型计算机的总线由一组物理导线组成,按其传送的信息可分为数据总线(Data Bus)、地址总线(Address Bus)和控制总线(Control Bus)3 类。不同的中央处理器(Central Processing Unit,CPU)芯片,其数据总线、地址总线和控制总线的根数也不同。

1.4.2 微型计算机硬件系统

微型计算机通常将硬件系统分为主机和外部设备两部分。主机内一般安装有主机板、中央处理器 CPU、内存、磁盘驱动器和电源等。外部设备部分由显示器、键盘和鼠标等部件组成。主机是微型计算机的核心部件,显示器是基本输出设备,键盘和鼠标是基本输入设备,如图 1-5 所示。

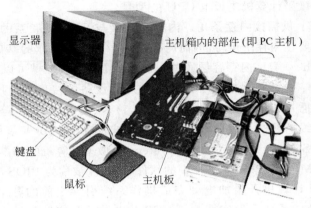

图 1-5　PC 的基本组成

1.　主机板

通常微型计算机的所有部件都连接在一块印刷电路板上,此印刷电路板称为主机板,简称主板。主机是微型计算机的主体和控制中心。主板采用模块化设计,主要器件包括微处理器模块(CPU)、内存模块、I/O 接口、BIOS 芯片、控制芯片组以及连接各部件的总线等十几个功能模块,如图 1-6 所示。对于主板而言,控制芯片组几乎决定了主板的功能,它影响到整个微型计算机系统性能的发挥,控制芯片组是主板的灵魂。

图 1-6　主机板的结构和布局示例

① CPU 插座:供插接 CPU 芯片用。CPU 是构成微型计算机的核心部件,是运算器和控制器两者的统称。CPU 可以说是微型计算机的心脏,它起到控制整个微型计算机工

作的作用,产生控制信号对相应的部件进行控制,并执行相应的操作。CPU 插座的标准决定了可以插接的 CPU 芯片的类型和 CPU 可以升级的范围。通常所说的 Pentium 等计算机实际上是指微型计算机主板上 CPU 的型号。

② 内存条插槽:供插接内存条用。内存是直接与 CPU 相联系的存储设备,微型计算机的主要程序都要在内存中运行,因而内存是微型计算机工作的基础。内存一般包括 ROM、RAM 和 cache 3 类。内存容量通过主板上预留的专用插槽可以实现扩充。

③ 总线扩展槽:总线扩展槽用于连接各种外部设备的接口卡。用户可以根据自己的需要在扩展槽上插入各种用途的插卡,如显卡、声卡、网卡、视频卡等,以扩展微型计算机的各种功能。总线扩展槽一般有两种类型,PCI 扩展槽和 AGP 扩展槽,如图 1-5 所示。

④ BIOS:BIOS(Basic Input-Output System)是微型计算机的基本输入输出系统,是一组存储在 EPROM 或 E^2PROM 芯片中的软件,该芯片被称为 BIOS 芯片。

BIOS 负责对从计算机开始加电到完成操作系统引导之前的各个部件和接口的检测、运行管理。在操作系统引导完成后,由 CPU 控制对存储设备和 I/O 设备的各种操作、系统各部件的资源管理等。

⑤ 串口与并口:串口是串行接口的简称,也称 COM 接口。串口结构简单、价格低廉,只需要少量的连线即可,接口已标准化,但串口数据传输率较低,一般用于 20m 以内的通信,如键盘、鼠标、调制解调器等。并口是并行接口的简称,也称 LPT 接口。并口的数据传输率比串口快,多用于连接打印机等高速外部设备。

⑥ USB 接口:USB 是英文 Universal Serial Bus 的缩写,即"通用串行总线"。它与外部设备连接简单、快速,并具有可扩展性。USB 接口不像普通使用的串、并口的设备需要单独的供电系统,它可以为外设提供电源。USB 可以树状结构连接 127 个外部设备。USB 技术的突出特点之一是速度快,USB 2.0 的最高传输率可达 480Mbps,比串口快 100 倍,比并口快近 10 倍,可实现即插即用。目前采用 USB 接口的设备日益增多,如数码相机、打印机、U 盘等。

2. 微型计算机的外部设备

微型计算机常用的外部设备主要包括显示器、键盘、鼠标和打印机等。

(1) 显示器

显示器是计算机的重要输出设备,用来将系统信息、计算处理结果、用户程序及文档等信息显示在屏幕上,是人机交互的一个重要工具。显示器的主要指标包括屏幕大小、显示分辨率等。屏幕越大,显示的信息越多;分辨率越高,显示的图像就越清晰。

显示器有多种类型和多种规格。按结构分有 CRT 显示器和液晶显示器等。液晶显示器在体积、重量、功耗和辐射等多项指标上都优于 CRT 显示器,随着液晶显示器技术的进步和价格的不断降低,CRT 显示器有被淘汰的趋势。

显示器按显示效果可以分为单色显示器和彩色显示器。

不同的显示器有不同的分辨率。显示分辨率是指屏幕上水平方向和垂直方向最多能显示的像素点数,一般用"横向点数×纵向点数"来表示。如分辨率为 320×200 像素,表示屏幕水平方向有 320 个像素,垂直方向扫描 200 行。常用分辨率有 640×200、640×

480、1024×768 等。分辨率是显示器的一个重要指标,分辨率越高,图像就越清晰。

(2)硬盘存储器

通常一台微型计算机至少要安装一个硬盘存储器(Hard Disk)。硬盘存储器一般安装在微型计算机的主机箱内。硬盘存储器通过涂有磁性材料的盘片存储数据,并由存储器内部的磁头来读写盘片上的数据。硬盘存储器是一个非常精密的机械装置,其磁头、盘片及驱动机构都密封在一个腔体内,如图1-7所示。

(a) 密封的温氏盘   (b) 打开密封盖的温氏盘

图1-7   硬盘存储器实物图

新硬盘在使用之前一般要进行分区和格式化,已使用过的硬盘在需要时也可以重新分区和格式化,但其中的数据会全部丢失。

硬盘存储器的特点是存储容量大、读写速度快、密封性好、可靠性高、使用方便。作为计算机系统的一个标准配置,硬盘存储器的容量一般在 60～200GB,甚至更大。当容量不足时,可再扩充另一个硬盘。

(3)光盘存储器

光盘存储器是利用光学原理进行信息读写的存储器,包括光盘片和光盘驱动器两部分。光盘驱动器通常被安装在主机箱内,目前已成为计算机系统的重要存储设备之一。

光盘存储器具有容量大、可靠性高、信息保存时间长、携带方便、成本低等特点。

常用的光盘包括:

① 只读型光盘(CD-ROM)。用户只能从光盘中读取数据而不能向光盘中写入数据。

② 一次写入型光盘(CD-R)。用户只可以写一次数据,此后就只能读取,读取次数没有限制。

③ 可读写型光盘(CD-RW)。用户可反复擦写,擦写次数没有限制。

随着光存储技术的不断发展,容量更大的 DVD 光盘也已得到广泛应用,其存储容量一般在 4.7GB 以上。DVD 驱动器的数据传输速率有 8 倍速、16 倍速不等。DVD 的一倍速率标准是 1.3MB/s。

(4)U 盘存储器

U 盘作为新一代的便携式存储器已被广泛使用。只要计算机的主板上有 USB 接口就可使用 U 盘,无须使用外接电源,它支持即插即用和热插拔。在 Windows 2000 或更高版本的 Windows 操作系统环境下,不用安装驱动程序就可以使用 U 盘。

U 盘采用无机械装置,结构坚固、防震性能好。U 盘体积小重量轻,便于携带。

U 盘有多种规格,如 512MB、1GB、2GB 以及更大容量。

（5）键盘和鼠标

键盘和鼠标是 PC 的基本配置，也是 PC 必备的输入设备。

① 键盘。键盘是微型计算机的主要输入设备。用户通过键盘输入程序代码、数据、操作命令，也可对计算机进行控制。微型计算机的键盘已标准化，常见的是 101 键盘（美国标准键盘）和 104 键盘（多了 3 个 Windows 专用键）。

键盘通过一个有 5 针插头的 5 芯电缆与主机板上的 DIN 插座相连，使用串行数据传输方式。目前使用 USB 接口的键盘已广泛应用，这种键盘只要将插头插入主机的任意一个 USB 接口上便可以使用了。

② 鼠标器。鼠标器简称鼠标，是一种用于图形界面的操作系统和应用软件的快速输入设备，主要用于移动显示器上的光标并通过菜单或按钮向主机发出各种操作命令。

鼠标按内部结构区分，有机械式、光电式和无线式三种类型。机械式鼠标经济、实用，但灵敏度相对较低。光电式鼠标灵敏、可靠，通过发光二极管和光敏管协作来测量鼠标的位移。无线鼠标与计算机主机之间无须用线连接，可以远距离控制光标的移动，并且不受角度的限制，所以无线鼠标与普通鼠标相比有较明显的优势。

目前采用 USB 接口的鼠标已广泛使用，只要将插头插入主机的任意一个 USB 接口上便可以使用了。

（6）打印机

打印机是微型计算机的基本输出设备之一，它是仅次于显示器的输出设备，它的作用是将信息输出打印到纸上。打印机的种类很多，可分为点阵式打印机、喷墨打印机和激光打印机等。

① 点阵式打印机。点阵式打印机打印的字符或图形是以点阵的形式组成的。打印机通过控制打印头的打印针击打在色带上，色带印在纸上就印出色点来。打印钢针的有序击打就可组合成字符、汉字和点阵图形。点阵式打印机工作时噪声较大，打印速度较慢，但可以实现多层打印，一般用于票据打印。

② 喷墨打印机。喷墨打印机利用很细的墨水喷头替代打印针和色带。打印时将喷头中的墨水直接喷到纸上，打印出字符或图形。喷墨打印机体积小，重量轻，打印效果比点阵式打印机好，可以打印黑白和彩色的文字或图片，价格较便宜。缺点是，纸张成本高，喷头易堵塞。

③ 激光打印机。激光打印机综合了激光技术和电子照相技术，将需要打印的影像（文字或图像）通过激光照射在感光硒鼓上，再通过静电将墨粉转印在打印纸张上，最后通过高温凝固。

激光打印机速度快，打印质量高，噪声低，价格适中，它也有黑白与彩色两种类型。

大多数打印机采用并行方式与主机交换信息。随着 USB 接口的广泛应用，很多打印机采用了 USB 接口。

1.4.3 微型计算机软件系统

1. 软件系统

广义地讲，软件是指计算机程序以及开发、使用和维护程序所需要的技术文档资料。

两者中更为重要的是程序,它是计算机正常工作最重要的因素。在不太严格的情况下,可以认为程序就是软件。

计算机软件极为丰富,种类繁多,通常根据软件用途将其分为两大类:系统软件和应用软件,如图 1-8 所示。

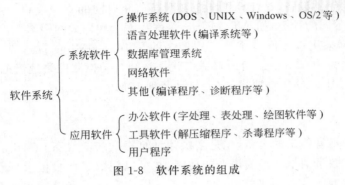

操作系统(DOS、UNIX、Windows、OS/2 等)
语言处理软件(编译系统等)
系统软件 数据库管理系统
网络软件
其他(编译程序、诊断程序等)

软件系统

办公软件(字处理、表处理、绘图软件等)
应用软件 工具软件(解压缩程序、杀毒程序等)
用户程序

图 1-8　软件系统的组成

2. 系统软件

系统软件是指管理、控制和维护计算机系统资源的程序集合,是计算机正常运行不可缺少的,一般由计算机生产厂家或软件开发商研制。其中一些系统软件程序,在计算机出厂时直接写入 ROM 芯片,如系统引导程序、BIOS 等。有些直接安装在计算机的硬盘中,如 Windows、UNIX、OS/2 等操作系统。也有一些保存在活动介质上供用户购买,如语言处理程序等。系统软件一般与具体应用无关,它是在系统一级提供服务,确保计算机正常工作,确保用户有一个良好的操作使用环境,确保应用软件能够正常运行,同时也为用户开发具体的应用程序提供必不可少的开发平台。

3. 应用软件

应用软件是指利用计算机的软、硬件资源为某一专门的应用领域、解决某个实际问题而开发的应用程序。例如办公软件、计算机辅助设计软件、各种图形处理软件、解压缩软件、反病毒软件等。用户通过这些应用程序完成自己的任务。

运行应用软件需要系统软件的支持。在不同的系统软件下开发的应用程序要在不同的系统下运行。如 WS 编辑程序和 ARJ 解压缩程序要运行在 DOS 环境下;Office 套件要运行在 Windows 环境下。

随着计算机应用的普及,各行各业的应用软件犹如雨后春笋,层出不穷,例如,多媒体制作软件、大型工程设计软件、实时控制软件、数据库应用软件以及各种各样的管理信息系统等。同时应用软件也在向标准化、商业化方向发展,并以软件包或软件库的形式提供使用,这些软件包或软件库既可以看成是应用软件,也可以视为系统软件。

1.4.4　其他外部设备

随着计算机系统功能的不断扩大,所连接的外部设备也越来越多,外部设备的种类也越来越多。如声卡、调制解调器、网卡、数码相机、手写笔、游戏杆等。

1. 网卡

作为网络硬件来说,网卡是最基本、应用最广泛的一种网络设备。网卡是物理上连接计算机与网络的硬件设备,是计算机与局域网通信介质间的直接接口。由于网络技术的不同,网卡也有不同的种类,如 ATM 网卡、令牌环网卡和以太网网卡等。据统计,目前约有 80% 的局域网采用以太网技术。使用最多的是 10/100Mbps 自适应网卡。这种网卡的最大传输速率为 100Mbps。所谓自适应就是具有自动检测网络速度的特点,如果物理设备不具备 100Mbps 的传输速率,它会自动降到 10Mbps。

2. 声卡

声卡是处理声音信息的设备,也是多媒体计算机的核心设备。声卡具有把声音转换为数字信号再将数字信号转换为声音的功能,并可以把数字信号记录到硬盘上再从硬盘上读取重放。声卡还具有用来增加播放合成音乐的合成器和外接电子乐器的 MIDI 接口,这样就使得多媒体计算机不仅能播放来自光盘的音乐,而且还具有编辑乐曲及混响的功能,并能提供优质的数字音响效果。

目前主流计算机的主板均已集成了声卡设备,无须再安装声卡。

3. 调制解调器

调制解调器(Modem)是调制器和解调器的简称,用于进行数字信号与模拟信号间的转换。当计算机通过电话连网时,在计算机和电话之间需要连接一台调制解调器。通过调制解调器可以将计算机输出的数字信号转换为适合电话线传输的模拟信号,也可以将接收到的模拟信号转换为数字信号。因此,调制解调器一般成对出现。

调制解调器一般分为内置和外置两类。内置调制解调器是一块电路板,可以插入主板扩展槽中,其中包括调制解调器和串行端口电路。外置调制解调器是一台独立的设备,分别与微型计算机的串口(RS-232)以及电话线连接,面板上有若干个指示灯,用于显示调制解调器的工作状态。

1.5 数制与计算机编码

计算机的基本功能是加工和处理数据。数据在计算机系统中的存储、加工、传输都是以电子元件的不同状态来表示的,即用电信号电平的高低表示。根据这一特点,计算机内部一律采用二进制表示数据。在计算机内部,各种数据必须经过数字化编码才能被传送、存储和处理。

1.5.1 进位计数制与数制转换

按进位原则计数的方法称为进位计数制。如人们所熟悉的十进制,计算机使用的是二进制,另外还有八进制、十六进制等。不同的数制之间可以相互转换。

1. 进位计数制

进位计数制也叫位置计数制,其计数方法是把数划分为不同的数位,当某一数位累计到一定数量之后,该位又从零开始,同时向高位进位。在这种计数制中,同一个数码在不同的数位上所表示的数值是不同的。进位计数制可以用少量的数码表示较大的数,因而被广泛采用。下面给出进位计数制的两个基本概念:进位基数和数位的权值。

进位基数:在一个数位上,规定使用的数码符号的个数叫该进位计数制的进位基数或进位模数,记作 R。例如十进制,每个数位规定使用的数码符号为 $0,1,2,\cdots,9$,共 10 个,故其进位基数 $R=10$。

数位的权值:某个数位上数码为 1 时所表征的数值,称为该数位的权值,简称"权"。各个数位的权值均可表示成 R^i 的形式,其中 R 是进位基数,i 是各数位的序号。按如下方法确定:整数部分,以小数为起点,自右向左依次为 $0,1,2,\cdots,n-1$;小数部分,以小数点为起点,自左向右依次为 $-1,-2,\cdots,-m$。n 是整数部分的位数,m 是小数部分的位数。

某个数位上的数码 a_i 所表示的数值等于数码 a_i 与该位的权值 R^i 的乘积。所以,R进制的数

$$(N)_R = a_{n-1}a_{n-2}\cdots a_2a_1a_0a_{-1}a_{-2}\cdots a_{-m}$$

又可以写成如下多项式的形式:

$$(N)_R = a_{n-1}R^{n-1} + a_{n-2}R^{n-2} + \cdots + a_2R^2 + a_1R^1 + a_0R^0$$
$$+ a_{-1}R^{-1} + a_{-2}R^{-2} + \cdots + a_{-m}R^{-m} = \sum_{i=-m}^{n-1} a_iR^i$$

2. 常用进位计数制

(1)十进制

在十进制中,每个数位规定使用的数码为 $0,1,2,\cdots,9$,共 10 个,故其进位基数 R 为 10。其计数规则是"逢十进一"。各位的权值为 10^i,i 是各位的序号。

十进制数用下标 D 表示,也可省略。例如:

$$(2879.56)_D = 2\times10^3 + 8\times10^2 + 7\times10^1 + 9\times10^0 + 5\times10^{-1} + 6\times10^{-2}$$

(2)二进制

在二进制中,每个数位规定使用的数码为 $0,1$,共 2 个,故其进位基数 R 为 2。其计数规则是"逢二进一"。各位的权值为 2^i,i 是各位的序号。

二进制数用下标 B 表示。例如:

$$(1011.01)_B = 1\times2^3 + 0\times2^2 + 1\times2^1 + 1\times2^0 + 0\times2^{-1} + 1\times2^{-2}$$

二进制数由于只需要两个状态,机器容易实现,因而二进制是数字系统唯一认识的代码。但二进制书写太长。

(3)八进制

在八进制中,每个数位规定使用的数码为 $0,1,2,3,4,5,6,7$,共 8 个,故其进位基数

R 为 8。其计数规则是"逢八进一"。各位的权值为 8^i，i 是各位的序号。

八进制数用下标 O 表示。例如：

$$(752.34)_O = 7 \times 8^2 + 5 \times 8^1 + 2 \times 8^0 + 3 \times 8^{-1} + 4 \times 8^{-2}$$

因为 $2^3 = 8$，因而三位二进制数可用一位八进制数表示。

（4）十六进制

在十六进制中，每个数位规定使用的数码为 0，1，2，…，9，A，B，C，D，E，F，共 16 个，故其进位基数 R 为 16。其计数规则是"逢十六进一"。各位的权值为 16^i，i 是各位的序号。

十六进制数用下标 H 表示。例如：

$$(BD2.3C)_H = B \times 16^2 + D \times 16^1 + 2 \times 16^0 + 3 \times 16^{-1} + C \times 10^{-2}$$
$$= 11 \times 16^2 + 13 \times 16^1 + 2 \times 16^0 + 3 \times 16^{-1} + 12 \times 10^{-2}$$

因为 $2^4 = 16$，所以四位二进制数可用一位十六进制数表示。

在计算机应用系统中，二进制主要用于机器内部的数据处理，八进制和十六进制主要用于书写，十进制主要用于运算最终结果的输出。几种进位数制及其有关属性见表 1-1。

表 1-1 计算机中常用的几种进位数制及其属性

进位制	进位规则	基数	所用数符	位权	表示形式	例子
二进制	逢二进一	$R=2$	0,1	2^i	B(Binary)	$(1101.11)_B$
八进制	逢八进一	$R=8$	0,1,2,…,7	8^i	O(Octal)	$(2476.32)_O$
十进制	逢十进一	$R=10$	0,1,2,…,9	10^i	D(Decimal)	$(96.58)_D$
十六进制	逢十六进一	$R=16$	0,1,2,…,9,A,B,C,D,E,F	16^i	H(Hexadecimal)	$(A6F.5E)_H$

3. 数制转换

将数由一种数制转换成另一种数制称为数制间的转换。不同数制之间的转换方法有若干种。计算机内部使用二进制，但由于二进制的表示冗长，且不太符合人们的习惯，所以，数据的表示也经常根据需要使用十进制、八进制、十六进制等。

（1）非十进制与十进制之间的转换。

① 非十进制数转换成十进制数。把非十进制数转换成十进制数采用按权展开相加法，即把各非十进制数按权展开，然后按十进制数的计数规则求其和。

例如：

$$(10101.11)_B = 1 \times 2^4 + 0 \times 2^3 + 1 \times 2^2 + 0 \times 2^1 + 1 \times 2^0 + 1 \times 2^{-1} + 1 \times 2^{-2}$$
$$= 16 + 0 + 4 + 0 + 1 + 0.5 + 0.25 = (21.75)_D$$

$$(165.2)_O = 1 \times 8^2 + 6 \times 8^1 + 5 \times 8^0 + 2 \times 8^{-1}$$
$$= 64 + 48 + 5 + 0.25 = (117.25)_D$$

$$(2A.8)_H = 2 \times 16^1 + A \times 16^0 + 8 \times 16^{-1}$$
$$= 32 + 10 + 0.5 = (42.5)_D$$

② 十进制数转换成非十进制数。把既有整数部分又有小数部分的十进制数转换成其他进制数,首先要把整数部分和小数部分分别转换,再把两者的转换结果相加。具体方法如下。

整数部分:除 R 取余法。即用整数部分不断除以 R,取其余数,直到商为 0。余数按反向排列,即后得的余数排在高位,先得的余数排在低位。

小数部分:乘 R 取整法。即用小数部分不断乘以 R 取整数,整数依序排列在小数点右边。

例如:$(100.345)_D = (1100100.01011)_B$

$\qquad (100)_D = (144)_O$

$\qquad (100)_D = (64)_H$

转换过程如图 1-9 所示。

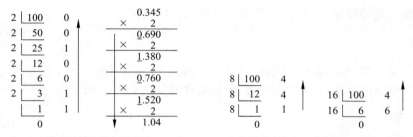

十进制数转换成二进制数　　　　十进制数转换成八进制数和十六进制数

图 1-9　十进制数转换成二进制数、八进制数、十六进制数

(2) 非十进制数制之间的转换

非十进制数制在这里主要是指二进制、八进制和十六进制。由于二进制、八进制和十六进制之间存在一定规律的对应关系,即有 $8^1 = 2^3$,$16^1 = 2^4$,所以,相应的转换也变得非常简单。

① 八进制转换成二进制。由于一位八进制数恰好对应二进制的三位,所以,八进制数转换成二进制数的转换规则是:一分为三法。即任意一位八进制数都可以表示成三位的二进制数。

例如:$(36.24)_O = (011\ 110\ .010\ 100)_B = (11110.0101)_B$

② 二进制转换成八进制。二进制数转换成八进制数的转换规则是:以小数点为界,三位一组法。不足三位时,整数部分高位补零,小数部分低位补零。

例如:$(1011011111.100110)_B = (1\ 011\ 011\ 111.100\ 110)_B$

$\qquad\qquad = (00\ 1\ 011\ 011\ 111.100\ 110)_B = (1337.46)_O$

③ 十六进制转换成二进制。十六进制数转换成二进制数的转换规则是:一分为四法。即任意一位十六进制数都可以表示成四位的二进制数。

例如:$(3DB.46)_H = (0011\ 1101\ 1011\ .0100\ 0110)_B = (1111011011.0100011)_B$

④ 二进制转换成十六进制。二进制数转换成十六进制数的转换规则是:以小数点为界,四位一组法。不足四位时,整数部分高位补零,小数部分低位补零。

例如：$(1011011111.10011)_B = (0010\ 1101\ 1111.1001\ 1000)_B = (2DF.98)_H$

⑤ 八进制与十六进制之间的转换。由于八进制和十六进制都与二进制有简单的对应关系，所以，八进制与十六进制之间的转换可以通过二进制间接转换，当然也可以通过十进制间接转换。即，若要把八进制转换成十六进制，可以先把八进制转换成二进制或十进制，再把二进制或十进制转换成十六进制；反之，若要把十六进制转换成八进制，方法类似，不再赘述。

例如：$(457)_O = (100\ 101\ 111)_B = (000\ 1\ 0010\ 1111)_B = (12F)_H$

$(3C45)_H = (11\ 1100\ 0100\ 0101)_B = (011\ 110\ 001\ 000\ 101)_B = (36105)_O$

1.5.2　常用的二进制数据单位

二进制只有两个数码 0 和 1，任何形式的数据都要用 0 和 1 来表示。为了能有效地表示和存储二进制数据，计算机中使用了下列几种数据单位：

1. 位

位(bit)是计算机存储设备的最小单位，简写为 b，音译为"比特"，表示二进制中的一位。一个二进制位只能表示 2^1 种状态，即只能存放二进制数 0 或 1。

2. 字节

字节(Byte)是计算机处理数据的基本单位，即以字节为单位解释信息，简记为 B，音译为"拜特"。通常将 8 个二进制位作为一个存储单元，称为 1 个字节。数据是以字节为单位存储的。通常所说的计算机的内存容量是 128MB，则表示该机的主存容量有 128×2^{20} 个存储单元，每个单元包含 8 位二进制数。

一个 ASCII 码字符占 1 个字节；一个汉字国标码占 2 个字节；整数占 2 个字节；实数即带有小数点的数，用 4 个字节组成浮点形式存放在计算机存储设备中。

3. 字

计算机一次存取、加工和传送的字节数称为字。字长是计算机一次所能处理的实际位数。不同的计算机字长是不同的，常用的字长有 8 位、16 位、32 位和 64 位等，也就是经常说的 8 位机、16 位机、32 位机和 64 位机。字长是衡量计算机性能的一个重要标志，它决定了计算机数据处理的速度。字长越长，性能越强。

1.5.3　信息编码

信息编码就是指对输入到计算机中的各种数值和非数字型数据用二进制数进行编码的方式。不同机器、不同类型的数据的编码方式是不同的，编码的方法也很多，如 BCD 码、ASCII 码等。

1. 数值数据的表示

无论是正数还是负数，计算机中都是用 0 和 1 的不同组合来表示的。例如，用两个字节表示一个整数,用四个字节表示一个实数等。计算机内部用符号位来区分数的正负,用二进制数"0"表示正数,用二进制数"1"表示负数,放在数的最左边。例如,－0110010 的机器表示为 10110010,＋0110010 的机器表示为 00110010。

在计算机中,涉及数值数据的表示方法有多种,如机器数、定点和浮点数以及数的原码、反码和补码(机器数的编码方式)等。有兴趣的读者可以阅读有关参考书。

2. 字符编码

字符是计算机中使用最多的信息形式之一。通常是为每个可能会用到的字符指定一个编码,当用户输入字符时,机器自动将该字符转换为对应的二进制编码存入计算机。

美国信息交换标准代码(American Standard Code for Information Interchange, ASCII)是目前计算机普遍采用的字符编码之一。ASCII 码已被国际标准化组织 ISO 采纳,作为国际通用的信息交换标准代码。其代码格式如表 1-2 所示。

表 1-2　ASCII 码

行序	列序 / $B_7B_6B_5$ 列码 / $B_4B_3B_2B_1$ 行码	0	1	2	3	4	5	6	7
		000	001	010	011	100	101	110	111
0	0000	NUL	DLE	SP	0	@	P	`	p
1	0001	SOH	DC1	!	1	A	Q	a	q
2	0010	STX	DC2	"	2	B	R	b	r
3	0011	ETX	DC3	#	3	C	S	c	s
4	0100	EOT	DC4	$	4	D	T	d	t
5	0101	ENQ	NAK	%	5	E	U	e	u
6	0110	ACK	SYN	&	6	F	V	f	v
7	0111	BEL	ETB	'	7	G	W	g	w
8	1000	BS	CAN	(	8	H	X	h	x
9	1001	HT	EM	)	9	I	Y	i	y
A	1010	LF	SUB	*	:	J	Z	j	z
B	1011	VT	ESC	+	;	K	[	k	{
C	1100	FF	FS	,	<	L	\	l	|
D	1101	CR	GS	-	=	M	]	m	}
E	1110	SO	RS	·	>	N	^	n	~
F	1111	SI	US	/	?	O	_	o	DEL

ASCII 码用七位二进制数表示一个字符,共有 128 种不同组合,可以表示 128 个不同的字符。其中包括:数码 0～9,26 个大写英文字母,26 个小写英文字母以及各种运算符

号、标点符号及控制字符等，如表 1-2 所示。读码时，先读列码 $B_7B_6B_5$，再读行码 $B_4B_3B_2B_1$，则 $B_7B_6B_5B_4B_3B_2B_1$ 即为某字符的七位 ASCII 码。例如字母 K 的列码是 100，行码是 1011，所以 K 的七位 ASCII 码是 1001011。注意，表中最左边一列的 A，B，…，F 是十六进制数的六个数码。

3. 汉字编码

计算机在处理汉字信息时也要将其转化为二进制代码，这需要对二进制进行编码。由于汉字数量多，不能由西文键盘直接输入，所以必须先把它们分别用以下编码转换后存放到计算机中再进行处理。

① 国标码（或交换码）。计算机处理汉字所用的编码标准是我国 1980 年颁布的国家标准 GB2312—1980，即《中华人民共和国国家标准信息交换汉字编码》，简称国标码。国标码中，共收录了一、二级汉字和图形符号 7 445 个。在国标码中图形符号 682 个，分布在 1～15 区；一级汉字 3755 个，分布在 16～55 区；二级汉字 3 008 个，分布在 56～87 区。每个汉字及特殊字符以两个字节的十六进制数值表示。

在国标码的基础上，2000 年我国又颁布了《信息技术·信息交换用汉字编码字符集·基本集的扩充》新国家标准，共收录了 27 000 多个汉字，还包括藏、蒙、维吾尔等主要少数民族文字。

② 机外码（或输入码）。机外码是指通过西文键盘输入的汉字信息编码。它主要用于解决在计算机上输入汉字的问题。它由键盘上的字母（如汉语拼音或五笔字型的笔画部件）、数字及特殊符号组合构成。典型的输入码有全拼输入法、双拼输入法、智能 ABC 输入法、五笔字型、郑码输入法、微软拼音输入法、自然码、紫光输入法、区位码等。

③ 机内码（或内码）。机内码是指计算机内部存储、处理加工汉字时所用的代码。国家标准汉字编码（简称国标码）规定一个汉字用两个字节表示，每个字节各用 7 位，可表示 $2^{14}=16 384$ 个不同的汉字。计算机使用的汉字机内码是在国标码的基础上将每个字节的最高位恒置为 1，以区别于机内的 ASCII 码。虽然某一个汉字在用不同的汉字输入法时其外码各不相同，但其内码基本是统一的。

④ 汉字字形码。汉字字形码主要用于解决汉字输出问题。汉字在输出时必须能还原出原来的字形，用户才能接受。

汉字字形码采用点阵形式，不论一个字的笔画多少，都可以用点阵表示。根据输出汉字时要求的精度不同，点阵的多少也不同，常见的汉字点阵有 16×16、24×24、32×32、48×48 等。以 16×16 点阵为例，每个汉字字形码就要占用 32 个字节（每行两个字节，16 行便是 32 字节），同理，一个 24×24 点阵的汉字字形码要占用 72 个字节……可见汉字字形码的存储量是非常大的。

所有汉字字形码的集合构成汉字库。庞大的汉字库一般存储在硬盘上，当要输出汉字时再去取相应的汉字字形码，送到显示器或打印机输出。

1.6 习　　题

1.6.1 单项选择题

1. 在计算机内部,一切信息存取、处理和传递的形式是(　　)。
   - A. ASCII 码
   - B. BCD 码
   - C. 二进制
   - D. 十六进制
2. 办公自动化是计算机的一项应用,按计算机应用的分类,它属于(　　)。
   - A. 科学计算
   - B. 数据处理
   - C. 实时控制
   - D. 辅助设计
3. 运算器又称为(　　)。
   - A. 算术运算部件
   - B. 逻辑运算部件
   - C. 算术逻辑部件
   - D. 加法器
4. 微型计算机的硬件系统包括(　　)。
   - A. 内存储器和外部设备
   - B. 显示器、主机箱、键盘
   - C. 主机和外部设备
   - D. 主机和打印机
5. CPU 指的是(　　)。
   - A. 控制器与运算器
   - B. 控制器与内存储器
   - C. 运算器与内存储器
   - D. 控制器、运算器与内存储器
6. 计算机硬件系统中的 I/O 接口的位置一般在(　　)。
   - A. CPU 与 I/O 设备之间
   - B. 总线与 I/O 设备之间
   - C. 主机与 I/O 设备之间
   - D. 内存与 I/O 设备之间
7. 微型机通常采用总线结构实现主机与外部设备的连接。根据传输信息的不同,总线一般分为(　　)。
   - A. 地址总线、数据总线和信号总线
   - B. 地址总线、数据总线和控制总线
   - C. 数据总线、信号总线和控制总线
   - D. 数据总线、信号总线和传输总线
8. 下面 4 种存储器中,存取速度最快的是(　　)。
   - A. 磁带
   - B. 软盘
   - C. 硬盘
   - D. 内存储器
9. CAD 是计算机主要的应用领域之一,它的含义是(　　)。
   - A. 计算机辅助教育
   - B. 计算机辅助测试
   - C. 计算机辅助设计
   - D. 计算机辅助管理
10. 在计算机中,用来存储和表示数据的最小单位是(　　)。
    - A. 字符
    - B. 位

C. 字节 D. 字

11. 在用点阵表示的汉字字形码中,如果一个汉字占 32 个字节,则该点阵为(　　　)。

    A. 16×16 B. 24×24

    C. 32×32 D. 48×48

12. 一个汉字在计算机内部的存储占用(　　)个字节。

    A. 1   B. 2

    C. 3   D. 4

13. 关于显示器的分辨率,下列说法不正确的是(　　　)。

    A. 显示分辨率是以显示屏上发光点的点距和个数来表示的

    B. 图形显示质量往往以显示分辨率来衡量,分辨率越高,图像越清晰

    C. 分辨率 800×600 表示显示屏水平方向有 800 个点,垂直方向有 600 个点

    D. 分辨率 800×600 表示显示屏垂直方向有 800 个点,水平方向有 600 个点

14. 在下列不同进制的 4 个数中,(　　　)是最小的一个数。

    A. $(44)_{10}$ B. $(53)_8$

    C. $(2B)_{16}$ D. $(101001)_2$

15. 二进制数 1011011 转换成八进制、十进制、十六进制数依次为(　　　)。

    A. 133,103,5B   B. 133,91,5B

    C. 253,171,5B   D. 133,71,5B

1.6.2　填空题

1. 信息的主要特征是_____、_____、_____。

2. 一个完整的计算机系统由_____和_____两部分组成。

3. 计算机内部一般采用_____来表示指令和数据。

4. 计算机的工作过程实际就是_____过程。

5. CPU 是_____的简称,它包括_____和_____两个核心部件。

6. 计算机断电后会丢失其中信息的内存储器是_____。

7. 根据软件的用途分类,可将计算机软件分为_____和_____两大类。

8. 在计算机中,常用的数据单位是_____、_____和_____。

9. ASCII 码已成为国际通用的_____标准代码。

10. $(69)_{10} = (\underline{\hspace{2cm}})_2 = (\underline{\hspace{2cm}})_8 = (\underline{\hspace{2cm}})_{16}$。

11. $(11011101)_2 = (\underline{\hspace{2cm}})_{10} = (\underline{\hspace{2cm}})_8 = (\underline{\hspace{2cm}})_{16}$。

1.6.3　名词术语解释

1. 进位计数制   2. 存储器   3. 主机

4. 总线   5. 字节   6. USB

    大学信息技术基础

1.6.4　简答题

1. 简述冯·诺依曼(Von Neumann)的"程序存储"设计思想。
2. 简述计算机的工作原理。
3. 计算机为什么要采用二进制?
4. 简述微型计算机的功能结构。
5. 什么是国标码、机内码、机外码以及汉字字形码?

第 2 章 中文 Windows XP 操作系统

2.1 Windows XP 操作系统概述

2.1.1 Windows 操作系统简介

操作系统(Operating System,OS)是计算机系统中最重要的系统软件,是整个计算机硬件、软件资源的组织者和管理者,提供用户与计算机之间的操作接口,不同的操作系统向用户提供了不同的接口界面。

个人计算机操作系统的用户界面主要有命令行方式、菜单界面方式、图形界面方式三种方式。Windows 是采用了图形界面的操作系统,用户在友好的图形界面上进行操作,大大降低了用户的学习和操作难度,从推出后便得到广大用户的喜爱,目前,在个人计算机的操作系统中,Windows 是使用范围最广的操作系统。

微软公司于 1983 年推出了 Windows 1.1,经过了 Windows 3.X、Windows 95、Windows 98、Windows 2000 等不同版本的更新和发展,2001 年 10 月,推出了 Windows XP 中文版。它是基于 Windows NT 的内核代码架构,在 Windows 2000 基础上更新而来的,不仅继承了 Windows 2000 稳定和高效的特征,而且启动更快,另外还扩展了很多功能,例如:多媒体、系统还原等,相比与以前的 Windows 版本,Windows XP 有更好的视觉效果和支持娱乐性能。本教材主要介绍的是以中文 Windows XP Professional 版本(以下统称 Windows XP)为核心,介绍 Windows 系统的基本操作,其基本概念和基本操作同样适用于 Windows 其他版本。

Windows 操作系统具有如下主要特点:

(1) 采用多道程序设计技术,是一个单用户多任务的操作系统

由于采用了抢先式多任务技术,可使应用软件运行得更快,能同时执行多项任务,而且各程序(任务)之间能很容易地进行切换。

(2) 完美支持 32 位架构的操作系统(注:Windows 也有 64 位版本)

Windows 有很强的内存管理功能,使用虚拟存储器技术,支持大容量内存,提高了系统的利用效率。

（3）有标准一致的、图形化的用户界面

Windows 提供了丰富和美观的菜单图标，各 Windows 的版本都有比较一致的用户界面，提供了标准的要素（如窗口、菜单、对话框、按钮、快捷键等），使得 Windows 系统和运行于其上的应用软件的操作方法易于用户学习和掌握。

（4）设备的无关性

在 Windows 中，只要某种硬件设备能被 Windows 所支持，所有 Windows 下的应用程序将都会支持这种设备，无须再开发专门的设备驱动程序。而且，较高的 Windows 版本（如 Windows 2000、Windows XP）支持即插即用技术（Plug-and-Play），它能对已安装的硬件自动和动态识别并进行硬件资源分配和加载相应的驱动程序。

（5）多种网络支持功能

Windows 系统内置了多种网络协议，利用 Windows 可以方便地进行链接、浏览、使用 Internet，实现与各地用户的通信。

（6）TrueType 技术

TrueType（真实字体）属于内建式比例字体，可以任意平滑放大和缩小。使用 TrueType 字体，能使打印机上输出的信息与屏幕上提示的效果完全一致，实现所谓"所见即所得"。

Windows 操作系统凭借强大的功能和优异的易用性，逐步发展成为主流的个人计算机的操作系统，而且，微软公司还在不断改进和推出更新版本的 Windows 操作系统。

2.1.2 Windows XP 运行环境与安装

Windows XP 具有更强大的功能，因此需要更高性能的硬件支持，一般来说，用户计算机硬件系统的配置要求如下：

- 至少为 64MB 内存，推荐采用 128MB 的内存容量，若有 256MB 以上的内存配置则更为理想。
- 至少为 Intel Pentium 233MHz 的处理器，建议采用 300MHz 以上 CPU。
- 硬盘至少有 1.5GB 的可用空间。
- Windows XP 支持的 CD、DVD 或网络适配卡或缆线。
- 至少为支持 256 色的 VGA 显示器，推荐采用 SVGA16 位/24 位颜色或者更高分辨率的显示器，这样才能充分发挥 Windows XP 在图形处理方面的性能。

Windows XP 安装向导能指导用户完成整个安装过程，安装过程中许多是自动进行的，但根据计算机的当前配置，也有可能需要提供以下相关信息或选择设置：

① 许可项协议。如果同意这些条款，请选择"我接受这个协议"，继续进行安装。

② 选择特殊选项。如可以自定义 Windows XP 安装程序、语言及新安装的辅助功能设置、多种语言和区域设置等。

③ 选择安装分区的文件系统（FAT32 或 NTFS），Windows XP 推荐使用 NTFS 文件系统，这种文件系统的安全性更好。

④ 区域设置。更改不同区域和语言的系统和用户输入法设置。

⑤ 计算机名和 Administrator 密码。输入不同于网络上其他计算机的唯一的名称。在安装过程中,安装程序将自动创建 Administrator 账户。使用该账户时,用户拥有计算机设置的完全权限,并且可以在计算机上创建用户账户,还可以为 Administrator 账户指定密码。

⑥ 日期和时间设置。

⑦ 网络设置。除非用户是高级用户,否则网络配置应选择"典型"设置选项。选择"自定义"设置选项,手动配置网络客户、服务和协议。

⑧ 工作组或计算机域。在安装过程中,必须加入工作组或域。

⑨ 提供升级包,安装最新的升级安装包。某些软件制造商提供在 Windows XP 下运行程序的升级包。如果没有升级包,只需单击"下一步"继续安装。

⑩ 网络标识向导。如果计算机要加入网络,该向导将提示标识那些使用计算机的用户。

2.1.3 Windows XP 的启动与退出

1. 启动 Windows XP

如果已经成功地安装了 Windows XP,那么当按下计算机的电源开关后,计算机开始进行加电自检,待自检完毕后,就启动 Windows XP。稍后,在登录界面中输入(或选择)用户名、输入密码,并按回车键确认;最后 Windows XP 自动完成启动过程并显示出 Windows XP 启动后的屏幕(如图 2-1 所示)。

图 2-1　Windows XP 的桌面

注意:屏幕中的图标、背景图片等元素可以在系统设置中修改,所以不同的计算机可能不同。

2. 退出 Windows XP

在退出 Windows XP 前，要先关闭所有正在运行的应用程序，退出操作如下：

(1) 单击“开始”按钮，打开“开始”菜单，如图 2-2 所示（两种样式的一种）。

图 2-2　两种不同样式的“开始”菜单（左图为默认样式，右图是经典样式）

(2) 在开始菜单中单击“关闭计算机（U）”将出现如图 2-3 所示的“关闭计算机”对话框。

(3) 在对话框中单击“关闭”按钮，Windows XP 将显示“正在关闭”，并退出 Windows XP 操作系统。

2.1.4　Windows XP 的帮助

图 2-3　“关闭计算机”对话框

Windows XP 提供了强有力的帮助系统，用户在使用 Windows XP 的过程中，遇到的很多问题都可以在帮助系统中找到解决方案。

有两种方法可以启动 Windows XP 的帮助系统，一种是：在“开始”菜单中选择“帮助和支持”选项；另一种是：在屏幕显示桌面时按功能键区的 F1 键；启动帮助系统之后就会打开“帮助和支持中心”窗口（如图 2-4 所示）。

用户在此窗口上可以浏览帮助主题。单击导航栏上的“主页”或者“索引”，可以查看目录或索引。还可以在“搜索”框中输入一个或多个与问题相关的关键词汇，查找帮助系

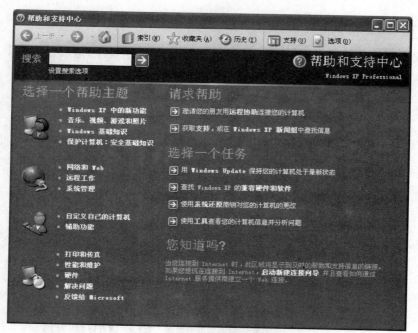

图 2-4   "帮助和支持中心"窗口

统中与之相关的信息内容。

2.2   Windows XP 桌面与窗口操作

2.2.1   Windows XP 的桌面

在 Windows XP 启动成功之后,呈现在用户面前的整个屏幕,称为"桌面"(如图 2-5 所示)。桌面由屏幕工作区、各种图标、桌面组件、应用程序窗口以及任务栏等桌面元素组成,其中最下部的是任务栏,其左边是"开始"菜单按钮,右边是系统托盘区,显示计算机的系统时间等,中部显示出正在使用的各应用程序图标,或正在运行的应用程序按钮,称为活动任务区。

Windows XP 桌面上所显示的图形标志(简称图标),表示了应用程序或文件夹。在标准桌面设置中,有"我的电脑"、"我的文档"、"回收站"、"网上邻居"等图标。用户可以通过鼠标或键盘对其操作来执行这些图标所对应程序的功能。其中,"我的电脑"是用户使用和管理计算机的最重要的工具,它提供用户管理磁盘、文件(夹)等资源的工具,还能通过它的"控制面板"文件夹来对计算机进行配置管理;"网上邻居"是提供用户查看和操作网络资源的工具;"回收站"是提供用户暂时或永久删除不再需要的文件或文件夹的工具,Internet Explorer 是一个 Web 浏览器,提供用户访问网络资源的工具。

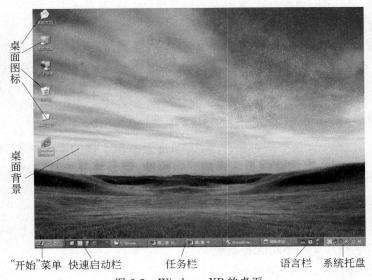

桌面图标

桌面背景

"开始"菜单　快速启动栏　　　　　任务栏　　　　　　语言栏　系统托盘

图 2-5　Windows XP 的桌面

2.2.2　Windows XP 的基本操作方法

Windows 操作系统支持多种输入设备,其中,鼠标和键盘是 Windows XP 的基本输入设备,也是用户使用最多的设备,使用鼠标和键盘可以完成 Windows XP 中的所有的操作。下面就来介绍它们的使用方法。

1. 鼠标操作

鼠标因形似老鼠而得名,鼠标按接口类型可分为串行鼠标、PS/2 鼠标、总线鼠标、USB 鼠标(多为光电鼠标)四种;按其工作原理的不同可以分为机械鼠标和光电鼠标;按外形可分为两键鼠标、三键鼠标、滚轴鼠标和感应鼠标等。在 Windows 中,鼠标的操作主要有:移动、单击、右击、拖放几种,下面以常见的三键鼠标为例进行介绍。

(1) 移动

移动鼠标,使鼠标指针指向某个对象(图标、按钮、菜单项等)的操作称为鼠标的移动。

(2) 单击

不移动鼠标,按鼠标的左键并立即释放,就是单击鼠标的操作。此操作用来选择一个对象或执行一个命令。

(3) 双击

双击鼠标是指用手指迅速而连续地两次单击鼠标左键。该操作用来启动一个程序或打开一个文件,例如快捷方式、文件夹、文档、应用程序等。

(4) 右击

按鼠标右键,然后立即释放,就是右击鼠标的操作。当在特定的对象上右击时,会弹出其快捷菜单,从而可以方便地完成对所选对象的操作。不同的对象会出现不同的快捷菜单。

（5）拖放

先将鼠标指针指向 Windows 对象（如文件、文件夹、滑动条、窗口边框等），按住鼠标左键，然后移动鼠标到特定的位置后释放鼠标按键便完成了一次鼠标的拖放操作。该操作常用于复制或移动对象，或者拖动滚动条与标尺的标杆以及调整窗口的大小。

2. 键盘操作

键盘也是计算机的标准输入设备，常见的键盘有 101 键、104 键以及 Windows 键盘等多种，但其基本键位及其操作是一样的。一般地，键盘被分为打字键区、功能键区、游标/控制键区、编辑/数字键区四个部分。

（1）打字键区（又称主键盘区）

打字键区与标准的英文打字键盘基本相同，包括了全部的英文字母、0～9 共 10 个数码和一些专用字符以及几个功能控制键。

（2）功能键区

功能键区包括 F1～F12 共 12 个按键，提供给操作系统和应用软件指定特定的功能（比如 F1 通常用来作为帮助功能按键）。

（3）游标/控制键区

包括控制光标上下左右移动的方向键和一些如翻页、截屏等特定的功能键。

（4）编辑/数字键区（又称小键盘区或数字键区）

编辑/数字键区包括 0～9 数字、算术运算符、光标移动控制键及一些屏幕移动和编辑键。

3. 快捷键

快捷键又称热键，通常是几个按键的组合，就是同时按特定的组合键来完成对应的操作。

Windows 操作系统定义了很多快捷键，有些是使用 Windows 键（带有窗口符号的键，简称 Win 键）和字母键组合为一个快捷键，有些是使用 Ctrl 键和 Alt 键与字母键组合；另外，很多应用程序也可以定义各自的一些快捷键。Windows 中的一些常用快捷键如表 2-1 所示。

表 2-1　部分常用快捷键

组　合　键	功　　能	组　合　键	功　　能
Ctrl＋A	全选	Win 键＋E	资源管理器
Ctrl＋B	整理收藏夹	Win 键＋F	查找
Ctrl＋C	复制	Win 键＋L	锁定计算机
Ctrl＋D	删除	Win 键＋M	最小化所有窗口

组 合 键	功 能	组 合 键	功 能
Ctrl＋E	搜索助理	Win 键＋R	运行程序
Ctrl＋F	查找	Alt＋空格	打开快捷菜单
Ctrl＋N	新建	Alt＋F4	退出当前程序
Ctrl＋O	打开	Alt＋Enter	显示对象属性
Ctrl＋P	打印	Alt＋Tab	在打开项目间切换
Ctrl＋R	刷新	Alt＋Esc	在打开项目间切换
Ctrl＋S	保存	F1	帮助
Ctrl＋V	粘贴	F2	重命名
Ctrl＋W	关闭窗口	F3	搜索
Ctrl＋X	剪切	F4	地址栏
Ctrl＋Z	撤消操作	F5	刷新
Win 键	开始菜单	F6	切换元素
Win 键＋D	显示桌面	F10	激活菜单栏

2.2.3　Windows XP 的窗口及窗口操作

窗口是 Windows 的外观界面最显著的特征和操作对象,它是指在桌面上的一个矩形区域。窗口的类型大致分为应用程序窗口和 Windows 文件夹窗口两类。其中应用程序窗口是用户操作应用软件的界面,不同的应用程序窗口的外观和布局是不同的;但 Windows 中的文件夹窗口的特征具有很大的相似性,在 Windows XP 中,"我的电脑"、"资源管理器"、"回收站"、"控制面板"等窗口都集成为文件夹窗口,是 Windows XP 中文件、文件夹操作以及系统配置操作的主要界面,本节以 Windows XP 的文件夹窗口为例介绍 Windows XP 的窗口。

1. 窗口的组成

在 Windows XP 中有多种不同的窗口,但绝大多数窗口都有一些相同的元素。一个典型的 Windows XP 窗口通常由标题栏、控制按钮、菜单栏、工作区、滑动块和边框等组成,如图 2-6 所示。

(1) 标题栏

标题栏显示了控制菜单框、窗口的标题或运行的程序名,以及改变窗口的最大化、最小化和关闭窗口按钮。标题栏还提供了一些方便用户操作的特性。

- 双击标题栏可以把一个窗口扩大到整个屏幕,或把它收缩到原始的尺寸。
- 拖动窗口的标题栏,可以把窗口移动到屏幕中一个新的位置。

图 2-6　资源管理器窗口

- 利用"最大化"、"最小化"、"关闭"窗口按钮,可以快速设置窗口的大小,如快速扩大至全屏幕、隐藏或关闭窗口。
- 窗口左上角那个图标按钮是控制按钮,用鼠标单击控制按钮,将打开一个控制菜单,其中通常包含"恢复"、"移动"、"最小化"、"最大化"和"关闭"命令。

（2）菜单栏

大多数窗口在其顶部有一个菜单栏,该菜单栏提供了对窗口内容起作用的命令。单击一个菜单选项,则会出现一个下拉菜单,在打开一个下拉菜单后,移动鼠标单击该菜单上的选项,就执行这一选项对应的命令。

如果某个菜单项有子菜单,可以看到该菜单项的右边有一个黑色的三角形符号,用鼠标指向该三角形可立即显示出子菜单。有些菜单项有时显示灰色字体,这表明执行此菜单项命令的条件尚不具备,暂时不能执行;有些菜单项后面为"…",这表明执行此菜单项命令的时候会弹出一对话框,供进一步操作;有许多菜单项还显示了快捷键,如"复制"对应的快捷键是 Ctrl＋C,"保存"对应的快捷键是 Ctrl＋S 等。

（3）工具栏

在 Windows XP 的许多窗口内,为方便用户使用,系统按照不同操作的类型设不同的工具栏,以图标的形式排列在各自的工具栏中,供用户快速直接调用。另外,大多数工具栏提供了"工具提示",只要将鼠标指针停在某个按钮上就会立即显示一个对该按钮的简单描述。大多数的程序中,工具栏是可选的,可以通过使用程序的"查看"菜单的选项来打开或关闭工具栏。

（4）地址栏

在 Windows 资源管理器窗口和 Internet 浏览器窗口可以见到这个地址栏,在资源管理器窗口地址栏的下拉列表里,包含了用户机器的所有资源,如"我的电脑"、"资源管理器"等。在 Internet 浏览器窗口的地址栏可输入 Web 地址来访问网络资源。同工具栏一

大学信息技术基础

样,地址栏通常也是可选的,可以通过在程序菜单上选择"查看"来打开或关闭。

(5) 窗口工作区

位于工具栏或地址栏的下面区域,该工作区用于显示和处理工作对象的有关信息。

(6) 滚动条

当窗口工作区大小容纳不下窗口信息时,会出现滚动条。利用滚动条,用户可以很方便地查看尺寸较大的文档、列表或图形。

(7) 状态栏

位于窗口的最下边,用于显示一些与用户当前操作有关的信息。

2. 当前窗口(活动窗口)

Windows 是一个多任务操作系统,每运行一个应用程序都要打开一个(或多个)窗口,用户可以同时运行多个程序,也就是可以同时打开几个不同的窗口。在这些窗口中,总有一个当前正在使用的应用程序,该程序所对应的窗口称为"当前窗口"、"前台窗口"或"活动窗口",所有其他程序则是后台程序。前台程序(窗口)的标题栏为高亮显示,一般位于窗口的最上层。

3. 窗口基本操作

窗口基本操作包括:窗口移动、窗口切换、窗口重排、改变窗口大小和窗口关闭等。

(1) 窗口移动

如果想使用鼠标来移动窗口(此时窗口不能处于最大化或最小化状态),可将鼠标指针指向窗口标题栏,按住鼠标左键并拖动窗口到桌面的另一个位置。松开鼠标左键后,窗口就移动到了新的位置。

(2) 改变窗口大小

将鼠标指针指向窗口边框的某个部位上,鼠标指针会变成不同的形状。如果要改变窗口的大小,可以按照下述步骤进行操作:

先将鼠标指针指向窗口边框的四个角上,此时鼠标指针变成斜向的双向箭头,按住鼠标左键并拖动,可以同时改变窗口的宽度和高度;将鼠标指针指向窗口的上下(左右)边框上时,鼠标指针变成垂直(水平)的双向箭头,按住鼠标左键并拖动,可以改变窗口的高度(宽度)。然后,拖动鼠标指针至合适的窗口大小后,松开鼠标左键。

注意:有的应用程序的窗口,当鼠标指针放在边框或角上时不变为双箭头,则该窗口的尺寸是不可改变的。

(3) 窗口的最小化、最大化和关闭

用鼠标左键单击标题栏最右边的"最小化"、"最大化"和"关闭"按钮,可以分别使窗口最小化、最大化或关闭。

(4) 窗口切换

打开多个窗口(应用程序)后,可用以下方法之一切换到需要工作的窗口(应用程序)。

• 单击任务栏上的相应按钮,这是实现在多个窗口之间切换的最常用的方法。

• 如果窗口没有被其他窗口完全遮住,可直接单击要激活的窗口。

- 使用键盘,按住 Alt 键不放,然后按 Tab 键,此时屏幕会弹出一个窗口,反复按 Tab 键依次进行切换,当找到需要的窗口时,该窗口图标带有边框,释放 Tab 键,即切换到该窗口。
- 用 Alt＋Esc 键,在所有打开的窗口之间进行切换,但此方法不适用于最小化以后的窗口。

（5）窗口重排

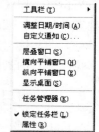

打开多个窗口后,如感到排列凌乱,可重新排列窗口。方法:右击任务栏的空白处,将弹出如图 2-7 所示的快捷菜单,从中选择排列方式。

- 层叠窗口:将窗口按先后顺序依次排列在桌面上。最上面的窗口为活动窗口,是完全可见的。
- 横向平铺窗口:从上到下不重叠地显示窗口。
- 纵向平铺窗口:从左到右不重叠地显示窗口。

图 2-7　快捷菜单

- 最小化所有窗口:将所有打开的窗口都缩小为任务栏上的按钮。

2.2.4　Windows XP 的任务栏与"开始"菜单

1. 任务栏及其各组成部分的功能

位于桌面最下方的条形框称为任务栏,所有正在运行的应用程序在任务栏上都有对应的按钮显示,要切换到某个应用程序或文件夹窗口,只需单击任务栏上相对应的按钮。在任务栏的右边有一块凹下去的矩形区域,是系统托盘区(也叫通知区域),里面包含了多个图标,这是状态指示器图标。根据系统配置的不同,该区域中的指示器图标个数和内容也不同。双击状态指示器图标一般会显示相应的信息或菜单命令。

2. "开始"菜单的组成及常用项目功能

在 Windows 中,系统提供的功能选项,绝大多数都可以由"开始"菜单提供(包括:运行程序、打开文件以及执行其他常规任务)。Windows XP 提供了两种不同样式的"开始"菜单,如图 2-2 所示,用户可以选择使用其中一种样式,下面以图 2-2 右边的经典样式的"开始"菜单为例介绍开始菜单中的主要选项功能。

经典样式的"开始"菜单由两条分隔线分成三个部分,最上面的部分是快速启动项,里面包含一些已经安装的应用软件,单击对应选项即可运行对应的应用软件。最下面的部分只有一个"关机"按钮,在用户操作完毕、关闭计算机时选择。中间部分一般由"程序"、"文档"、"设置"、"搜索"、"帮助和支持"、"运行"六个选项构成,在选项右边有黑色三角标记的有下一级菜单,下面一一介绍。

（1）程序

"开始"菜单中,在"程序"选项的右边下一级菜单中,会显示当前本系统已经安装的各种应用软件,有的选项直接单击便可以执行对应的程序,有的选项的右边也有黑色三角符号,表示有下一级菜单,可以再次展开,让用户选择执行对应的程序。

(2) 文档

可以让用户选择一个文档来进行操作。当展开"文档"选项的下一级菜单时,即列出最近使用过的 15 个文档。初始安装 Windows XP 系统时,这个选项为空。经过一段时间使用后,用户最近常用的文档以快捷方式图标出现在这里,便于用户使用。单击某个文档选项便可打开文档及相应的处理程序。如果"文档"菜单中已包含了 15 个文档,这时再打开新的文档,则最新的文档将取代其中最近使用最少的文档。

(3) 设置

该选项由 4 个项目组成:"控制面板"、"网络连接"、"打印机和传真"、"任务栏和开始菜单"。它们可以让用户自行配置 Windows XP 的各项系统参数。

(4) 搜索

该选项用于查找系统中的某些项目(如文件和文件夹、用户等)。

(5) 帮助和支持

选择"帮助"选项将打开 Windows XP"帮助和支持中心"窗口,用户在这里获取有关本操作系统的各种帮助和支持信息(请参见第 2.1.4 小节的内容)。

(6) 运行

提供了一种通过输入命令字符串来启动程序、打开文档或文件夹以及浏览 Web 站点的方法。

2.2.5 Windows XP 的剪贴板

1. 剪贴板

剪贴板是计算机系统内存中的一块临时区域,用以存放从程序复制或剪贴来的对象(比如文本、图片、文件或文件夹)。剪贴板是配合用户进行对象复制、剪切和粘贴操作的系统服务。

2. 对象的复制和粘贴操作

用户选定一些对象之后,再使用复制或剪切命令就可以将这些对象(或其对象位置)复制或剪切到剪贴板中,然后,用户可以将剪贴板中的对象多次粘贴到指定位置,相当于将对象从原来的位置复制或移动到新的位置。

执行"开始"菜单中的"运行"命令,打开"运行"对话框,在其中输入"clipbrd.exe"并单击"确定",即可运行"剪贴簿查看器"程序(如图 2-8 所示),在此窗口中可以查看、复制、粘贴,或删除保存在剪贴板中的内容。

这里要注意两点:

- 每次复制或剪切都会将剪贴板以前存放的内容覆盖掉;
- 如果将一个较大的对象(比如多幅很大图片或相当篇幅的一段文本)存放在剪贴板中,则占用较多系统内存资源,导致系统运行缓慢,应及时将其从剪贴板中删除掉。

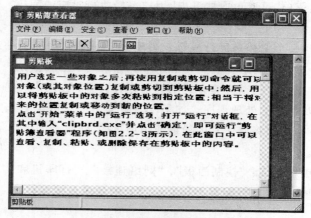

图 2-8 "剪贴簿查看器"窗口

2.3 Windows XP 的文件(夹)操作

2.3.1 Windows XP 的文件与文件夹

1. 文件

（1）文件的概念

文件是一组被命名的、存放在存储介质上的相关信息的集合；Windows 将各种程序和文档以文件的形式进行管理。并以文件夹的形式组织和管理文件，文件夹可以看成存放文件和文件夹的容器，另外，Windows 系统将设备也看做是文件，对设备的操作同对文件的操作类似。文件的名称由文件名和扩展名组成，文件名和扩展名之间用一个"."分隔符隔开。一般扩展名由 0~4 个字符组成，文件的扩展名说明文件所属类别。文件名有几点要注意：

① Windows XP 下的文件名最长可达 256 个字符，但是有些程序不能识别很长的文件名，因此文件名一般不应超过 8 位字符，而且文件名中不能包含以下字符："\"、"/"、"："、"＊"、"?"、"＜"、"＞"、"｜"。

② 某些系统文件夹不能被更改名称，如"Windows"或"System32"等，因为它们是正确运行 Windows 操作系统所必需的。

③ 不同文件夹中的文件及文件夹能够同名，不同磁盘中的文件及文件夹也能够同名。但在同一文件夹中，文件与文件之间、文件夹与文件夹之间不能重名。

（2）文件类型和文件图标

文件都包含着一定的信息，而根据其不同的数据格式和意义使得每个文件都具有某种特定的文件类型。Windows XP 利用文件的扩展名来区别每个文件的类型。

在 Windows XP 中，每个文件在打开前是以图标的形式显示的。每个文件的图标可能会因其类型不同而有所不同,而系统正是以不同的图标来向用户提示文件的类型的。Windows XP 能够识别大多数常见的文件类型,其中一些基本类型如表 2-2 所示。

表 2-2　几种常见的文件类型及其扩展名

文件类型	扩 展 名	文件类型描述
可执行文件	.exe、.com、.bat	双击此类文件,可执行程序
压缩文件	.rar、.zip	由压缩软件将文件压缩后的文件
声音文件	.mp3、.wav、.wma、.mid	记录着声音和音乐的文件
图片文件	.jpg、.jpeg、.bmp、.gif	记录图像信息的文件
字体文件	.fon、.ttf	为系统和其他应用程序提供字体的文件
网页文件	.htm、.html	可用 IE 浏览器打开的文件,是网上常用的文件格式
视频文件	.avi、.rm、.mpeg、.asf、.mov	记录着动态变化画面,同时支持声音的文件
无格式文本文件	.txt	ASCII 文本文件
动态链接库文件	.dll	提供程序使用的二进制代码或资源的文件

（3）应用程序文档的关联

在 Windows XP 中由应用程序创建的文件或信息都称为应用程序的文档。文档中包括了输入、编辑、查看或保存的信息,例如用画图程序绘制的图形,在写字板中输入的文字等。

对于大多数文档文件,Windows XP 都建立了某类文档与一个应用程序的"关联"。对于建立了关联的文档文件,用户只需要在 Windows XP 桌面、"我的文档"、"资源管理器"等窗口中双击该文档文件的图标,Windows XP 会根据文档的关联自动运行与该文档文件关联的应用程序,并对该文档文件进行处理。

如果 Windows XP 无法确定与该文档文件建立关联的应用程序,双击文档文件后,Windows XP 会显示"打开方式"对话框询问文件处理方法,如图 2-9 所示。

对于在某个应用程序中打开的多个文档文件,可以通过应用程序的"窗口"菜单进行文档窗口的排列,确定当前文档文件等操作。

（4）文件的打开

如果要打开某个文件,右击并在弹出的快捷菜单中选择"打开"命令,或双击这个文件。如果系统中安装有与该文件关联的应用程序,那么系统会自动启动该程序并打开该文件。

如果用户想用其他应用程序打开某个文

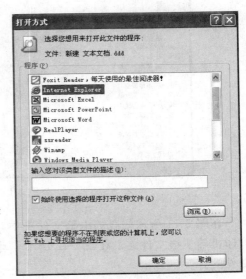

图 2-9　"打开方式"对话框

件,右击这个文件,在弹出的快捷菜单中选择"打开方式"命令,将会出现如图 2-9 所示的对话框。其中列出了当前操作系统推荐使用的应用程序和系统已经安装的所有程序,一般情况下,文件都使用系统默认的或推荐使用的程序打开。

如果用户需要的应用程序不在列表中,可单击"浏览"按钮进行搜索;如果用户需要的应用程序不在本地机器上,可单击"在 Web 上寻找适当的程序"在网络上搜索;如果用户选中"始终使用选择的程序打开这种文件",系统就默认以后使用此种打开方式打开该类型的文件。

2. 文件夹

（1）文件夹的概念

为了能对磁盘中数量庞大的文件进行有效、有序的管理,Windows XP 继承了 DOS 的目录概念,并将其进一步延伸,称为文件夹。所谓文件夹的内容就是存储在该文件夹下的文件和下级文件夹。Windows XP 系统通过文件(夹)名来访问文件(夹)。

有了文件夹,文件就可以分文件夹存放。当需要查找一个文件时,在所对应的文件夹中查找即可,而不是在整个磁盘中查找,这样就大大减少了检索工作的盲目性,提高了检索效率。如果把磁盘看做是一个文件柜,那么文件夹就像分类文件的标签。

Windows XP 中的文件夹不仅表示了目录,还可以表示驱动器、设备,甚至是通过网络连接的其他计算机。如图 2-10 所示的即是 Windows XP 将整个计算机视为一个文件夹(称为桌面文件夹),"我的电脑"、"网上邻居"、"回收站"等都是桌面文件夹的子文件夹。

图 2-10　桌面文件夹

在图 2-11 所示的我的电脑文件夹中,包括了软驱、硬盘上的逻辑驱动器、控制面板、打印机等下级文件夹。在图 2-12 所示驱动器 C 的文件夹中,可以看到 C 驱动器中的各个文件夹。

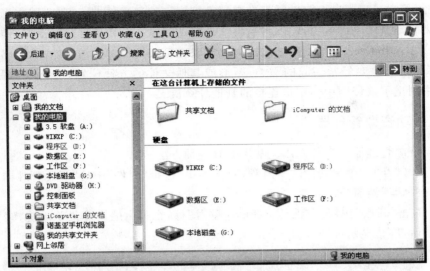

图 2-11　我的电脑文件夹

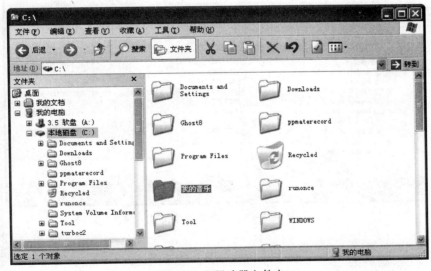

图 2-12　C 驱动器文件夹

（2）文件夹的操作

Windows XP 能够对文件（夹）进行选择、创建、修改、复制、移动和删除等操作。这些操作主要通过 Windows XP 所提供的"我的电脑"、"资源管理器"、"我的文档"等来完成。

2.3.2　使用资源管理器来操作文件和文件夹

Windows 资源管理器显示了用户计算机上的文件、文件夹和驱动器的分层次结构，同时显示了映射到用户计算机上的驱动器号的所有网络驱动器名称。使用 Windows 资源管理器,用户可以复制、移动、重新命名以及搜索文件和文件夹。例如,用户可以打开要复制或者移动其中文件的文件夹,然后将文件拖动到另一个文件夹或驱动器,使用起来非常方便。在 Windows 中的其他一些地方也可以查看和操作文件和文件夹。例如"我的文档"是存储用户想要经常访问的文档、图形或其他文件的方便位置,也可以查看"网上邻居",其中列出了局域网中与用户连接的其他计算机。

1. 启动资源管理器

启动资源管理器有多种方法。常用的有 3 种方法:

(1)打开"开始"菜单,打开"所有程序"子菜单,选择"附件"中的"资源管理器"命令,就打开了资源管理器窗口。

(2)右击"开始"按钮或桌面上"我的电脑"图标,在弹出的快捷菜单中选择"资源管理器";启动后,屏幕显示如图 2-13 所示。

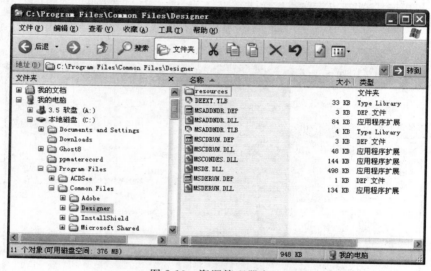

图 2-13　资源管理器窗口

(3)按 Win+E 快捷键,也可以启动"资源管理器"。

2. 资源管理器的窗口

"资源管理器"窗口工作区包含了两个小区域。左边小区域称为文件夹区,它以树状结构表示了桌面上的所有对象,包括桌面、我的电脑、网上邻居、回收站和各级文件夹等对象;右边小区域称为内容区,它显示出左边小窗口被选定文件夹(文件夹呈打开状)的内容。可以用鼠标光标拖动左右区域之间的分隔线调整左右窗口的大小。

单击"文件夹"列表中的某一个文件夹可以显示其内容。如果想要查看驱动器内容,请在"文件夹"列表中单击"我的电脑",然后在内容区双击对应驱动器。单击"文件夹"列表中某个文件夹旁边的加号可以在列表中显示该文件夹包含的所有子文件夹,但不会在右窗格中显示文件夹的内容。要在右窗格中显示文件夹内容,可以在"文件夹"列表中单击该文件夹。这将关闭先前打开的文件夹,并显示所选中的文件夹中的文件和子文件夹。

要更改窗口局部的大小,请用鼠标拖动用于分隔两边窗格的分界线。在 Windows 资源管理器中显示常用任务并隐藏文件夹列表后再将其显示出来,请单击工具栏上的"文件夹"按钮。如果打开了"搜索助理"或"历史记录"视图,则可以单击这些视图右上角的"关闭"按钮来关闭它们并显示常用任务。

Windows XP 资源管理器的工具栏(如图 2-14 所示)提供了若干个标准按键、地址栏、Internet 链接等。

图 2-14 "资源管理器"工具栏

"资源管理器"的工具栏可以通过"查看"→"工具栏"菜单命令选择是否显示。

在内容区查看文件信息时,可能某些类型的文件被隐藏。如果要使其显示,可以选择"工具"→"文件夹选项"菜单命令,在如图 2-15 所示的"文件夹选项"对话框的"查看"选项卡中进行设置。

"资源管理器"窗口的底部有一个状态栏,状态栏用于说明当时打开的文件夹中的对象个数、所占用的磁盘空间容量,以及剩余的磁盘空间容量。可以通过"查看"→"状态栏"菜单命令选择状态栏的显示与否。

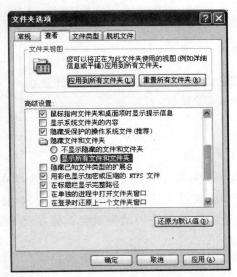

图 2-15 "文件夹选项"对话框的"查看"选项卡

图 2-16 "查看"按钮的下拉菜单

3. 文件信息显示方式和次序

通过工具栏的"查看"按钮或"查看"菜单项可以选择内容区中的文件(夹)显示方式。打开工具栏中"查看"按钮的子菜单,如图 2-16 所示,其中提供了五种文件列表显示方式的命令:"缩略图"、"平铺"、"图标"、"列表"以及"详细信息"。用户可以任选其中的一种显示方式命令。如果文件夹内存放的是图片,还会有"幻灯片"选项供选择。

内容区有按名称、按类型、按大小和按日期四种次序显示文件信息。可以选择"查看"菜单中的"排列图标"命令来选择显示的排序次序,也可以在详细资料显示方式下单击对应项目名称选择。另外,Windows XP 为显示文件夹中的文件提供了一种分组显示的新方法。例如,如果从"排列图标"级联菜单中选取按"名称"和"按组排列"选项,就可按名称将文件分组显示,如图 2-17 所示。

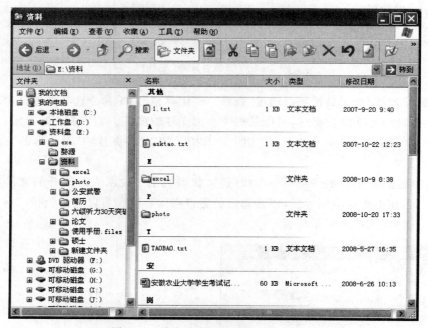

图 2-17 按名称分组显示文件和文件夹

4. 扩展和收缩文件夹树

在资源管理器窗口的文件夹区中,文件夹图标前有"＋"号,表示该文件夹中所含的子文件夹没有被显示出来(称为收缩),单击"＋"号,其子文件夹结构就会显示出来(称为扩展),"＋"同时变成了"－"。类似地,单击"－"号,其子文件夹结构就会被隐藏起来,"－"同时变成了"＋"。

5. 选择文件(夹)

在 Windows 中,一般都是先选定要操作的对象,再对选定的对象进行处理。在文件夹内容区选定文件(夹)的基本方法有以下几种,被选定的文件(夹)呈深色显示。

- 选择一个文件(夹)。用鼠标单击所需的文件(夹),即可选定该文件(夹)。
- 选择多个文件(夹)。先选择第一个,然后按住 Shift 键,再单击最后一个。
- 选择不连续的多个文件(夹)。先选择一个,然后按住 Ctrl 键,再依次单击要选择的其他文件(夹)。

- 选择全部文件(夹)。选择"编辑/全选"菜单命令,或按 Ctrl＋A 组合键。
- 反向选择文件(夹)。先选定不需要的文件(夹),再选择"编辑/反向选定"菜单命令。

对于所选定的文件(夹),按住 Ctrl 键,再单击某个已选定的文件(夹),即可以取消对该文件(夹)的选定;如果单击文件(夹)列表外任意空白处可取消全部选定。

6. 移动文件(夹)

移动文件(夹)的操作有两种方法,使用鼠标拖放和利用剪贴板,介绍如下:

(1) 使用鼠标拖放

打开要移动的文件(夹)所在的文件夹,选定要移动的文件(夹);用鼠标拖动所选定的文件(夹)图标到目标文件夹图标或窗口中,释放鼠标即可。

(2) 利用剪贴板

打开要移动的文件(夹)所在的文件夹,选定要移动的文件(夹);选择"剪切"命令,将其存入剪贴板;打开目标文件夹窗口,选择"粘贴"命令即可。

7. 复制文件(夹)

在 Windows XP 中复制和移动对象的方法相似。

(1) 使用鼠标拖放

打开要复制的文件(夹)所在的文件夹,选定要复制的文件(夹);按住 Ctrl 键不放,用鼠标拖动要复制的文件(夹)图标到目标文件夹图标或窗口中,释放鼠标即可。注意,在拖动过程中鼠标光标上会多出一个"＋"号。

(2) 利用剪贴板

打开要复制的文件(夹)所在的文件夹,选定要复制的文件(夹);选择"复制"命令,将其存入剪贴板;打开目标文件夹窗口,选择"粘贴"命令即可。

8. 删除和创建新文件夹

首先打开要创建文件夹的父文件夹;然后选择"文件"→"新建"→"文件夹"菜单命令,或在文件夹内容区的空白处右击,在弹出的快捷菜单中选择"新建"→"文件夹"菜单命令;再对所建立的文件夹图标,将其原名称"新建文件夹"改成一个新的文件夹名称即可。

9. 文件(夹)重命名

给文件(夹)改名十分方便,只要将文件(夹)图标显示出来,用鼠标在要改名的对象上右击,然后在弹出的快捷菜单中选择"重命名"命令,选中的文件(夹)的名称就会变成一个文本输入框。在文本框中输入对象的新名字,然后按回车键即可。

更为简便的方法是用鼠标慢速连续两次单击要重命名的对象,就可出现文本输入框。

10. 删除文件(夹)

删除操作一定要慎重,应能保证所删除的是不再需要的。删除时,先打开包含要删除的文件(夹)的文件夹,选定要删除的对象,再从以下几种方法中选用一种来删除这些文件(夹)。

- 把要删除的文件(夹)的图标用鼠标拖到回收站图标中;
- 按 Delete 键;
- 在要删除文件的图标上右击,在弹出的快捷菜单中选择"删除"命令。

此时,会弹出一个确认删除的对话框(如图 2-18 所示),这时可单击"确定"或"取消"来确认或否认删除操作。

图 2-18 "确认文件删除"对话框

Windows XP 桌面上的"回收站"图标是一个纸篓图案,当"回收站"中没有被回收的内容时纸篓是空的,如果"回收站"中有被回收的内容时纸篓中就会有几张纸片,非常形象。

除非是将文件直接拖入回收站中,否则 Windows XP 为了慎重起见都会要求确认。对于所删除了的文件(夹),Windows XP 并没有真正将其从磁盘中删除,而是存入"回收站"。可以从回收站将其恢复,或是真正从磁盘中删除。

从"回收站"恢复或清除被删除的文件(夹),步骤如下。

① 双击 Windows XP 桌面上的"回收站"快捷方式图标或者在"资源管理器"中单击"回收站"文件夹,打开"回收站"窗口,如图 2-19 所示。

图 2-19 "回收站"窗口

② 先选中需要被还原的文件或文件夹,然后选择"回收站"左侧窗格中"还原此项目"命令,或右击要被还原的文件或文件夹,在弹出的快捷菜单中选择"还原"命令,即可将此文件还原到原来的位置,并且"回收站"中将不再显示这些项目的图标。

用户若要清除"回收站"中的所有文件,选择"回收站"左侧窗格中"清空回收站"命令即可。注意,在"回收站"中删除的对象表示永久删除,Windows XP 不提供永久删除对象的恢复功能,请慎重!

11. 查找文件(夹)

当创建了许多文件(夹)之后,查找某个文件(夹)的功能就显得非常重要。可以使用"开始"菜单中的"搜索"菜单项进行查找。也可以在资源管理器中执行搜索功能,单击工具栏上的"搜索"按钮,即可打开搜索文件或文件夹的窗口,如图2-20所示。

图 2-20 "搜索结果"窗口

搜索的步骤如下:

① 选择"开始"→"搜索"→"文件或文件夹"菜单命令,屏幕显示如图2-20所示的窗口。

② 在"全部或部分文件名"文本框中输入要查找的文件名,文件名中可以使用通配符来替代不知道的字符。例如,为了查找以字符 z 打头的文件(夹),可输入 z*;为了查找文件(夹)名字中有字符 3 的所有文件(夹),可输入 *3*;为了查找以字符 Q 结束的文件(夹),可输入 *Q。

③ 在"搜索"文本框中输入查找的范围。例如,要在整个 C 驱动器查找,输入 C:,并选中"包括子文件夹"。

④ 单击"搜索"按钮开始查找。查找结果将显示在"搜索结果"窗口右面的列表框中。

2.4 Windows XP 的环境设置和系统维护

2.4.1 Windows XP 的控制面板

控制面板是 Windows XP 中用来设置系统配置和特性的一组应用程序,Windows

XP 的大部分系统设置都是集中在"控制面板"中进行的。在"控制面板"的窗口中,可以更改系统配置,设置屏幕色彩,安装硬件驱动程序和应用程序,设置键盘、鼠标的特性等,在设置中还广泛地使用了可视化技术,使许多所设置的结果或变动能立即在预览窗口中显示。

可以选择使用如下方法之一打开控制面板,在控制面板中对相关选项的设置进行修改。

- 在桌面上双击"我的电脑"图标,在"我的电脑"窗口左边区域中单击"控制面板";
- 从"资源管理器"的文件夹窗口中单击"控制面板";
- 选择"开始"→"设置"→"控制面板"命令。

无论使用何种方法启动控制面板,屏幕都将显示如图 2-21 所示的"控制面板"窗口。

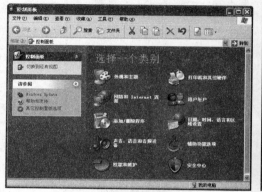

图 2-21 "控制面板"的分类视图样式(左)和经典视图样式(右)的窗口

"控制面板"窗口有两种视图样式:分类视图样式和经典视图样式,分别如图 2-21 的左右两幅所示。

2.4.2 Windows XP 的系统设置

Windows XP 对控制面板中的项目进行了分类,主要分为:"外观和主题"、"打印机和其他硬件"、"网络和 Internet 连接"、"用户账户"、"添加/删除程序"、"日期、时间、语言和区域设置"、"声音、语音和音频设备"、"辅助功能选项"、"性能和维护"等。具体项目功能介绍如下:

- 外观和主题:用于设置系统的外观主题、桌面背景、屏幕保护程序、显示器的分辨率以及其他有关显示器的特性;
- 打印机和其他硬件:用于启动增加打印机向导,引导用户安装新打印机,设置键盘、鼠标、电话和调制解调器、扫描仪、游戏控制器的各项工作属性;
- 网络和 Internet 连接:设置网络连接、Internet 选项以及 Windows 防火墙属性;
- 用户账户:查看和设置系统中用户登录账户信息;
- 添加/删除程序:用于安装/删除非 Windows 程序、Windows XP 组件及制作启动盘；

- 日期、时间、语言和区域设置：用于设置系统的日期和时间以及时区，设置数字、日期、时间和货币的格式，以及有关区域的参数；
- 声音、语音和音频设备：用于设置声音和音频设备属性，设置文字——语音转换的属性和参数；
- 辅助功能选项：用于特殊人士设置筛选键、粘滞键、鼠标键、声音卫士等功能；
- 性能和维护：用于了解系统的性能以及硬件配置情况和管理设备，查看和设置系统软件服务选项；
- 安全中心：打开"安全中心"主页，查看和设置 Internet 安全选项、Windows 防火墙配置和系统自动更新设置。

当要进行某项设置时，应先单击对应选项类别图标，然后在其窗口或对话框中进行具体设置。下面以控制面板分类视图样式为例对几个基本系统属性的设置操作进行介绍。

1. 日期/时间

可以通过日期/时间应用程序来调整日期和时间，以及确定时区。

（1）设置日期/时间

系统的日期和时间有很多种用途，可以记录文件建立和修改的日期和时间，及发送传真的时间等。当需要调整系统日期和时间时，在控制面板中单击"日期、时间、语言和区域设置"选项图标，再选择"更改日期和时间"选项，即可打开如图 2-22 所示的"日期和时间属性"对话框。在其"时间和日期"选项卡上可以设置系统的日期和时间。使用年份微调按钮改变年份，在月份下拉列表中选择月份即可设置当前系统的日期。在时间表下方的"时：分：秒"列表框中可以设置当前时间。

（2）设置时区

用户还可以在图 2-22 所示窗口的"时区"选项卡中改变用户所在的时区。单击"时区"下拉列表，从中选择所需的时区选项。对于大多数用户，时区无关紧要，但需要向另一个时区发送传真时，就必须在 Windows XP 中重新设置时区。

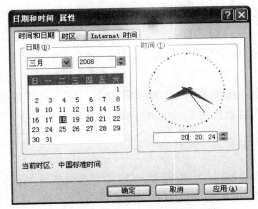

图 2-22 "日期和时间属性"对话框

2. 键盘

用户可以在控制面板的键盘应用程序中设置键盘按键的速度属性、光标闪烁速度和选择使用语言，以及添加或删除输入法等属性。

（1）设置键盘按键速度

用户可以在控制面板的键盘应用程序中设置按住按键时产生重复击键的速度和确认产生重复击键的延迟速度。若要改变键盘的按键和确认重复击键的延迟时间，在"控制面板"窗口中单击"打印机和其他硬件"图标，再单击"键盘"图标，打开如图 2-23 所示的"键盘 属性"对话框，打开"速度"选项卡。

图 2-23 "键盘 属性"对话框

在"字符重复"设置框中用鼠标拖动"重复延迟"和"重复率"标尺上的游标设置键盘的按键重复速度。在该窗口中还可以设置光标闪烁的速度。用鼠标拖动"光标闪烁频率"标尺上的游标就可以设置光标闪烁的快慢。

（2）选择使用语言

在"控制面板"中单击"日期、时间、语言和区域设置"图标，再单击"区域和语言选项"，在"区域和语言选项"对话框中打开"语言"选项卡，在"文字服务和输入语言"栏目中单击"详细信息"按钮，即可弹出"文字服务和输入语言"设置对话框，如图 2-24 所示。在"设置"选项卡中可以设置输入法的属性，添加或删除输入法，决定是否将当前输入法设置为系统默认的输入法，是否启动任务栏中的指示器以及设置切换语言的快捷键等。

3. 鼠标

单击"打印机和其他硬件"选项中的鼠标设置图标，弹出"鼠标 属性"设置对话框，在这里可以设置关于鼠标的左右键功能互换、鼠标双击的速度、鼠标移动的速度、鼠标指针形状、鼠标的轨迹等属性。

大学信息技术基础

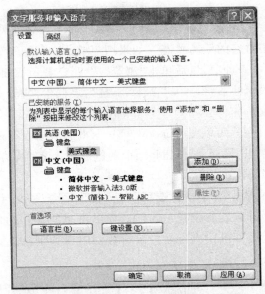

图 2-24 "文字服务和输入语言"对话框

（1）左右按钮互换和双击速度

为了方便习惯左手的用户，Windows 提供了可以切换鼠标左、右键的功能。当选中复选框时，鼠标的左、右键功能将被颠倒。具体步骤为：

打开"鼠标 属性"对话框，该窗口有"鼠标键"、"指针"、"指针选项"等五个选项卡。打开"鼠标键"选项卡，如图 2-25 所示，在"鼠标键配置"一栏中选择"切换主要和次要的按钮"复选框。

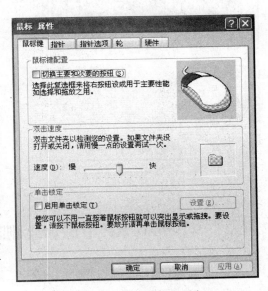

在"双击速度"一栏中调整鼠标双击速度，在该对话框的右下角有一个鼠标双击速度测试区域，在该区域中用鼠标双击文件夹图标，只要双击鼠标左键的速度快于设置的速度，文件夹便会随着鼠标的击打动作出现打开和闭合状态的切换，用鼠标拖动"速度"滑动条上游标的位置来调整用户自己合适的双击速度，鼠标键属性设置完毕后单击"确定"按钮即可。

图 2-25 "鼠标键"选项卡

（2）设置鼠标指针外观

作为桌面主题一部分的鼠标指针外观亦属于可定制的范围，根据鼠标的指向和 Windows XP 正在运行的状态，鼠标指针的形状将会不停地变化。用户可以根据自己的爱好来更改鼠标指针在各种状态下的外观，甚至可以安装一些看起来非常灵活的活动指针外观样式方案，这样当用户在等待 Windows XP 执行某项处理时，可以看到生动活泼的指针形状。

打开"鼠标 属性"的"指针"选项卡（如图 2-26 所示），对话框列表中显示了当前各种指针与 Windows XP 相对应的活动状态。如果用户要改变某项 Windows XP 活动状态的鼠标形状，在列表中选中该选项，然后单击"浏览"按钮，选择所需要的鼠标指针形状即可。如果要一次更改所有的指针形状，可从"方案"下拉列表框中选择一种指针方案。单击"确定"按钮，设置即可生效。

用户单击"使用默认值"，可恢复 Windows XP 原来的鼠标指针形状。如果用户对鼠标形状的设置满意，可以单击"另存为"按钮将当前的鼠标形状设置保存起来，方便以后调用。

（3）指针速度及移动轨迹

打开"鼠标属性"对话框中的"指针选项"选项卡（如图 2-27 所示），可以调整鼠标的指针速度和指针轨迹。指针速度的设置是调整鼠标对于手的动作的反应，其速度是鼠标指针相对应鼠标移动的速度。鼠标轨迹是指鼠标移动时所留下的逐渐消失的轨迹，这易于查看鼠标指针的移动及其位置。

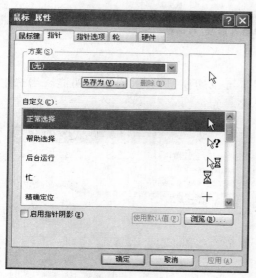

图 2-26 "指针"选项卡

图 2-27 "指针选项"选项卡

2.4.3 Windows XP 中添加或删除程序

使用控制面板中的"添加/删除程序"，可以安装和卸载 Windows XP 其他组件或应用程序。双击控制面板中的"添加/删除程序"图标，将弹出如图 2-28 所示的窗口。

1. 安装应用程序

大多数应用程序都要先安装才能使用，如 Office 和 AutoCAD 等，要安装这类程序，必须先获得安装程序文件，然后找到安装程序的主文件（通常安装程序主文件的名称是

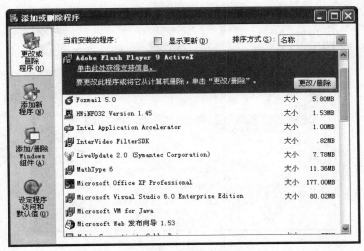

图 2-28　"添加或删除程序"窗口

setup. exe 或者 install. exe(也有的是其他名称的. exe 文件),双击运行这个文件就可以打开应用程序的"安装向导"对话框,按照此向导的安装提示,选择或输入指定的信息,逐步安装即可。

2.卸载应用程序

在"添加或删除程序"窗口中,单击"更改或删除程序"图标,在可以删除的程序列表中选择一个应用程序,此时"更改/删除"按钮被激活(如图 2-28 所示)。

单击"更改/删除"按钮可以启动此应用程序自带的配置卸载程序,用户按照提示逐步操作即可完成对此应用程序的修复或者删除操作。

另外,有些应用程序没有提供配置卸载程序,则不会出现"更改/删除"按钮,可能只会出现一个"删除"按钮,表示此程序只能被删除,没有提供修复的功能。还有些安装程序把程序文件安装到硬盘上,却没有提供卸载程序,那么就不能用上面所说的方法,一般情况下很难将程序彻底删除。此时可先查找程序文件所在位置,然后将程序文件(文件夹)删除。

3.添加或删除 Windows XP 的其他组件

在"添加或删除程序"窗口,单击"添加/删除 Windows 组件"图标,出现如图 2-29 所示的"组件向导",对话框。若组件左边的复选框已被选中,则该组件已经安装,可以按屏幕提示进行删除操作;若未被选中,可按以下方法进行添加。

- 如果要安装指定的组件,则选中组件左边的复选框。如果想安装某个组件中的一部分子组件,先选中该组件,再单击右下角"详细信息"按钮,出现该组件对话框,如图 2-30 所示为 IIS 组件的对话框,从此对话框中选择想要的子组件后,单击"确定"按钮即可安装指定组件的子组件。
- 有些组件安装过程中需要从系统安装盘中复制必需的文件才能继续,这时会弹出

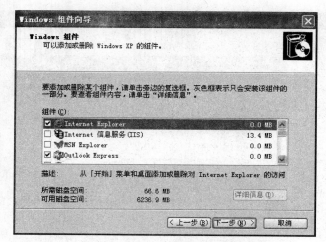

图 2-29 "组件向导"对话框

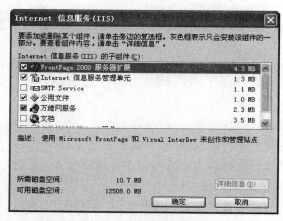

图 2-30 IIS组件对话框

"插入磁盘"的提示对话框(如图2-31所示),单击"确定"按钮后,出现提示插入安装光盘或指定文件复制来源的"所需文件"对话框(如图2-32所示),如果用户指定文件复制来源,单击"浏览"按钮,从打开的"查找文件"对话框中指定要复制文件的位置,否则直接单击"确定"按钮,按照向导指示逐步完成组件的添加和删除操作。

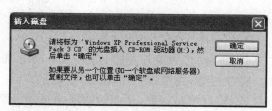

图 2-31 "插入磁盘"对话框

图 2-32 "所需文件"对话框

2.4.4 Windows XP 的硬件管理

Windows XP 负责管理计算机系统中的各种硬件,计算机中的硬件设备不是一连接到计算机上就可以直接使用,还需要与计算机进行沟通,即需要相关软件的配合才能使硬件正常工作,发挥硬件性能,这种程序就叫做"驱动程序",它通常由硬件生产商提供。Windows XP 提供了强大的即插即用功能,它自带了许多计算机常用硬件的驱动程序,并且都通过了微软公司的兼容测试,能确保和 Windows XP 系统兼容,能自动检测即插即用硬件的类型并自动配置支持即插即用的硬件。

1. 查看硬件设备

用户可以通过"设备管理器"来查看本计算机上已安装的各个硬件以及它们的工作状态,通常操作步骤如下:

在"控制面板"中双击"系统"图标打开"系统属性"对话框(如图 2-33 所示),在此对话

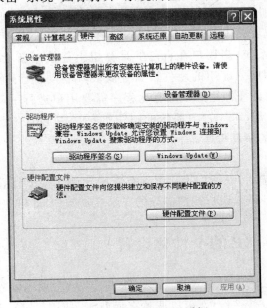

图 2-33 "系统属性"对话框

框中打开"硬件"选项卡。

单击"硬件"选项卡中的"设备管理器"按钮,即可打开"设备管理器"窗口(如图 2-34 所示),在此窗口中列出了 Windows XP 检测到的所有设备并以分类树状排列,用户可以查看各个分类下的硬件名称,双击硬件名称,可以打开此设备的属性对话框,提供给用户查看和配置(如图 2-35 所示为网卡的属性设置对话框)。

图 2-34 "设备管理器"窗口　　　　图 2-35 网卡的属性设置对话框

2. 添加新硬件

用户在使用计算机的过程中,会因为需要而添加各种新硬件。安装新硬件包括两个步骤:第一步将要添加的硬件与计算机连接,第二步进行硬件驱动程序的安装。

要安装硬件,首先要关闭计算机电源,将新的硬件按照要求连接到计算机中,然后再启动计算机进入操作系统;当用户在自己的计算机上连接了新的硬件设备后,Windows XP 系统会自动检测到即插即用的硬件设备并安装其驱动程序,而且以默认值设置这些硬件设备,对于一些非即插即用的硬件驱动程序需要用户进行手动安装。若用户所使用硬件的驱动程序不在 Windows XP 系统的硬件列表中,可以从磁盘(或其他软件载体)中安装硬件生产商提供的驱动程序。

安装过程如下:

启动操作系统完毕后,系统如果检测到有新的硬件连接上计算机,会自动运行"添加硬件向导",如图 2-36 所示,用户按照向导的提示逐步操作,即可完成新硬件的安装。

2.4.5　Windows XP 的个性化设置

用户可以根据自己的爱好对 Windows XP 进行设置,Windows XP 的个性化设置功能是通过控制面板的"显示"设置,可以调整桌面背景,选用屏幕保护程序,以及调整桌面

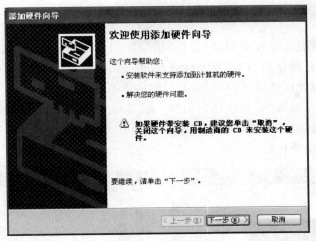

图 2-36 "添加硬件向导"对话框

上各种对象显示的大小和色彩,并且在调整时立即预览调整后的效果,所见即所得。显示
器属性的设置是在"外观和主题"中单击"显
示"图标,在如图 2-37 所示的"显示 属性"对
话框中进行。

1. 桌面背景和屏幕保护程序设置

桌面的背景包括桌面上显示的图案以
及墙纸的位图,可以采用不同的图案和墙纸
来美化桌面。图案指的是桌面的背景图案,
而墙纸指的是覆盖在背景上的图案。

设置时打开"显示 属性"对话框中的
"桌面"选项卡(如图 2-37 所示)。对话框的
上部是预览框,用于显示设置效果;单击"浏
览"按钮选择满意的图案。

图 2-37 "显示 属性"对话框

2. 屏幕保护程序设置

设置屏幕保护程序是为了减少屏幕损
耗。设置了屏幕保护程序后,在计算机使用过程中,当超过指定时间内没有操作,屏幕保
护程序将使屏幕上出现一个移动的图形或位图。

设置时打开"显示 属性"对话框中的"屏幕保护程序"选项卡(如图 2-38 所示)。对话
框的上部是预览框,用于显示设置效果;在"屏幕保护程序"下拉列表框列出的各种屏幕保
护程序中选择满意的程序,通过"等待"文本微调框设定等待时间,通过"预览"命令按钮在
整个桌面查看保护屏幕的移动图形。

3. 设置桌面上对象的外观

更改显示外观就是更改桌面、消息框、活动窗口和非活动窗口等的颜色、大小、字体等。默认状态下，系统使用的是"Windows标准"的颜色、大小、字体等设置。用户也可以根据自己的喜好设计这些项目的颜色、大小和字体等显示方案。

设置时打开"显示属性"对话框中的"外观"选项卡（如图2-39所示）。对话框上部是预览框，用于显示设置的效果；在"窗口和按钮"下拉列表中选取样式方案；可以在"色彩方案"下拉列表中选择备选色彩方案；可以在"字体大小"下拉列表中选择某种字体。

图2-38 "显示 属性—屏幕保护程序"对话框

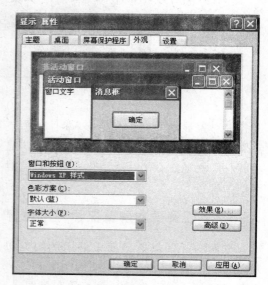

图2-39 "显示 属性—外观"对话框

4. 设置显示器参数

显示器的参数包括显示器的颜色数、显示的像素、显示器类型等。设置时打开"显示属性"对话框中的"设置"选项卡（如图2-40所示）。对话框上部是预览框，用于显示设置的效果；在"颜色质量"下拉列表中选择颜色数；拖动"屏幕分辨率"滑标调整屏幕区域像素。注意，设置显示器参数的时候不要超过当前硬件所能支持的参数范围。

2.4.6 Windows XP 的打印机设置

打印机是一种重要的输出设备，Windows XP Professional提供了强大的打印机管理功能。要使用打印机，必须要将打印机连接到计算机并且安装支持打印机的驱动程序。

1. 添加新打印机

添加新打印机的过程就是在系统中安装驱动程序的过程。用户可以直接使用与计算机相连的打印机，也可以使用一台共享的网络打印机。安装完成后，打印机会在"打印机"

图 2-40 "显示 属性—设置"对话框

文件夹以及用户所用程序的"打印机"对话框中列出。

利用"控制面板"中的"打印机"工具,用户可添加"打印机"。具体操作如下:

① 在"打印机和其他硬件"窗口中,单击"添加打印机"选项,出现如图 2-41 所示的窗口。

图 2-41 "打印机和传真"窗口

② 该窗口中将显示现有系统中已安装的所有打印机。只要安装了某种打印机的驱动程序,其对应的图标即出现在该窗口中。

③ 单击左边的"添加打印机"选项,打开"添加打印机向导"对话框,如图 2-42 所示。

④ 按照"添加打印机向导"中的提示步骤,依次选择或输入打印机的种类、位置、类型

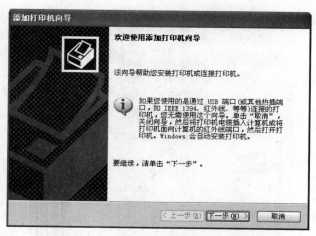

图 2-42　"添加打印机向导"对话框

等信息,就可以安装好打印机了。

2. 删除打印机

如果要删除已安装的打印机,操作方法如下:
① 打开"打印机"窗口,选择要删除的打印机;
② 单击工具栏中的"删除"按钮,弹出确认对话框;
③ 单击"是"按钮,将该打印机删除。

2.4.7　Windows XP 的系统更新

Windows 操作系统是一个规模庞大的系统软件,为了防范黑客和计算机病毒利用操作系统或者应用程序的漏洞对计算机系统进行破坏,必须消除系统漏洞,不断地更新系统,用户可采取的办法通常就是安装系统补丁。要安装系统补丁,用户应先获得系统补丁安装程序,可以到微软的 Windows Update 网站上下载安装程序,也可以使用 Windows XP 提供的自动更新服务在线下载并安装系统补丁功能。在登录并连接至 Internet 时向 Windows Update 网站查询最新更新服务,确定适用于本地计算机的更新项目,然后,以后台方式将有关更新服务下载至本地硬盘并自动安装到系统中。

如需将自动更新特性设定为开启或关闭状态,则请依次执行下列操作步骤:
① 单击"控制面板"中的"安全中心"图标,在"安全中心"主页中单击"自动更新"图标,即可打开"自动更新"设置对话框(如图 2-43 所示)。
② 在"自动更新"选项卡上,单击选择所需要的自动更新设置方式,最后单击"确定"按钮即可。

说明:如果选择放弃使用自动更新服务,则用户可在自己认为合适的任何时候以手动方式安装从 Windows Update 网站下载的更新软件包。

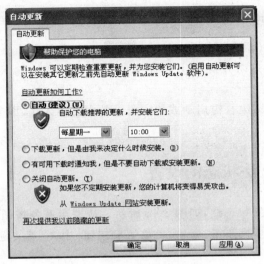

图 2-43 "自动更新"对话框

2.5 Windows XP 中的输入法设置及附件程序

2.5.1 中文输入法的选择

中文 Windows XP 系统为用户提供了全拼、双拼,及智能 ABC 等多种汉字输入方法。在任务栏右侧显示有输入法图标,用户可以使用鼠标或键盘来选择、切换不同的汉字输入法。本节以智能 ABC 输入法为例介绍中文输入法的相关操作方法。

1. 使用鼠标选择输入法

用鼠标单击任务栏右侧的输入法图标,将显示输入法菜单,如图 2-44 所示。左侧有"√"标记的输入法是当前正在使用的输入法。在输入法菜单中用鼠标单击所要选用的输入法图标或其名称,即可改变输入法,同时在任务栏显示出该输入法图标和次图标,并显示该输入法状态栏(如图 2-45 所示)。

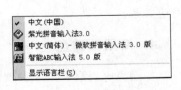

图 2-44 "输入法"菜单

中文输入法 全角 中文标点　　　英文输入法 半角 英文标点 软键盘

图 2-45 输入法状态栏

2. 使用键盘选择输入法

（1）按 Ctrl＋Shift 组合键切换输入法。每按一次 Ctrl＋Shift，系统按照一定的顺序切换到下一种输入法，这时在屏幕上和任务栏上改换成相应输入法的状态窗口和它的图标。

（2）按 Ctrl＋Space 组合键启动或关闭所选的中文输入法，即完成中文输入法和英文输入法之间的切换。

2.5.2　汉字输入法状态的设置

智能 ABC 输入法的状态栏，如图 2-45 所示。从左至右各按钮名称依次为：中文/英文切换按钮、输入方式切换按钮、全角/半角切换按钮、中文/英文标点符号切换按钮和软键盘按钮。

1. 中文/英文切换

中文/英文切换按钮显示 A 时表示英文输入状态，显示输入法图标时表示中文输入状态。用鼠标单击可以切换这两种输入状态。

2. 全角/半角切换

全角/半角切换按钮显示一个满月表示全角状态，半月表示半角状态。在全角状态下所输入的英文字母或标点符号占一个汉字的位置。用鼠标单击可以切换这两种输入状态。

3. 中文/英文标点符号切换

中文/英文标点符号切换按钮显示"。，"表示中文标点状态，显示"．，"表示英文标点状态。各种汉字输入法规定了在中文标点符号状态下英文标点符号按键与中文标点符号的对应关系。

4. 使用软键盘

智能 ABC 提供了 13 种软键盘，使用软键盘可以实现仅用鼠标就可以输入汉字、中文标点符号、数字序号、数字符号、单位符号、外文字母和特殊符号等。单击输入法状态栏的"软键盘"按钮，可以显示或隐藏当前软键盘。软键盘菜单与数字序号软键盘如图 2-46所示。

2.5.3　汉字输入的过程

1. 选择中文输入法

输入汉字要先进入汉字输入状态，使用鼠标或键盘(参考 2.1 节内容)选择一种系统

图 2-46　软键盘菜单与数字序号软键盘

中已经安装的汉字输入法。

2. 输入汉字编码

输入汉字时应在英文字母的小写状态。当输入了对应汉字的编码时,例如当选择了智能 ABC 输入法后,从键盘输入汉字的汉语拼音,屏幕将显示输入窗口,按空格键后屏幕将显示出该汉字编码的候选汉字窗口,如果汉字编码输入有错,可以用退格键修改,用 Esc 键放弃。

3. 选取汉字

对显示在候选汉字窗口中的汉字,可以用所需汉字前的数字键选取,也可用鼠标单击这个字,候选汉字窗口中的第一个汉字也可以用空格键选取。

如果所需汉字没有显示在候选汉字窗口中,可以用鼠标单击候选汉字窗口中的下一页或上一页按钮进行翻页,直至所需汉字显示在候选汉字窗口中。

2.5.4　Windows XP 部分附件程序简介

Windows XP 的"附件"中提供了许多实用程序,如图 2-47 所示。附件根据不同功能进行了分类,这里主要简单介绍"记事本"、"画图"、"计算器"、"系统工具"等几个实用程序的基本操作方法。

1. 记事本

记事本是 Windows XP 提供的一个简单的文本文件编辑器,通过记事本用户可以完成简单的文本输入和编辑工作,如备忘录、便条等。启动记事本的方法是:用鼠标单击任务栏中的"开始"按钮,选择"程序"菜单中的"附件",在其级联菜单中,选择"记事本"命令即可启动记事本;通过双击一个文本文件的图标也可以启动记事本,这种情况下启动记事本后记事本窗口的标题就是该文件的文件名,在编辑区将显示该文件的内容。启动后并已输入一些文字的记事本窗口如图 2-48 所示。

图 2-47　"附件"的下级菜单

图 2-48　记事本窗口

2. 画图

利用 Windows XP 中的"画图"工具能够方便地建立各种各样的图片,用户可以将画好的图片存盘,它是一种默认扩展名为 BMP 的位图文件,可供其他软件使用,例如在 Word 中可以使用画图制作的图片等。

用鼠标单击任务栏中的"开始"按钮,选择"程序"菜单中的"附件",在其级联菜单中选择"画图"命令即可运行"画图"程序,进入画图窗口,如图 2-49 所示。

图 2-49　画图窗口

画图窗口主要由绘图区、工具箱、线条栏和调色板组成。工具箱是画图工具的核心部分,它包含了建立图形的多种工具;线条栏位于窗口左侧、工具箱下方,其选项随使用的绘图工具的不同而变化,如在绘制线条时可以从此栏中选择不同的线条宽度;在画图时,可选择这个图形是否应该有边框、填充色;调色板中包含了可为图形填充的各种颜色。调色板可以提供前景色和背景色。

3. 计算器

用鼠标单击任务栏中的"开始"按钮，选择"程序"菜单中的"附件"，在其级联菜单中选择"计算器"命令即可启动"计算器"程序，如图 2-50 所示。单击计算器中"查看"菜单并选择"科学型"命令，弹出科学型计算器，可以进行相应的数制转换及其他运算操作。有关如何使用计算器的详细说明，可以查看计算器的"帮助"菜单。

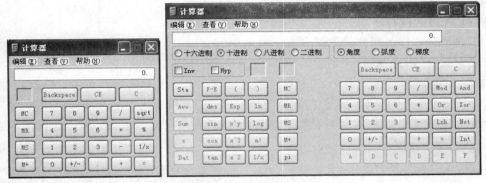

图 2-50   计算器（标准型与科学型）

4. 媒体播放器

Windows XP 提供了许多多媒体功能：CD 播放机、录音机、媒体播放器和音量控制。其中的媒体播放器（Windows Media Player）是一款系统自带的多媒体播放器，它不仅可以播放如 AVI，WAV，ASF，MP3，MWA 等多种格式的音乐文件，还可以看 VCD 和 DVD 电影。用户可以从"开始"→"程序"→"附件"→"娱乐"中单击"媒体播放器"来启动媒体播放器（如图 2-51 所示），如果在系统中将某种音视频文件的打开方式关联到媒体播放器，那么，直接双击音视频文件可直接运行媒体播放器程序并播放对应的音视频文件。

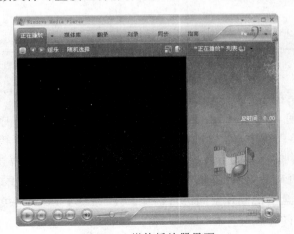

图 2-51   媒体播放器界面

在此播放器界面上，有"播放"、"暂停"、"停止"、"上一曲"、"下一曲"等控制按钮和调整音量大小的滑动条。

5．系统工具

在"附件"子菜单中选择"系统工具"命令，将出现如图 2-52 所示的级联菜单。Windows XP 提供的系统工具有备份、磁盘清理、磁盘碎片整理程序、任务计划、系统信息和字符映射表。

（1）磁盘清理程序

磁盘清理程序是用来清除磁盘上一些无用的文件，以便释放出其所占用的磁盘空间的程序。选择"附件"级联菜单中的"系统工具"中的磁盘清理项，弹出"选择驱动器"对话框，如图 2-53 所示。在对话框下拉列表中，选定需要清理的驱动器并单击"确定"按钮，这时磁盘清理程序开始计算可释放的磁盘空间，计算完后，屏幕出现磁盘清理对话框，如图 2-54 所示。选中要删除的对象后，单击"确定"按钮，则执行删除操作，释放其占用的磁盘空间。

2-52 "系统工具"级联菜单

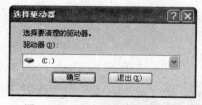

图 2-53 "选择驱动器"对话框

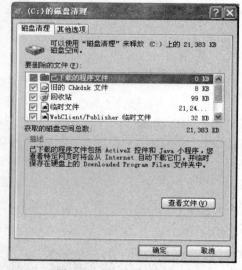

图 2-54 磁盘清理对话框

在磁盘清理对话框中选择"其他选项"选项卡，可以对 Windows XP 组件和已经安装的应用程序进行清理，即删除不用的 Windows XP 组件或不用的程序，以释放磁盘空间。

（2）磁盘碎片整理程序

当计算机磁盘中储存有大量数据信息后，经过一段时间用户和系统进行一些增删操作后会在磁盘中出现碎片，使计算机在磁盘中搜索数据时间变长，出现运行速度变慢的现象，这时就需要对磁盘上的碎片空间进行整理。在"系统工具"子菜单项中选择"磁盘碎片整理程序"命令，打开"磁盘碎片整理程序"窗口，如图 2-55 所示。

要对某个磁盘驱动器进行碎片整理，先选择此驱动器后单击"分析"按钮，可以对所选磁盘驱动器进行碎片分析，然后单击"碎片整理"按钮，再对磁盘驱动器进行碎片整理。若

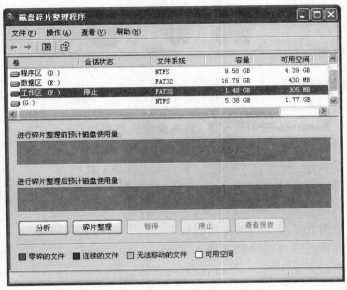

图 2-55 "磁盘碎片整理程序"窗口

直接单击"碎片整理"按钮,则自动进行磁盘碎片分析,然后再进行碎片整理,图 2-56 所示为对 F 盘进行碎片整理时窗口状态。

图 2-56 进行碎片整理窗口选择

注意:磁盘碎片整理是个非常耗时的操作,而且对硬盘的读写占用率很高,正在进行碎片整理时,系统的其他操作会非常缓慢,所以,碎片整理应安排在空闲时间段中进行。

2.6 习　　题

2.6.1 单项选择题

1. 运行中的 Windows 应用程序名,列在桌面任务栏的(　　)中。
   A. 地址工具栏　　　　　　　　B. 系统区
   C. 活动任务区　　　　　　　　D. 快捷启动工具栏

2. Windows XP 桌面任务栏的快捷启动工具栏中列出了(　　)。
   A. 部分应用程序的快捷方式
   B. 运行中但处于最小化的应用程序名
   C. 所有可执行应用程序的快捷方式
   D. 已经启动并处于前台运行的应用程序名

3. 利用 Windows XP 的任务栏,不可(　　)。
   A. 快捷启动应用程序　　　　　B. 切换当前应用程序
   C. 在桌面上创建新文件夹　　　D. 改变桌面所有窗口的排列方式

4. Windows XP 操作的特点是(　　)。
   A. 将操作项拖动到对象处　　　B. 先选择操作项,后选择对象
   C. 同时选择操作项和对象　　　D. 先选择对象,后选择操作项

5. 在 Windows XP 中鼠标的右键多用于(　　)。
   A. 弹出快捷菜单　　　　　　　B. 选中操作对象
   C. 启动应用程序　　　　　　　D. 移动对象

6. 在 Windows XP 中,关于对话框的叙述不正确的是(　　)。
   A. 对话框没有最大化按钮　　　B. 对话框没有最小化按钮
   C. 对话框不能改变形状大小　　D. 对话框不能移动

7. 打开程序菜单的下拉菜单,可以用(　　)键和各菜单名旁带下划线的字母组合。
   A. Alt　　　　　　　　　　　　B. Ctrl
   C. Shift　　　　　　　　　　　D. Ctrl+Shift

8. 在资源管理器中,单击文件夹左边的"＋"符号,将(　　)。
   A. 在左窗口中扩展该文件夹
   B. 在左窗口中显示该文件夹中的子文件夹和文件
   C. 在右窗口中显示该文件夹中的子文件夹
   D. 在右窗口中显示该文件夹中的子文件夹和文件

9. 在不同的运行着的应用程序之间切换,可以利用快捷键(　　)。
   A. Alt+Esc　　　　　　　　　 B. Alt+Tab
   C. Ctrl+Esc　　　　　　　　　 D. Ctrl+Tab

10. 切换中英文输入法的快捷键是（　　　）

    A. Ctrl＋A　　　　　　　　　　B. Ctrl＋C

    C. Ctrl＋空格　　　　　　　　　D. Ctrl＋Shift

11. 如果搜索文件的时候，给出的文件名是＊.exe，其含义是搜索（　　　）。

    A. 扩展名为.exe 的所有文件　　　B. 扩展名为.exe 的所有文件夹

    C. 名称为＊.exe 的文件　　　　　D. 名称为＊.exe 的文件夹

12. 关闭一个活动应用程序窗口，可按快捷键（　　　）。

    A. Alt＋F4　　　　　　　　　　B. Ctrl＋F4

    C. Alt＋Esc　　　　　　　　　　D. Ctrl＋Esc

13. 单击"开始"按钮，指向"设置"，再指向（　　　）并单击，可用其中的项目进行设备管理或添加/删除程序。

    A. 控制面板　　　　　　　　　　B. 活动桌面

    C. 任务栏　　　　　　　　　　　D. 文件夹选项

14. Windows XP 中的附件中，有程序项"画图"，供用户进行画图绘制；有程序项（　　　），供用户编辑纯文本文件。

    A. 写字板　　　　　　　　　　　B. Word

    C. 记事本　　　　　　　　　　　D. 造字程序

15. 剪贴板是（　　　）中一块临时存放交换信息的区域。

    A. RAM　　　　　　　　　　　　B. ROM

    C. 硬盘　　　　　　　　　　　　D. 应用程序

16. 在 Windows XP 中要恢复被删除的文件，应在（　　　）中操作。

    A. "资源管理器"窗口　　　　　　B. "我的电脑"窗口

    C. "回收站"窗口　　　　　　　　D. "搜索"窗口

2.6.2　简答题

1. 什么是操作系统？操作系统的作用是什么？

2. 什么是文件与文件夹？

3. 文件的扩展名有什么意义？扩展名是 jpg，avi，txt 的文件分别是什么类型的文件？

4. 在 Windows XP 中如何复制文件、删除文件或为文件更名？如何恢复被删除的文件？

5. 如何打开任务管理器？简述任务管理器的作用。

6. 在 Windows XP 中如何更改系统日期和时间？

第 **3** 章 Word 2003 文字处理

Microsoft Office 2003 是微软公司开发的办公自动化套件，是目前市场上最流行的办公软件之一。用户使用该套件，可以更轻松、快捷地完成文字、图形、数据、表格等办公信息的处理。Microsoft Office 2003 是其中的文字处理软件，是目前使用最为广泛的文字处理软件之一，它充分利用了 Windows 的图形操作界面的特点，非常适合家庭、办公人员和专业排版人员使用。

本章将以 Word 2003 常用的一些功能如：Word 2003 的基础知识、文档的基本操作、图形操作、表格操作、文档的排版和打印、样式与模板等的使用来介绍 Microsoft Office Word 2003 的具体应用。

3.1 Word 2003 概述

3.1.1 Word 2003 的功能

Word 是全球通用的文字处理软件，可以制作各种文档，如信函、传真、公文、报刊、书刊和简历等。与以前的版本相比较，Word 2003 的界面更友好、更合理，功能更强大，可为用户提供一个智能化的工作环境。

Word 2003 的主要功能如下。

(1) 编辑修改功能：Word 2003 充分利用 Windows 提供的图形界面的特点，大量使用菜单、对话框、快捷方式和帮助系统，使操作变得更简单。可方便地进行复制、移动、删除、恢复、撤消、查找、替换等基本编辑操作。

(2) 格式设置功能：Word 2003 具有丰富的文字修饰效果功能，既可以设置文字的多种格式，如字体、大小、颜色等，还可以设置空心、阴文、阳文、加粗、加下划线等效果；可使用格式刷快速复制格式，也可直接套用各种标题格式；附带多种模板和样式，用户可以通过模板及样式，直接引用自己喜欢的格式。对文档排版后，在屏幕上能立即看到排版效果，真正做到"所见即所得"。

(3) 高级图文混排功能：使用 Word 2003 可以轻松地将图形、图片插入到文档中，也可以自己绘制图形，还可以对插入图片进行编辑。利用 Word 2003 提供的图文混排功能,可以编排出形式多样的文档。

(4) 丰富的制表功能:Word 2003 具有较强的表格处理功能。可以创建、编辑复杂的表格;可以对表格的大小、位置进行调整;可以在表格中插入图形或其他表格;可以使用公式对表格中的数据进行简单的计算、排序。

(5) 丰富的自动化功能:拼写和语法的自动检查功能可在输入的同时自动检查拼写和语法的错误;自动输入功能可以自动创建编号列表、项目符号;日期和时间的自动插入功能可自动地输入当前日期;使用户减少了许多麻烦。

(6) 边框和底纹功能:Word 2003 提供了多种边框样式用于改变文档的外观,集中了多种用于专业文档的流行样式,特别适合于制作专业化的文档。

(7) 网络功能:在 Word 2003 中可以方便地使用向导或模板制作 Web 主页;将文档转换为 HTML 格式文件,并可以直接发送电子邮件。

3.1.2 Word 2003 的启动和退出

1. 启动 Word 2003

启动 Word 2003 一般常用以下 3 种方法:

(1) 利用菜单。单击任务栏中的"开始"按钮,选择"程序",然后在弹出的菜单中选取 Microsoft Office Word 2003 程序项。

(2) 利用快捷方式。若在桌面上已建立了 Word 2003 的快捷方式,只要双击该图标即可。若没有快捷方式,只要在上述菜单中选择 Microsoft Office Word 2003 程序项,按住 Ctrl 键将其拖曳到桌面,建立相应的快捷方式即可。

(3) 通过文档启动 Word 2003,可以通过新建一篇新文档或打开一篇旧文档启动 Word。

方法一:在 Windows 的"资源管理器"中双击要打开的文档(以 doc 为扩展名的文件)。

方法二:选择"开始"菜单中的"打开 Office 文档"项,在打开的对话框中双击要打开的目标文档。

方法三:在桌面上或者在"资源管理器"的空白处右击,在弹出的快捷菜单中选择"新建"命令,再在其弹出的二级子菜单中选择"Microsoft Word 文档"即可。

2. 退出 Word 2003

退出 Word 2003 一般常用以下几种方法。

(1) 双击 Word 窗口标题栏左上角的控制菜单按钮。

(2) 单击 Word 窗口标题栏左上角的控制菜单按钮;在其弹出的子菜单中选择"关闭"命令。

(3) 打开"文件"菜单,在其弹出的子菜单中选择"退出"命令。

(4) 按快捷键 Alt+F4。

（5）单击窗口标题栏右上角的"关闭"按钮。

注意：Word 退出与 Word 文档的关闭是两个不同的概念，Word 文档的关闭指关闭打开的文档，但不退出 Word；而退出 Word 则不仅关闭文档，同时还退出 Word，即结束 Word 的运行。

3.1.3 Word 2003 的工作窗口

Word 启动后，屏幕上就会出现如图 3-1 所示的窗口。该窗口分为应用程序窗口和文档窗口两个部分，由标题栏、菜单栏、"常用"工具栏、"格式"工具栏、标尺、任务窗格、文本区、垂直滚动条、水平滚动条、"视图"工具栏、状态栏等组成，各个组成部分说明如下。

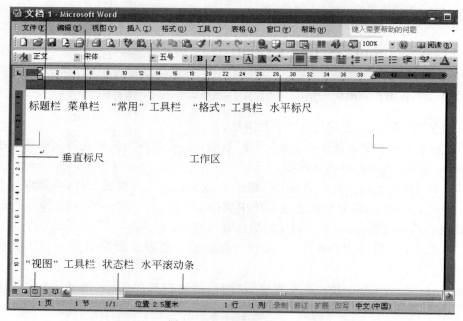

图 3-1 Word 2003 窗口

1. 标题栏

标题栏位于应用程序窗口的最上方，各部分说明如图 3-2 所示。通过"控制菜单"按钮可实现窗口的各种操作；"文档名"是指正在编辑的 Word 文件名，新建文档的默认文件名依次为"文档 1"、"文档 2"等，默认扩展名为 .doc，在保存时可以将默认的文件名改为用户所需的文件名；"应用程序名"是指当前使用的应用程序是 Microsoft Word。

图 3-2 标题栏

2. 菜单栏及菜单

菜单栏位于标题栏的下方，由移动控制杆、菜单项（文件、编辑、视图、插入、格式、工具、表格、窗口和帮助 9 个菜单）和问题输入框组成。其中"移动控制杆"可以移动菜单栏的位置；在"问题输入框"输入需要帮助的问题后按回车键，即可显示所需要的帮助内容。

Word 菜单中存放了 Word 操作的大部分命令，按照功能可将操作命令分为：用于文件操作的"文件"菜单；用于编辑操作的"编辑"菜单；用于视图方式切换及设置的"视图"菜单；用于插入各种对象的"插入"菜单；用于格式设置的"格式"菜单；用于使用 Word 工具的"工具"菜单；用于表格设置的"表格"菜单；用于进行窗口操作的"窗口"菜单；用于提供用户在线求助的"帮助"菜单。

若要执行菜单中的命令，用鼠标单击菜单栏上的菜单，然后在其下级子菜单中选择相应的菜单项即可；也可以通过快捷键来打开菜单项，方法是首先按 Alt 键和菜单后带下划线的字母键来打开相应的菜单，然后用鼠标或键盘上的方向键选择所需的菜单项。例如，若用户要执行"格式"菜单下面的"字体"命令，方法是：首先按 Alt＋O 键打开"格式"菜单，然后在下级子菜单中选择"字体"菜单项即可。

3. 工具栏

工具栏是为了方便用户使用鼠标而设计的，是以图形按钮的形式排列在一起组成的，可以用鼠标拖放到窗口的任意位置。它包含了菜单中的一些常用命令，是执行菜单命令的快捷方式，利用鼠标单击工具栏上的小图标按钮就可以执行一条 Word 命令。Word 提供了多种工具栏，启动 Word 后窗口中显示"常用"工具栏和"格式"工具栏。此外，用户可以根据不同需要同时打开多个工具栏，也可以关闭一些不常用的工具栏。

4. 标尺

标尺是为度量页面而设置的，分为水平标尺和垂直标尺，标尺的显示与否可通过"视图"中的菜单项"标尺"命令来控制。垂直标尺只能显示在页面视图和打印预览中，标尺上有刻度并配有相应的数字单位。水平标尺两端有几个滑块，当标尺显示时，可以通过滑块的移动来调整文本的左缩进、右缩进、悬挂缩进、首行缩进，此操作非常快捷、直观。

在 Word 中，标尺可以以字符或厘米为单位度量。要改变度量单位，可以选择"工具"菜单中"选项"命令，打开"选项"对话框，在此对话框中打开"常规"选项卡，对"使用字符单位"复选框进行设置。

5. 文本区

文本区即 Word 文档的编辑区。它占据屏幕的大部分空间。在该区可以输入文本、插入表格和图形等。还可以对文档进行编辑和排版。文本区中闪烁的"｜"，称为"插入点"，是输入文字的位置。当鼠标在文本区操作，鼠标指针变成"Ⅰ"的形状时，可快速地重新定位插入点。

6. 滚动条

滚动条分为垂直滚动条和水平滚动条,垂直滚动条用于上下移动正文内容,特别是在浏览长文档的时候,利用垂直滚动条可以方便地利用鼠标翻页。水平滚动条用于左右移动正文内容。即将编辑窗口之外的文本移到窗口可视区域中。要显示或隐藏滚动条,选择"工具"菜单中的"选项"命令,在该对话框打开"视图"选项卡,对"垂直滚动条"和"水平滚动条"复选框进行设置。

7. "视图"工具栏

"视图"工具栏位于文档编辑区的左下角,通过该工具栏可以进行视图方式的切换。

8. 状态栏

状态栏位于 Word 窗口的底部。用于记录当前的工作状态。显示的信息有当前光标所在的页、节、页/总页数、行、列等;在状态栏的右侧还有四个灰色选项按钮,它们分别是"录制"、"修订"、"扩展"和"改写"按钮。当鼠标光标指向"录制"和"修订"按钮并双击时,可以打开它们所对应的对话框,即"录制宏"对话框或"修订"对话框。"扩展"和"改写"没有相应的对话框,双击这两个选项按钮时,可打开"扩展模式"和"改写模式"状态,再次双击它们,则分别关闭这两个选项按钮。

3.2 文档的基本操作

在计算机中,任何信息都是以文件形式进行存储的,使用 Word 编排的文章、报告、通知、信函等也都是以文件形式存储的。通常,将 Word 生成的文件称为 Word 文档,简称文档。

使用 Word 处理文档的过程大致分为 3 个步骤。

首先,将文档的内容输入到计算机中,即将一份书面文字转换成电子文档。在输入的过程中,可以通过插入文字、删除文字、改写文字等操作来确保输入内容的正确性。这是文档处理的第一步。

其次,输入到计算机的文档,如果不改变任何格式,其文字的大小和风格都是一样的,这样的文档缺乏层次感,重点不突出。为了使文档的内容清晰、层次分明、重点突出,就要对输入的内容进行格式编排。文档中的格式编排可对所选文本进行所需的格式设置,即所谓的排版。这是文档处理的第二步。

最后,格式编排完成后,要将其保存在计算机中,以便以后的使用。如果需要将文档通过打印机打印在纸张上作为文字资料保存或分发给其他部门,还需要进行打印设置,使打印机按照用户的要求进行打印。这是文档处理的第三步。

3.2.1 文档的创建和文本的输入

使用 Word 进行文字处理工作的过程中，创建文档是进行其他处理工作的前提，下面将介绍一些常用的创建文档的方法。

1. 文档的创建

新文档创建常用以下几种方法。

（1）启动 Word，系统自动使用 Normal 模板创建一个主名为"文档 1"，默认扩展名为.doc 的空文档，这时用户可在文本区输入文字、表格和图形等，这样就建立了一个新文档。

（2）通过菜单新建一个文档，步骤如下：

① 选择"文件"菜单中的"新建"命令，打开"新建文档"对话框，如图 3-3 所示。

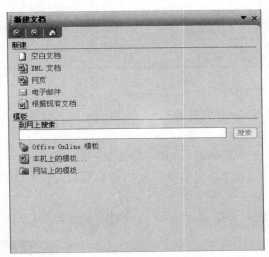

图 3-3　"新建文档"对话框

② 在该对话框中单击"空白文档"图标，则可创建一个空白文档。

（3）通过"常用"工具栏的"新建"按钮创建新文档。

单击"常用"工具栏中的"新建"按钮，系统立刻创建一个新文档。这种创建新文档的方法比使用菜单操作快捷、直观，但它只能创建基于 Normal 模板的文档。

2. 文本输入

创建一个新文档后，就可以直接在文本区输入文本了。窗口中不断闪烁的光标是文本的插入点，新输入的文本将以此为起点从左向右移动，当用户输入的文本到达右边界时，不需要按 Enter 键，Word 会自动将插入点移至下一行的行首，当输入的文本满一页时，Word 会自动产生新的一页，可继续输入。

有时需要输入一些特殊文本符号，Word 提供了几种输入特殊符号的方法：

（1）常用标点符号。将输入法切换到中文输入法时，通过键盘直接输入标点符号。

（2）其他符号。在输入法为智能 ABC 输入法时，用鼠标指向软键盘并右击，出现各种符号菜单，用户可根据需要选择所需的命令项。

（3）选择"插入"菜单中的"符号"命令，打开"符号"对话框，如图 3-4 所示，在该对话框中选择要输入的符号。

图 3-4 "符号"对话框

（4）选择"插入"菜单中的"特殊符号"命令，打开"插入特殊符号"对话框，在该对话框中选择要输入的符号，如图 3-5 所示。

有时也需要插入其他 Word 符号，具体操作如下。

（1）插入书签，Word 的书签可以实现文档内容的快速定位和跳转。插入书签的具体步骤是：选择文档中要标记为书签的文字；选择"插入"菜单中的"书签"命令，打开"书签"对话框；在该对话框中输入书签名，然后单击"添加"按钮即可，如图 3-6 所示。

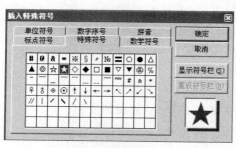

图 3-5 "插入特殊符号"对话框

图 3-6 "书签"对话框

（2）插入超链接，在 Word 中插入超链接可以实现在 Word 中直接打开其他类型文件，如网页文件、视频文件、音频文件等多媒体文件以及其他类型的文件。插入超链接的具体步骤是：选定要设置超链接格式的文本；选择"插入"菜单中的"超链接"命令，打开"插入超链接"对话框，如图 3-7 所示。

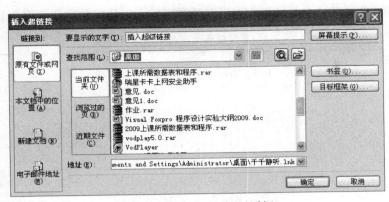

图 3-7 "插入超链接"对话框

"要显示的文字"文本框,显示的是超链接的文本。

"屏幕提示"按钮,用于设置鼠标指向超链接文本时显示的文字。

"链接到"选项组,确定要链接的目标。

"地址"文本框,用于直接输入文件地址及名称。

用户在输入文本过程中应当注意以下几点。

(1) 输入文本过程中 Word 可以自动换行,不需要按回车键,按回车(Enter)键则意味着一个段落的结束,即强行换行;按 Shift＋Enter 组合键可实现强行换页。

(2) 每个段落首行的两个空格不是通过空格键来完成的,而是通过设置首行缩进来实现的。

(3) 切忌在输入的同时进行格式设置操作,否则该设置会改变后续输入的文本格式。

(4) 当输入中、英文混合文字时,应熟练应用中、英文切换键 Ctrl＋Space 来进行中、英文输入法的快速切换。

(5) "插入"和"改写"是 Word 的两种编辑方式。插入文本就是不改变原文,而在文档中插入点的位置插入一个字、一个字符、几个字、一个句子或一个段落等,同时插入点右边的文本依次向右移动;改写是将新的文本替换原有文本的内容。可以通过按 Ins 键或用鼠标双击状态栏上的"改写"标志来实现插入和改写两种编辑方式之间的切换,通常默认的编辑状态为"插入",此时"改写"标志为灰色;如果处于"改写"状态,"改写"标志就为黑色,如图 3-8 所示。插入或改写字符的步骤如下:若在文档中输入"2008 在北京开奥运会"后,将插入光标移到"奥"的前面,在插入状态下输入"亚",结果为"2008 在北京开亚奥运会";如果是在改写状态输入"亚",结果为"2008 在北京开亚运会"。

图 3-8 处于改写状态时的状态栏

(6) 对文档进行编辑的过程中,经常需要改变插入点的位置。用户可以使用以下几种方法重新定位插入点的位置。

① 用户可以通过鼠标移动改变插入点的位置,将移动鼠标移动到插入点的新位置后单击鼠标。

② 使用键盘改变插入点的位置。用键盘改变插入点位置的方法如表 3-1 所示。

表 3-1　用键盘移动插入点位置的方法

按　键	功　能	按　键	功　能
↑	向上移动一行	Home	移动到当前行首
↓	向下移动一行	End	移动到当前行尾
←	向左移动一个字符	Page Up	移动到上一屏
→	向右移动一个字符	Page Down	移动到下一屏
Ctrl＋→	向右移动一个单词	Ctrl＋Page Up	移动到屏幕的顶部
Ctrl＋←	向左移动一个单词	Ctrl＋Page Down	移动到屏幕的底部
Ctrl＋↑	向上移动一个段落	Ctrl＋Home	移动到文档的开头
Ctrl＋↓	向下移动一个段落	Ctrl＋End	移动到文档的末尾

③ 使用"编辑"菜单中的"定位"命令或直接在窗口状态栏的"页码"处双击,弹出如图 3-9 所示的对话框,在"输入页号"文本框中输入将定位的页码即可。

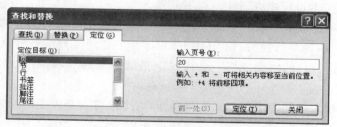

图 3-9　"查找和替换"对话框

3.2.2　文档的保存

用户新建的和正在编辑的文档都暂时存放在计算机内存中并显示在屏幕上,为了以后可以进行阅读、修改、打印等文档处理工作,必须将已输入的文档保存到计算机的外存中。保存文档是指将文档作为一个磁盘文件存储起来,需要时可以随时将它读出来。保存文档有以下几种方法。

1. 新文档的首次保存

在 Word 中,虽然在新建文档时系统对新建文档赋予了"文档 1"、"文档 2"等名称,但并没有给它们分配磁盘空间,必须保存新文档,就是要为它们指定保存位置和文件名。保存新文档的具体操作步骤如下。

① 单击"常用"工具栏上的"保存"按钮,或选择"文件"菜单中的"保存"或"另存为"命令。打开"另存为"对话框,如图 3-10 所示。

② 在"文件名"文本框中输入新的文件名（默认临时文件名为该文档的第一行内容）。

③ 系统保存文档时的默认类型为"Word 2003 文档（＊.doc）"，若一定要按非 Word 2003 格式存盘，则可在"保存类型"下拉列表框中选择其他文件类型。

④ 默认的保存位置是"我的文档"。如果用户想存储在特定的位置下，则单击"保存位置"列表框箭头，选择文件要保存的驱动器和文件夹。

⑤ 单击"保存"按钮，文档则按指定要求存盘。文档存盘后，屏幕又恢复到编辑状态。

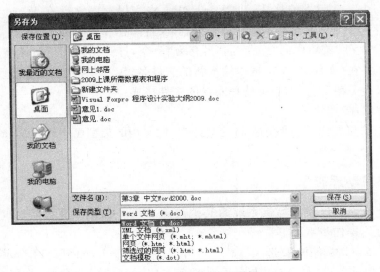

图 3-10　"另存为"对话框

2．保存已有文档

当一个文档保存后，还再次打开对其进行编辑和修改操作，操作结束后，也必须对其保存。可用下列方法之一进行保存。

① 单击"常用"工具栏上的"保存"按钮。

② 选择"文件"菜单中的"保存"命令。

③ 按组合键 Ctrl＋S。

这时文档的最新内容被保存下来，文档原来的内容将被新内容覆盖，但文档的文件名不变。

3．文档的另存

在进行文档的编辑和修改时，为了保护原文档，可以将正在编辑和修改的文件用另一个文件名保存。具体操作步骤如下：

① 选择"文件"菜单中的"另存为"命令，打开"另存为"对话框。

② 选择文档的"保存位置"和"保存类型"，在"文件名"文本框中输入新的文件名。

③ 单击"保存"按钮。

这时文档的最新内容被保存在新的文件中，文档原来的内容没有改变。

4. 另存为其他格式的文档

系统默认保存文档的格式为以.doc为扩展名的Word文档,为了便于与其他软件传递文件,Word允许在保存文档时采用其他一些格式。例如:RTF(Rich Text Format)文件就是一种Word能够存取,并且在多种软件之间通用的文件格式。为了解决以前Word高版本中建立的Word文档不能在低版本中打开的缺陷,在Word 2003中,还新增加了保存为Word 6.0等低版本的格式(以Word 2003格式保存的文件在Word 97中也能打开);也可保存为HTML(超文本标记语言)格式文件。操作步骤如下:

① 选择"文件"菜单中的"保存"或"另存为"命令,打开"另存为"对话框,选择文档的"保存位置",并在"文件名"文本框中输入新的文件名。

② 在"保存类型"下拉列表中选择需要的文件格式。

③ 单击"保存"按钮。

此时文档的最新内容被保存在新的文件中,但文档的类型已不再是.doc,而是用户所选择的其他类型。

5. 系统自动保存

为了防止突然断电或计算机系统的其他故障,Word提供了在指定时间间隔内自动保存文档。具体操作步骤如下:

① 选择"工具"菜单中的"选项"命令,打开"保存"选项卡,如图3-11所示。

② 选择"保留备份"复选框,则在每次保存文档时创建一个备份;选择"允许快速保存"复选框,则可以加快保存文档的速度。

③ 选择"自动保存时间间隔"复选框,并在"分钟"框中输入一个新的时间间隔,例如2分钟,则系统会每隔2分钟就会自动保存文档。

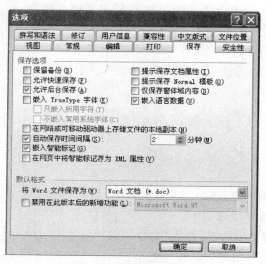

图3-11 "保存"选项卡

如果想取消自动保存功能,则单击"自动保存时间间隔"复选框,将其设置为不选中状态即可。

3.2.3 文档的打开和文本基本编辑

1．文档的打开

文档建立后,如果要对文档进行浏览、编辑等操作,首先必须打开它。文档的打开是指将文件从外存读到计算机内存中,并将文件的内容显示在屏幕上。在 Word 中打开文档有以下几种情况。

(1) 打开最近使用过的文档

在"文件"菜单下方列出了最近使用过的文档,用户可以根据需要选择相应文件名,即可打开文档。

如果菜单底部没有列出文件名,选择"工具"菜单中的"选项"命令,则会打开"选项"对话框,在该对话框中打开"常规"选项卡,单击"列出最近所用文件"复选框,使其成为选中状态,在该项的文本框中输入一个数字(范围为 1~9)。若输入"6",说明在"文件"菜单的下方将列出最近使用的 6 个文件的名称。

(2) 打开已有的文档

如果用户要打开的是已建立过的文档,可以单击"常用"工具栏中的"打开"按钮或选择"文件"菜单中的"打开"命令,打开"打开"对话框,如图 3-12 所示。该对话框左窗格列出了文件经常存放的位置,默认的选项有我最近的文档、桌面、我的文档、我的电脑等。单击"查找范围"右边的三角箭头,在打开的列表中,选择要打开的文件所在的驱动器和文件夹。在该对话框中部的列表框中将显示该路径下所有的子文件夹和文件,选择要打开的文件或在文件名文本框中输入要打开的文件名,单击"打开"按钮即可。

"打开"对话框还新增加了"预览"菜单项,即可以在不打开文档的情况下预览文档的内容。效果如图 3-12 右侧列表框所示。

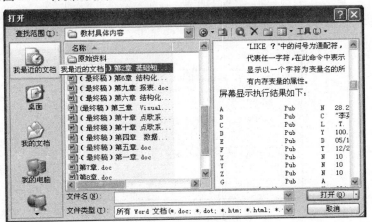

图 3-12 "打开"对话框

（3）打开其他类型文档

Word 2003 不仅能打开扩展名为".doc(Word 文档)"或".dot（Word 模板）"的普通 Word 文档，还可以打开扩展名为".txt(文本文件)"、".html(网页)"等多种类型的文件。具体操作步骤如下。

选择要打开的文件，右击弹出快捷菜单，如图 3-13 所示。选择"打开方式"级联菜单中的 Microsoft Office Word。如果"打开方式"菜单中没有 Microsoft Office Word 命令，则单击"选择程序"，弹出"打开方式"对话框，如图 3-14 所示，在该对话框中选择 Microsoft Office Word 后单击"确定"按钮即可打开所选文件。

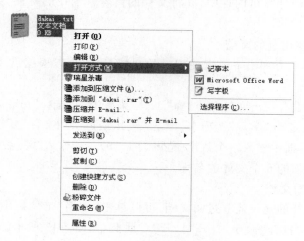

图 3-13 "打开方式"菜单

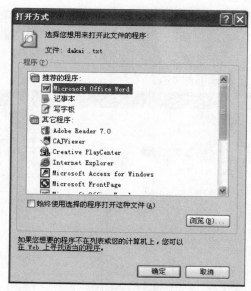

图 3-14 "打开方式"对话框

大学信息技术基础

2. 编辑文档

在输入文本之后,可能会发现录入的文本有错误,此时可以对文本进行修改。修改主要是指文本的选定、复制、剪切、删除、撤消、恢复等操作。

（1）文本的选定

不管是对文档进行复制、剪切、删除等操作,还是对文档进行格式设置,均应"先选定操作对象,然后再进行操作"。在 Word 中,被选定的对象可以是单个字符、多个段落、图片、表格等内容。选定文本可以用鼠标,也可以用键盘。文本内容选定后,被选中的部分即变为黑底白字（反相显示）,如图 3-15 所示。文本的选定有以下几种方法。

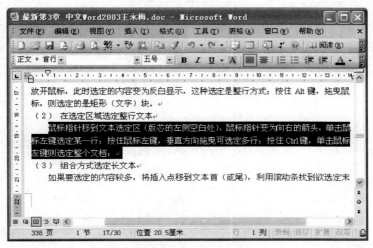

图 3-15　选定文本内容

① 选择若干行。将鼠标移到选定文本的首部（或尾部）,按住鼠标左键拖曳到文本的尾部（或首部）,放开鼠标,此时选定的内容变为反白显示,这种选定是整行方式。

② 选定矩形（文字）块。若选定的内容是文本中的某个矩形（文字）块,则在拖曳鼠标的同时按住 Alt 键即可。

③ 选择整句。将鼠标指针定位在要选择的句子中,双击鼠标。

④ 选择整段。将鼠标指针移动到要选择段落的左边,当鼠标指针呈"▷"形时,双击鼠标。

⑤ 整篇文档的选定。

方法一：将鼠标指针移动到文档页面的左边,当鼠标指针呈"▷"形时,三击鼠标。

方法二：将鼠标指针移到文档页面的左边,当鼠标指针呈"▷"形时,按住 Ctrl 键,单击鼠标左键。

方法三：选择"编辑"菜单中的"全选"命令。

⑥ 组合方式选定长文本。如果要选定的内容较多,将光标置于要选定文本的开始（结束）处,按住 Shift 键的同时,在结束（或开始）处单击鼠标。

⑦ 用键盘选定文本。用键盘选定文本也很方便。只要将光标定位于需要选择文本

的左侧或右侧,再用 Shift+箭头键就可方便地选择该文本。用键盘选择文本的方法如表 3-2 所示。

表 3-2　用键盘选择文本的方法

所 选 文 本	按　　键
左侧一个字符	Shift+左箭头
右侧一个字符	Shift+右箭头
单词开始	Ctrl+Shift+左箭头
单词结尾	Ctrl+Shift+右箭头
行首	Shift+Home 组合键
行尾	Shift+End 组合键
上一行	Shift+上箭头
下一行	Shift+下箭头
段首	Ctrl+Shift+上箭头
段尾	Ctrl+Shift+下箭头
上一屏	Shift+Page Up 组合键
下一屏	Shift+Page Down 组合键
文档开始处	Ctrl+Shift+Home 组合键
文档结尾	Ctrl+Alt+Page Down 组合键
包含整篇文档	Ctrl+A 组合键
纵向文本块	Ctrl+Shift+F8 组合键,然后使用箭头键
文档中的某个具体位置	F8+箭头键

若要取消选定的文本,将鼠标指针移到非选定的区域,单击或按箭头键即可。

(2) 文本的编辑

在选定了相关的内容后,就可对其进行删除、复制、移动等常见编辑操作。

① 文本删除。在编辑文本的过程中,难免会出现错误。如果在输入文档的过程中多输入了字符,则需要进行删除操作。在文档中如果要删除一个或几个字符,只需要将光标移动到需删除字符的左侧或右侧,按 BackSpace 键则删除光标左侧的文字,按 Del 键删除光标右侧的文字。

对于多个字符或成段文字的删除,使用 BackSpace 键和 Del 键则很繁琐,可以采取其他方法,具体操作如下:

- 选定要删除的文本,按 Del 键;
- 选定要删除的文本,选择"编辑"菜单中的"剪切"命令;
- 选定要删除的文本,单击"常用"工具栏上的"剪切"按钮。

注意:删除和剪切操作都能将选定的文本从文档中删除掉,但作用不完全相同,区别是：使用剪切操作时删除的内容会保存到"剪贴板"上；而使用删除操作时删除的内容则不保存到"剪贴板"上。

② 文本移动。在文档编辑的过程中，经常要改变文本的前后次序，这就要使用文本的移动功能。移动文本就是将选定对象从文本中某一处移动到文本中的另一位置，既可以在同一文档中移动也可以在不同文档间移动。移动文本常用以下几种方法。

- 通过"剪切"和"粘贴"来实现。具体操作如下：首先选定要移动的文本，选择"编辑"菜单的"剪切"命令，此时，选定的文本已从原位置删除，并将其暂时存放到剪贴板中；然后将插入点定位到欲插入的目标处，选择"编辑"菜单的"粘贴"命令。
- 移动文本距离如果比较短，如在同一页内移动，一种便捷的方法就是"拖动法"，具体操作如下：首先选定要移动的文本，然后将光标指针指向选中文本的任何位置上，按住鼠标左键。这样在光标指针的下方显示一个小虚线框，在左侧还显示一条垂直虚线，最后拖动这个光标指针，将垂直虚线拖到应该插入文本的位置，释放鼠标左键即可。

③ 文本复制。在文档编辑的过程中，可能有不少文本在文档中多处是相同的，为了不重复输入，可以使用文本复制功能。文本复制与文本移动不同，复制后原选定的文本仍在原处；而移动后原选定的文本不在原处。

复制文本常用以下几种方法。

- 通过"复制"和"粘贴"来实现。具体操作如下：先选定要复制的文本，选择"编辑"菜单的"复制"命令，此时，选定的文本已被暂时存放到剪贴板中；然后将插入点定位到欲插入的目标处，选择"编辑"菜单的"粘贴"命令。
- 复制文本距离如果比较短，如在同一页内复制，一种便捷的方法就是"拖动法"，具体操作如下：先选定要移动的文本，使其"反白"显示；然后将光标指针指向选中文本的任何位置上，按住鼠标左键。这样在光标指针的下方显示一个小虚线框，在左侧还显示一条垂直虚线；最后按住 Ctrl 键的同时，拖动这个光标指针，将垂直虚线拖到应该插入文本的位置，释放鼠标左键即可。

对"剪切"、"复制"、"粘贴"等操作，既可使用"编辑"菜单下对应的命令和对应的快捷键 Ctrl＋X、Ctrl＋C、Ctrl＋V，也可以使用"常用"工具栏上对应的 ✂、📋、📋 按钮，还可以使用快捷菜单中对应的命令。

④ 撤消与重复。在文档编辑的过程中，Word 会自动记录所执行过的操作，并允许用户撤消、恢复已执行的操作。

- 撤消。在文档编辑的过程中，编辑工作的本身也难免会发生错误。Word 提供了纠正错误的机会。撤消就是撤消刚才进行的操作或取消上一步的命令。可以撤消的操作或命令有：输入、清除、剪切、复制、粘贴等操作。

例如，删除了一段文本后，马上发现不应删除，可以利用 Word 提供的撤消功能使其恢复原样。方法如下：

第一，使用"编辑"菜单中的"撤消"命令。

第二，使用"常用"工具栏中的"撤消"按钮"↺ ▼"。

第三，按快捷键 Ctrl＋Z。

利用撤消功能不仅可以撤消前一次操作，还可以撤消打开该文档以后执行过的几乎所有操作。

- 恢复。如果单击"撤消"按钮过快会导致撤消了过多的操作，为此 Word 2003 提供了与"撤消"操作相反的"恢复"操作，可取消前面的撤消操作(若无撤消操作，则不可以恢复)。方法如下：

第一，使用"编辑"菜单中的"恢复"命令。

第二，使用"常用"工具栏中的"恢复"按钮" ↻ ▾ "。

- 重复。"重复"命令就是重复执行上一次的编辑命令或操作。例如在编辑文档时，某些内容需要反复输入，就可以用"重复输入"命令来实现。方法如下：

第一，使用"编辑"菜单中的"重复"命令。

第二，按组合键 Ctrl＋Y。

3. 查找与替换

查找和替换在 Word 中非常有用，它可以对文本以及文本的格式进行查找、替换，还可以快速将光标定位于需要的位置。

查找功能可以快速地在文档中查找某个指定的单词、段落、特殊字符、段落标记、字符格式、段落格式等，找到后将反白高亮显示被查找到的内容。例如，在文本中，多次出现"计算机"，查找功能可以很快地显示出它们在文档中的哪些位置，可以让用户节省时间而又没有遗漏。

（1）查找无格式文本

Word 可以方便地查找包括大小写、全角、半角等任意组合的字符，方法如下：

① 选择"编辑"菜单中的"查找"命令，弹出"查找和替换"对话框，默认打开"查找"选项卡，如图 3-16 所示。

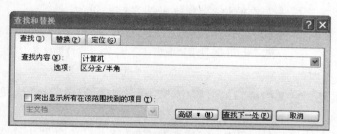

图 3-16 "查找和替换"对话框

② 在"查找内容"文本框内输入要查找的文本，例如："计算机"。单击"高级"按钮，弹出一个含有更多选项的对话框，根据需要选择其中的选项。

③ 单击"查找下一处"按钮，当查找到第一个"计算机"时，将反白高亮显示，这时在"查找"对话框外反白高亮显示区单击鼠标，就可以对该文本进行编辑。如果找到的不是想要查找的内容，再次单击"查找下一处"按钮继续查找。若要取消正在进行的查找工作，则单击"取消"按钮或者关闭对话框即可。

（2）查找带格式的文本

Word 中不仅可以查找无格式文本，还可以方便地查找设定了字符格式、段落格式、样式等带格式的文本。在文档中用户可能会遇到需要查找带有一定格式的文字，例如，查找的内容为"计算机"，格式设置为"蓝色、倾斜、居中等"，方法如下：

① 选择"编辑"菜单中的"查找"命令，打开"查找和替换"对话框。

② 在"查找内容"文本框内输入要查找的文本，例如："计算机"。单击"高级"按钮，再单击"格式"按钮，弹出"格式"选项列表。

③ 在"格式"选项列表中设置所要查找的格式。

④ 单击"查找下一处"按钮，即可找到所需文本。

⑤ 若要结束查找工作，则单击"取消"按钮或者关闭对话框即可。

（3）文本替换

替换文本就是将查找到的文本内容用指定内容来替换。替换文本分为以下几种情况：仅替换文本，不改变文本格式；不仅替换文本，也改变文本格式；不改变文本内容，但改变文本格式。方法如下：

① 选择"编辑"菜单中的"替换"命令，打开"查找和替换"对话框，如图 3-17 所示。

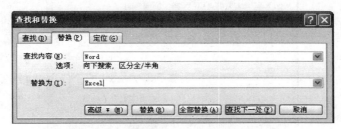

图 3-17　"查找和替换"对话框的"替换"选项卡

② 在"查找内容"文本框内输入文字，例如：Word。

③ 在"替换为"文本框内输入要替换的文字，例如：Excel；如果要替换带有格式的文本或特殊符号，可通过"高级"按钮实现。

④ 单击"查找下一处"按钮，第一个被查找到的内容反白高亮显示；如果需要替换，则单击"替换"按钮，系统将查找到的内容予以替换，并将光标停留在下一个查找到的目标处。如果此处不需要替换，则单击"查找下一处"按钮继续查找。

⑤ 替换完毕，单击"关闭"按钮。

如果该查找内容在文档中多处出现，又需要将它们全部替换，则可单击"全部替换"按钮以代替"替换"按钮，这样就可以省去多次单击"替换"按钮的操作。系统自动替换文中的全部指定内容，并显示共替换几处的提示信息。

如果"替换为"文本框中不输入内容，操作后的实际效果是将查找的内容从文档中删除。

若是将原文字替换为特殊格式的文本，必须给替换为的文字设定格式，其设置的方法与带格式文本的查找类似。

4. 自动更正

"自动更正"功能主要用于英文文档的输入，可以显著地提高英文输入的正确率。该功能可以自动更正许多常见的用户输入错误、拼写错误和语法错误等。对于中文输入，可以在输入常用成语时，自动更正容易发生的错误；也可以将一些常用的长词句定义为自动更正词条，输入时可以输入缩写词条，从而提高输入效率。

建立自动更正词条步骤如下：

① 选择"工具"菜单中的"自动更正选项"命令，打开"自动更正"对话框的"自动更正"选项卡，如图 3-18 所示。

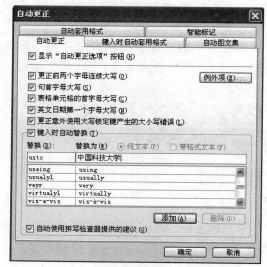

图 3-18　"自动更正"对话框

② 在"替换"框中输入词条名"ustc"。

③ 在"替换为"框中输入词条名"中国科技大学"。

④ 在选项卡上根据要求，选定"自动更正"选项卡。

⑤ 单击"添加"按钮，就在"自动更正"的列表框中增加了这一词条。

⑥ 若没有词条要添加，就单击"确定"按钮。

设置了"自动更正"词条后，可以提高输入效率。将插入点定位到要插入文本的位置，输入词条名（ustc）后，按一空格键，就会在插入点处出现"中国科技大学"。

对于已经保存在"自动更正"列表中的词条可以进行修改。修改的方法很简单，只需将原来的词条删除，然后再添加正确的词条即可。删除词条的步骤如下：

① 选择"工具"菜单中的"自动更正选项"命令，打开"自动更正"对话框的"自动更正"选项卡，如图 3-18 所示。

② 在列表框中，因为词条以拼音字母排序，所以可以方便地找到要更正的词条。单击该词条即选中该词条；此时该对话框中的"删除"按钮变为黑色。

③ 单击"删除"按钮即可。

5. 拼写检查

为了在输入英文文档时检查拼写和语法错误,可以对拼写和语法进行设置。Word拼写检查功能指的是,当检测到文档中有输入错误或者不可识别的单词时,系统会在该单词下面显示红色波浪线标记,而对于语法错误则用绿色波浪线标记进行标记。

选定要检查的文本,单击工具栏上"拼写和语法"按钮后,发现错误并弹出提醒用户进行处理的对话框,如图 3-19 所示,如果有错,可直接输入正确的词,也可在"建议"列表框中选择一个合适的词,然后单击"更改"按钮;对一些非拼写错误,而 Word 弹出提醒用户进行处理的对话框时,用户可以选择"忽略"按钮跳过该词的检查,或添加该词到词典中。

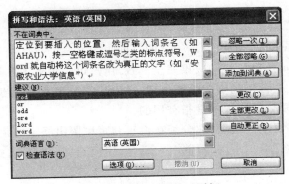

图 3-19　拼写和语法对话框

注意:用户可使用拼写检查功能对整篇英文文章进行快速而彻底的校对。在进行校对时,Word 是将文件中的每个英文单词与一个标准词典中的单词进行比较。检验器有时也会将文件中的一些拼写正确的词(如人名、公司或专业名称的缩写等)作为错字标识出来,碰到这种情况时,只要忽略跳过这些词便可。

3.3　文档的排版

文档的内容编辑完成后,就进入了排版过程。排版是指对选定的文档内容进行格式化处理,Word 不仅可以对文本进行修饰,还可以对图形、图片等进行处理,使得文档的内容层次清晰、形式美观。

3.3.1　文档显示方式

为了方便用户从多个角度查看文档,Word 提供了多种在屏幕上显示文档的方式,即视图。这些显示方式可以让用户以不同的方式查看文档的内容,以适应高效、快捷地阅读和编辑文档的要求。无论是何种显示方式,都可以对文档进行修改、编辑等。Word 提供给用户编辑使用的显示方式有:普通视图、页面视图、大纲视图、Web 版式视图、阅读版式视图。还提供了文档结构图、打印预览等显示方式。每种显示方式还可以改变显示的比例，以便充分利用屏幕空间。

1. 普通视图

普通视图是 Word 最常用的一种文档显示方式。它可显示完整的文字格式，但简化了文档的页面布局（如对文档中嵌入的图形及页眉、页脚、分栏等内容就不予显示），其显示速度相对较快，因而非常适合于文字的录入阶段。广大用户可在该视图方式下进行文字的录入及编辑工作，并对文字格式进行设置。选择"视图"菜单中的"普通"命令即可切换到普通视图方式。

2. 页面视图

页面视图是 Word 的默认视图，Word 的页面视图方式即直接按照用户设置的页面大小进行显示，此时显示效果与打印效果完全一致，用户可从中看到各种对象（包括页眉、页脚、水印和图形等）在页面中的实际打印位置，这对于页眉和页脚的编辑、页边距的调整、下边框的处理、图形及分栏处理都是很有用的。

页面视图是一种真实的视图，它分别在页头和页尾留出规定的距离，显示页面的实际分页结果。选择"视图"菜单中的"页面"命令即可切换到页面视图方式。

3. 大纲视图

对于一个具有多重标题的文档而言，往往需要按照文档中标题的层次来查看文档，此时采用其他视图方式就不太合适了，而大纲视图方式则正好可解决这一问题。大纲视图方式是按照文档中标题的层次来显示文档，用户可以折叠文档，只查看主标题，或者扩展文档，查看整个文档的内容，从而使得用户查看文档的结构变得十分容易。在这种视图方式下，用户还可以通过拖动标题来移动、复制或重新组织正文，方便了用户对文档大纲的修改。选择"视图"菜单中的"大纲"命令即可切换到大纲视图方式。

4. 文档结构图视图

文档结构图视图是快速浏览文档和定位编辑位置的一种使用极为方便的方式。作为大纲视图的补充，它可以在页面视图中显示类似大纲视图的标题结构。在该视图方式下，文档窗口分为左窗格和右窗格两部分。左窗格中显示的是文档的标题各级目录，右窗格显示文档的内容。选择"视图"菜单中的"文档结构图"命令即可切换到文档结构图视图方式。

5. Web 版式视图

Web 版式视图是一种与浏览器显示模式一致的视图方式，它显示文档在 Web 浏览器中的外观。Word 提供的 Web 版式视图中编辑的文档，可以直接在 Internet 上发布。在 Web 版式视图中没有垂直标尺，也不能插入页码，文档将显示一个不带分页符的长页，文本和表格自动换行以适应窗口的大小。通过 Web 版式视图，用户可以制作一些简单的

大学信息技术基础

网页,或者查看一些将在 Web 页上发布的文档的效果。选择"视图"菜单中的"Web 版式"命令即可切换到 Web 版式视图方式。

6. 打印预览

用于显示打印效果的打印预览(通称"模拟显示")实际上也是 Word 文档视图方式中的一种,它在页面视图方式显示文档完整打印效果的基础上,增加了同时显示文档多个页面内容的功能,这就有助于用户检查文档的布局,并据此编辑或调整文档格式。选择"文件"菜单中的"打印预览"命令即可切换到打印预览视图方式。

7. 全屏显示

上面简要介绍了 Word 的各种视图方式的特点及适用范围,用户在日常操作中可根据实际情况及个人喜好从中加以选择。另外,用户应注意不要将 Word 的视图方式与"全屏显示"相混淆。"全屏显示"并不是 Word 的一种视图方式,而是一种独特的显示方式,即显示时去掉 Word 所有的屏幕组件(如标题栏、菜单栏、工具栏和滚动条等),将整个屏幕全部用来显示 Word 文档的内容,以便在屏幕上显示更多的文档信息,如图 3-20 所示。全屏显示与 Word 的视图方式并不相冲突,任何一种视图均可采用"全屏显示",只需选择"视图"菜单中的"全屏显示"命令即可切换到全屏显示方式,此后单击"全屏显示"工具栏上的"关闭全屏显示"按钮,或者按 Esc 键则可关闭全屏显示,并切换到以前的视图方式,十分方便。

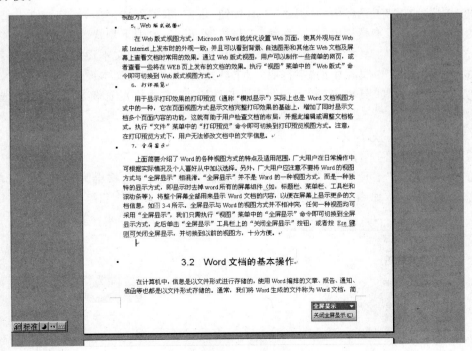

图 3-20　全屏显示

3.3.2　字符格式的设置

在 Word 中编辑文档时,一般使用的是默认的字体、字形、字号,但用户也可以按照需要对文本进行字符格式的设置,字符格式的设置是指对文字的字体、字号、颜色、字符间距等格式进行设置,这里所说的字符包括汉字、英文、数字和各种符号等。

Word 中对字体进行设置常有两种方法,一种是利用"格式"工具栏进行设置,这是一种较为方便的方法。另一种是利用菜单命令来实现。

1. 通过"格式"工具栏

(1) 字体设置

① 选定需设置字体的文本。

② 单击"格式"工具栏中"字体"列表框右边的三角箭头。这样会显示字体的清单,从中选择所需的字体。如果其中的英文是另一种字体,在设置中文的字体后,还应选定英文文本,在"字体"列表框中,选择英文的字体,如图 3-21 所示。

③ 这样就设置了字体。

(2) 字形设置

① 选定需设置字形的文本。

② 单击"格式"工具栏中的"粗体"工具按钮,设定/取消粗体。

③ 单击"格式"工具栏中的"斜体"工具按钮,设定/取消斜体。

④ 单击"格式"工具栏中的"下划线"工具按钮,设定/取消下划线。

⑤ 单击"格式"工具栏中的"字符边框"工具按钮,为选定的文本设定/取消边框。

⑥ 单击"格式"工具栏中的"字符底纹"工具按钮,为选定的文本设定/取消底纹。

⑦ 单击"格式"工具栏中的"字符缩放"工具按钮,按指定的比例缩小或放大选定的文本。

(3) 字号设置

① 选定需设置字号的文本。

② 单击"格式"工具栏中"字号"列表框右边的三角箭头。这样会显示字号的清单,从中选择所需的字号,如图 3-22 所示。

图 3-21　选择字体

图 3-22　选择字号

③ 这样就设置了字号。

2. 通过菜单命令

选定需设置格式的文本,使其"反白"显示,选择"格式"中的"字体"命令,打开"字体"对话框,如图 3-23 所示。在该对话框中有三个选项卡,字体、字符间距和文字效果。每个选项卡所设置的项目都不一样,下面做具体介绍。

图 3-23 "字体"(字体选项卡)对话框

(1)"字体"选项卡

"字体"选项卡的设置,具体操作方法如下:

① 单击"中文字体"或"西文字体"下拉列表框右侧的向下按钮,即可列出中文或英文字体的清单,分别选择所需的中文和英文字体。

② 单击"字形"列表框中的常规、倾斜、加粗、加粗 倾斜,选择所需的字形。

③ 单击"字号"下拉列表框右侧的向下按钮,即可列出各种字号或磅值的清单。从中选择所需的字号或磅值。

④ 在 Word 中字符的默认颜色一般设置为"自动"。设置"自动"时,字符颜色为黑色,背景为白色,有时为了某种需要,也可以将文本设置为其他颜色。单击"字体颜色"下拉列表框右侧的向下按钮,即可列出各种颜色清单。从中选择所需的颜色。

⑤ 单击"下划线"列表框右侧的向下按钮,即可列出下划线清单,选择所需下划线;并单击在其右侧的"下划线颜色"列表框右侧的向下按钮,即可列出下划线颜色清单,选择合适的下划线颜色。

在"字体"对话框中的"效果"选项区域中,提供了多种字符效果,主要包括阴影、空心字、上标、下标、阳文等。

① 删除线:在所选文字上画出一条穿越的直线。

② 双删除线:在所选文字上画出两条穿越的直线。

③ 上标：当选定"上标"复选框时，选定的文本被置于基准线上方，并且将它变小，如 A^2。

④ 下标：当选定"下标"复选框时，选定的文本被置于基准线下方，并且将它变小，如 H_2O。

⑤ 阴影：在所选文字后加阴影，阴影位于文字下方偏右。

⑥ 空心：显示出每个字符的笔画线。

⑦ 阳文：使所选文字显示有突出的效果。

⑧ 阴文：使所选文字显示有凹进的效果。

⑨ 小型大写字母：将所选小写文字设为大写并减小其字号，但它对数字、标点、非字母字符或大写字母不起作用。

⑩ 全部大写字母：将所选小写文字改为大写字母，它对数字、标点、非字母字符或大写字母也不起作用。

⑪ 隐藏文字：将不准备显示或打印的字符（如附注）隐藏起来。当选中"隐藏"复选框后，选定文本被隐藏起来。如果要显示隐藏文字，可选择"工具"菜单中的"选项"命令，再打开"视图"选项卡，然后选中"隐藏文字"复选框。如果要打印隐藏文字，可选择"工具"菜单中的"选项"命令，再打开"打印"选项卡，然后选中"隐藏文字"复选框。

（2）"字符间距"选项卡

在上述对话框中选择"字符间距"选项卡，此时显示"字符间距"设置对话框，如图 3-24 所示。字符间距用于控制字符之间的距离大小，包括水平距离与垂直距离，"字符间距"设置的方法如下。

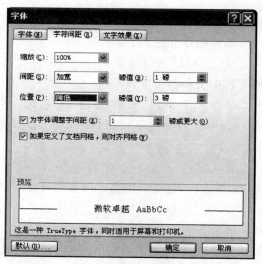

图 3-24　"字体"（字符间距选项卡）对话框

① 设置缩放：在图 3-24 所示对话框中，单击"缩放"下拉列表框右侧的向下按钮，即可列出比例的清单，选择所需的比例。

② 设置水平距离：在图 3-24 所示对话框中，单击"间距"下拉列表框右侧的向下按

钮,即可列出标准、加宽或紧缩,根据需要在其中选择一项,然后在"磅值"文本框中输入所需的值或单击旁边的"磅值"微调按钮。

③ 设置垂直距离：在图 3-24 所示对话框中,单击"位置"下拉列表框右侧的向下按钮,即可列出标准、提升或降低,根据需要在其中选择一项,然后在"磅值"文本框中输入所需的值或单击旁边的"磅值"微调按钮。

④ 设置的情况可以在"预览"内显示。

（3）"文字效果"选项卡

在上述对话框中选择"文字效果"选项卡,此时显示"文字效果"设置对话框,如图 3-25 所示。Word 中可以设置动态文字效果,如移动或闪烁等。"文字效果"设置的方法是在动态效果框中,单击所需效果。

图 3-25　"字体"（文字效果选项卡）对话框

3. 格式刷的使用

用户在使用 Word 编辑文档的过程中,有时需要在一行或一段中使用不同的字体、字形与字号,频繁进行格式设置,会感到相当麻烦,可以使用 Word 提供的"格式刷"功能,快速、多次复制 Word 中的格式。

具体操作步骤如下：

① 首先选中设置好格式的文字（样板文本）。

② 单击（只能复制一次）或双击（能复制多次）"常用"工具栏上的格式刷按钮,光标将变成格式刷样式。

③ 选中需要设置同样格式的文字,或在需要复制格式的段落内单击鼠标,即可将选定格式复制到多个位置。

④ 取消格式刷时,只需在"常用"工具栏上再次单击格式刷按钮,或者按下 Esc 键即可。

Word 格式刷有两组快捷键,分别是 Ctrl+Shift+C 和 Ctrl+Shift+V。用户在源格式上按组合键 Ctrl+Shift+C,然后在目标格式上按组合键 Ctrl+Shift+V,即可完成格式的快速复制。

3.3.3 段落格式的设置

对文档进行字符格式设置后,还要对段落进行格式设置。文档段落格式的设置,可以增加文档的层次感,突出重点,增加文档的可读性。

段落是指从一段的首字符到段落标记(回车符)范围内的文档内容。其中的内容可以为文字、图形、公式、图片等的集合。段落标记可以通过"常用"工具栏上的"显示/隐藏编辑标记"按钮来切换。段落标记不仅标识一个段落,还带有对段落格式的编排,如果删除了段落标记,同时也删除了相应的格式编排。

段落格式的设置包括缩进、段落间距与段内行距、对齐方式等的设置。

1. 缩进设置

为了美观和便于阅读,文本与页边距之间有一定的距离,这就是段落缩进。段落缩进包括左缩进、右缩进、首行缩进、悬挂缩进。

首行缩进:控制段落中第一行第一个字的起始位置,这是一般文档使用的格式。

左缩进:控制段落左边界缩进位置。

右缩进:控制段落右边界缩进位置。

悬挂缩进:控制段落中首行以外的其他行的起始位置。

对文档进行段落缩进的设置,常有以下 3 种方式。

(1) 使用"格式"工具栏

"格式"工具栏上有两个缩进的工具按钮,即"增加缩进量"和"减少缩进量"。每单击一次其中的一个按钮,文档即相应地增加(或减少)一个字的缩进量。缩进量的默认值是一个制表位的值(即 0.75cm),相当于 8 个字符。

(2) 使用水平标尺

标尺是显示在屏幕上用以进行缩进和制表位设置的格式化工具。

水平标尺上有 4 个"缩进标记",首行缩进、悬挂缩进、左缩进和右缩进,移动这些标记可以设置文档的缩进量,也比较直观、准确,如图 3-26 所示。

图 3-26 水平标尺的"缩进标记"

拖动缩进标记的具体操作方法如下:

① "首行缩进"标记的形状为倒三角形,位于标尺的左侧。设置时,先将插入光标指针置于要设置首行缩进的段落的任何位置或选中该段落,然后用鼠标拖动标尺上的倒三角形标记到要缩进的位置,松开鼠标即可。

② "右缩进"标记的形状为正三角形,位于标尺的右侧。设置时,先将光标插入要设

置首行缩进的段落的任何位置或选中该段落,然后用鼠标拖动标尺上的正三角形标记到要求的缩进位置,松开鼠标即可。

③"左缩进"标记的形状为矩形,位于标尺的左侧下部。设置时,先将插入光标指针置于要设置首行缩进的段落的任何位置或选中该段落,然后用鼠标拖动标尺上的矩形标记到要求的缩进位置,松开鼠标即可。

④"悬挂缩进"标记的形状为正三角形,位于标尺的左侧中部。设置时,先将插入光标指针置于要设置首行缩进的段落的任何位置或选中该段落,然后用鼠标拖动标尺上的正三角形标记到要求的缩进位置,松开鼠标即可。

（3）使用"段落"对话框

使用"段落"对话框设置段落缩进的步骤如下:

① 将"插入光标"移动到要缩进的段落或选中该段落。

② 选择"格式"菜单中的"段落"命令,打开"段落"对话框,再打开其中的"缩进和间距"选项卡,如图 3-27 所示。

③ 在该选项卡中,可以精确地设置各种类型缩进的尺寸。方法是在"特殊格式"框的下拉列表中选择缩进类型,在度量值的文本框中输入所需的值或单击旁边的微调按钮。

④ 在"左"缩进或"右"缩进文本框中输入所需的值或单击旁边的微调按钮。

⑤ 单击"确定"按钮,即完成段落缩进的设置。

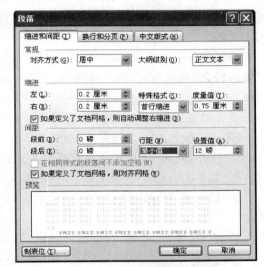

图 3-27 "段落"设置对话框

2. 行间距、段落间距设置

Word 有一个默认的行间距、段落间距。但是在有些情况下,为了使文档层次清晰、方便阅读,需要突出某些行或段落的文本,则要进行默认值的修改。行距是指两行之间的间隔大小。单倍行距:就是该行中最大字体的高度加上其空余距离。其他的行距类型及其实际距离如表 3-3 所示。

表 3-3　行距类型及其实际距离

行 距 类 型	实际的距离
1.5 倍行距	此行距是单倍行距的一倍半
2 倍行距	此行距是单倍行距的两倍
多倍行距	按单倍行距的百分比增加或减少的行距
最小值	所选用的行距仅能容纳文本中最大的字体或图形而无空余距离
固定值	设置一个具体值,此固定值的行距应能容纳行中最大字体和图形

改变行距的具体操作步骤如下：

① 选取要改变行距的段落。

② 选择"格式"菜单中"段落"命令，打开"缩进和间距"选项卡。

③ 单击"行距"下拉列表框右侧的向下按钮，即可列出行距的清单，单击所需的行距。

④ 如果选择了"最小值"、"固定值"或"多倍行距"，请在"设置值"文本框中输入所需的值或单击旁边的微调按钮。

⑤ 单击"确定"按钮，即完成行距的设置。

行距仅影响段落中的每一行，但有时可能想要在段落的前边或后边加入一些空白。可以用插入回车的方法来增加空白，但更好的方法是设置段落间距，使用段落间距可以增加小于或大于一个空行的空白。

段落间距分为段前间距和段后间距。段前间距是指上一段落的最后一行和这一段落的第一行之间的距离。段后间距是指这一段落的最后一行和下一段落的第一行之间的距离。

设置段落间距的具体操作步骤如下：

① 选取要改变段落间距的段落。

② 选择"格式"菜单中的"段落"命令，打开"缩进和间距"选项卡。

③ 如果要增加段前空白，则在"段前"文本框中输入所需的值或单击旁边的微调按钮。

④ 如果要增加段后空白，则在"段后"文本框中输入所需的值或单击旁边的微调按钮。

⑤ 单击"确定"按钮，即完成段落间距的设置。

3．对齐方式

为了美观，文档在页面上必须对齐。文档有两种对齐方式，一是"水平对齐"，二是"垂直对齐"。水平对齐分为左对齐、两端对齐、居中对齐、右对齐和分散对齐。垂直对齐分为顶端对齐、居中、两端对齐和底端对齐。用户可以根据具体情况，选择相应的对齐方式，使文档版面更加美观。

（1）水平对齐的设置

在 Word 中输入文本时，默认对齐方式是左对齐，但在某些时候输入英文时，由于断字，系统自动换行会造成文本右端参差不齐，此时，可以通过改变对齐方式来进行调整。

① 使用"格式"工具栏。首先选定要设置水平对齐的文档，然后在"格式"工具栏上单击相应的工具按钮，即根据需要可分别单击"两端对齐"、"居中"、"右对齐"或"分散对齐"按钮。

② 使用"段落"对话框。使用"段落"对话框设置水平对齐的步骤如下：

第一，将"插入光标"移动到要缩进的段落或选中该段落。

第二，选择"格式"菜单中的"段落"命令，打开"段落"对话框，再打开其中的"缩进和间距"选项卡，如图 3-27 所示。

第三，在该选项卡中，单击"对齐方式"下拉列表框中右侧的向下按钮，在列出的对齐方式中选择需要的选项。

大学信息技术基础

第四,单击"确定"按钮,完成水平对齐方式的设置。

（2）垂直对齐的设置

设置文档的垂直对齐只能采用菜单命令方式,其步骤如下:

① 由于垂直对齐方式可以应用于整篇文档,也可以应用于插入点以后的文档。因此如果对齐要应用于插入点以后的文档,应将插入点光标移动到要设置对齐方式的文档之前。如果设置对齐方式应用于整篇文档,就与插入点的位置无关。

② 选择"文件"菜单中的"页面设置"命令,打开"页面设置"对话框,选择其中的"版式"选项卡,如图 3-28 所示。

③ 单击"垂直对齐方式"下拉列表框中右侧的向下按钮,在列出的垂直对齐方式中选择需要的选项。

④ 单击"确定"按钮,即完成垂直对齐方式的设置。

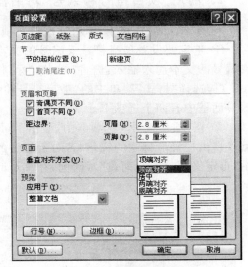

图 3-28 "页面设置"对话框

3.3.4 项目符号和编号

在文档中经常使用条目性的文本,如报告提纲、讨论提纲、演讲提纲等,此时可以给文本添加列表项目符号或编号。使文档条理和层次清楚,阅读者能一目了然。

在 Word 中,可在输入时自动产生带项目符号的列表;项目符号除了使用"符号"外,还可以使用"图片",为文本设置项目符号或编号的方法如下。

1. 使用"格式"工具栏

利用"格式"工具栏的方法比较简便,具体操作步骤如下:

① 选定要设置项目符号或编号的文本,使其成为"反白"显示;如果要设置项目符号或编号的文本尚未输入,应将"插入光标"移到准备输入文本处。

② 在"格式"工具栏中,单击"项目符号"或"编号"工具按钮。如果尚未输入文本,在"插入光标"处就出现一个"●"的项目符号或出现一个"1."的编号。这时可以输入需要的文本。当结束第一段落,按回车键后,光标自动移至下一行,同时出现一个"●"的项目符号或出现一个"2."的编号。此时可以输入第二段文本。

③ 当输入所有需要设置项目符号或编号的文本后,再单击"项目符号"或"编号"工具按钮,使该工具栏恢复原状。

④ 通过以上操作即可完成"项目符号"或"编号"的设置。

利用"格式"工具栏的方法尽管方便、简单,但项目符号或编号的类型没有选择的余地,每个工具按钮只提供一种类型,而且也不能设置多级项目。

2. 利用"项目符号和编号"对话框

利用"项目符号和编号"对话框设置项目符号或编号的操作步骤如下：

① 选定要设置项目符号或编号的文本,使其成为"反白"显示;如果要设置项目符号或编号的文本尚未输入,应将"插入光标"移到准备输入文本处。

② 选择"格式"菜单中的"项目符号和编号"命令,打开"项目符号和编号"对话框。在该对话框中有四个选项卡。

③ 在"项目符号"选项卡中,显示了可供选择的七种项目符号,如图 3-29 所示;用户可以自由选择所喜欢的符号,若对所提供的项目符号不满意,也可单击"自定义"按钮,显示"自定义项目符号列表"对话框,在该对话框根据需求进行设置,如图 3-30 所示。

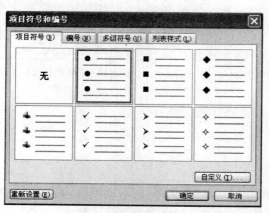

图 3-29 "项目符号"选项卡

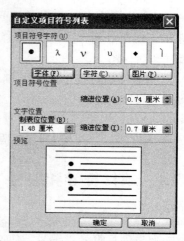

图 3-30 "自定义项目符号列表"对话框

④ 在"编号"选项卡中,显示了可供选择的七种编号,如图 3-31 所示;用户可以自由选择所喜欢的编号,若对所提供的编号不满意,也可单击"自定义"按钮,显示"自定义编号列表"对话框,在该对话框根据需求进行设置,如图 3-32 所示。

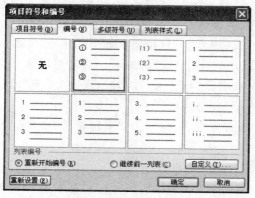

图 3-31 "编号"选项卡

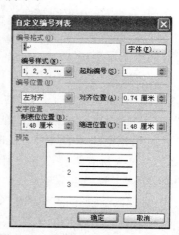

图 3-32 "自定义编号列表"对话框

⑤ 在"多级符号"选项卡中,显示了可供选择的七种多级符号,用户可以自由选择所喜欢的多级符号,若对所提供的多级符号不满意,也可单击"自定义"按钮,显示"自定义多级符号列表"对话框,在该对话框根据需求进行设置。在"多级符号"选项卡中的项目分多层次排列,项目符号或编号也是多级的。多级符号可以清晰地表明各层次之间的关系。

设置好的"项目符号"或"编号"也可以删除,方法很简单。只需要选定已设置了"项目符号"或"编号"的文本,然后单击"格式"工具栏中的"项目符号"或"编号"按钮,即可删除已设置的"项目符号"或"编号"。

3.3.5 设置分栏

文档的版面还有一种经常使用的形式,即分栏排版。在简报、杂志上,由于纸太大,为了避免文档的一行太长,可将文档分成几个竖条。文字从一个竖条的末尾连接到下一个竖条的开始,这就是分栏。

设置分栏的步骤如下:

① 打开需要分栏的文档,并选择要设置分栏的文本或将光标定位于要分栏的节内。

② 选择"格式"菜单中的"分栏"命令,打开"分栏"对话框,如图 3-33 所示。

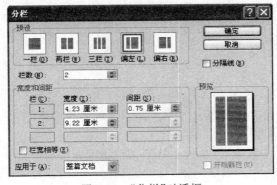

图 3-33 "分栏"对话框

③ 在该对话框的"预设"项中,用户可以选择系统提供的五种分栏模式,如果所需分栏模式在预设项中没有,可在"栏数"文本框中输入所需的栏数或单击旁边的微调按钮。

④ 在"宽度和间距"项中定义各个栏的宽度以及相邻两个栏之间的距离,如果复选框"栏宽相等"被选中,则只需定义一次栏宽和间距。

⑤ "分隔线"复选框决定栏与栏之间是否有分隔线。

⑥ 单击"确定"按钮,即完成文档分栏的设置。

3.3.6 首字下沉

为使文章突出效果,在每一章节开始,往往将文档开始段落的第一个字加大并下沉,这就是首字下沉,可以使文档醒目,从而达到强化的特殊效果。

设置首字下沉的操作步骤如下：

① 将光标定位于要设置首字下沉的段落内的任何位置，或选定该段落。

② 选择"格式"菜单中的"首字下沉"命令，打开"首字下沉"对话框，如图 3-34 所示。

③ 在该对话框中的"位置"框中选择首字下沉的方式，第一种方式是"无"（即不采用下沉方式）。第二种方式是"下沉"（即首字放大，而其他各行文字在其周围排列）。第三种方式是"悬挂"（即首字在左侧，并将字体放大，而其他文本排列在首字的右侧）。若在此选择"下沉"，"选项"组合框将被激活。

④ 单击"字体"下拉列表框右侧的向下按钮，在列出的字体清单中选择需要的字体。

⑤ 在"下沉行数"文本框中输入下沉的行数或单击旁边的微调按钮，系统默认行为 3 行。

⑥ 在"距正文"文本框中输入下沉的首字与正文的距离或单击旁边的微调按钮。

⑦ 设置完毕后，单击"确定"按钮即可。

如果想取消段落中设置的首字下沉效果，选择"格式"菜单下的"首字下沉"命令，在打开"首字下沉"对话框中，单击"位置"框中的"无(N)"选项，然后单击"确定"按钮，即可取消首字下沉。

图 3-34 "首字下沉"对话框

3.3.7 边框和底纹

在文档中为使某些文本区别于其他文本，可以用边框将此段落与其他段落隔开，或者为此段落设置底纹或背景。对于图形、表格或图文框也可以设置不同类型的边框或底纹，使其在文档中更为明显突出。

下面介绍设置文字、段落、图片甚至整个文档边框或底纹的具体方法。

1. 设置字符边框

为文本或段落设置边框的步骤如下。

① 选定要设置边框的文本或段落。

② 单击"格式"菜单下的"边框和底纹"命令，打开"边框和底纹"对话框，在该对话框中选择"边框"选项卡，如图 3-35 所示。

③ 在此选项卡中可以选择边框的类型与边框的线型等。设置的具体方法如下：

第一，在其中的"设置"栏中选择边框的类型，如果对其中列出的边框不满意，可以选择"自定义"选项。当选择"自定义"时，可以在"预览"栏的四个边框线中，任意选择边线。即对段落不一定设置方框，可以只设置任意一个边或几个边的边线。

第二，设置边框的线型。在"边框"选项卡"线型"栏的列表中进行选择。

第三，设置线条的粗细。在"边框"选项卡"宽度"栏的列表中进行选择。

第四，设置边框线的颜色。在"边框"选项卡"颜色"栏的列表中进行选择。

大学信息技术基础

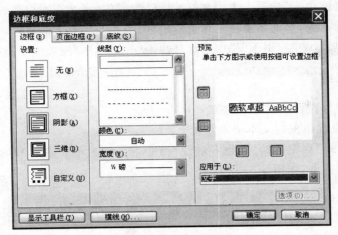

图 3-35   "边框"选项卡

第五,在选项卡的"应用于"栏中选择所需的选项。

④ 设置好各种选项后,在对话框中单击"确定"按钮。

这样就为选定的文本或段落添加了边框。

如果要清除已设置的边框,只需要在"设置"栏中将边框的类型选择为"无",边框即被删除。

2. 设置页面边框

Word 也可以为整个页面设置边框,其操作步骤如下。

① 选择"格式"菜单下的"边框和底纹"命令,打开"边框和底纹"对话框,在该对话框中选择"页面边框"选项卡,如图 3-36 所示。

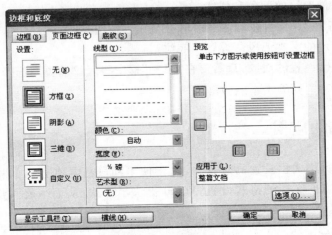

图 3-36   "页面边框"选项卡

② 设置方法与设置段落的边框基本相同,但以下两点有所不同。

第一,在"页面边框"选项卡上增加一个"艺术型"栏,可为页面设置艺术型边框。单击该栏右边的三角箭头,将列出多种艺术边框的样式。

第二,在选项卡的"应用于"栏中的选项也不同于"边框"选项卡中的"应用于"。

3. 设置底纹

为文本或段落设置底纹的步骤如下:

① 选定要设置边框的文本或段落。

② 选择"格式"菜单下的"边框和底纹"命令,打开"边框和底纹"对话框,在该对话框中选择"底纹"选项卡,如图 3-37 所示。

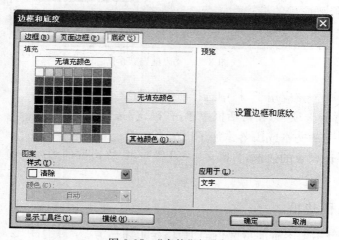

图 3-37 "底纹"选项卡

③ 在该选项卡中不但列出了各种底纹的颜色,还列出了各种底纹的图案和阴影的密度。从中选择一种底纹的颜色和样式。

④ 设置好各种选项后,在对话框中单击"确定"按钮。

这样就为选定的文本或段落设置了底纹。

如果要清除已设置的底纹,只需要在"填充"框中将底纹的类型选择"无填充颜色",底纹即被删除。

3.3.8 样式的应用

在对文档进行格式化设置的过程中,为了使不同段落具有相同的格式,必须重复设置。为了简化和方便文档的格式设置,Word 提供了样式,从而减轻了用户的工作强度,提高了工作效率。

1. 样式的概念

"样式"是一组已命名的文档的标题、题注以及字符和段落格式的组合,可以在文档中直接被应用,"样式"有段落样式和字符样式两种类型。段落样式包括:字形、字号和字符的其他格式;段落的缩进;文本版面对齐;页码;行间距;段间距;边框等项目。而字符样式只是将选定的字符格式化,它包括字符和所使用语言的格式。

2. 样式的使用

在 Word 中,存储了大量的标准样式和用户自定义样式,使用样式的具体步骤如下。

① 选定要使用"样式"的文本。

② 选择"格式"菜单下的"样式和格式"命令,打开"样式和格式"对话框,在该对话框下部的"显示"框中选择"所有样式"时,在"请选择要应用的格式"框中就列出 Word 所提供的全部样式清单,如图 3-38 所示。

③ 在"请选择要应用的格式"框中选择所需的样式。

④ 这样就完成了样式的应用。

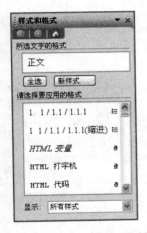

图 3-38 "样式和格式"对话框

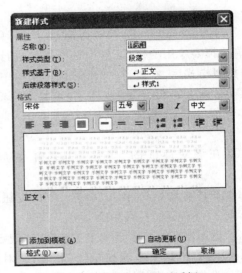

图 3-39 "新建样式"对话框

3. 样式的建立、修改和删除

应用"样式"带来了方便,但如果对 Word 所提供的所有样式都不满意,这就需要创建新的样式或修改已有的样式。新建样式的具体步骤如下:

① 在"样式和格式"对话框中单击"新样式"命令按钮,打开"新建样式"对话框,如图 3-39 所示。

② 在该对话框的"名称"文本框中输入新样式的名称。

③ 在该对话框的"样式类型"框中选择"段落"或"字符"。

④ 在该对话框的格式区可进行简单的格式设置,若进行复杂的格式设置,可在该对话框中单击"格式"按钮,打开"格式"下拉菜单。该菜单中包括"字体"、"段落"、"制表位"、"边框"、"语言"、"图文框"、"编号"等项。单击要设置的项目,将会显示该项的对话框,根据要求,填入需要的格式后,再单击"确定"按钮。

字体:设置样式文本的字体、字形和字号等;

段落：设置段落样式文本的对齐方式、行间距、缩进等信息；

制表位：设置所选择的段落样式的制表位位置；

边框：设置当前样式的边框或底纹；

语言：设置 Word 2003 采用的相应拼写和语法检查器；

图文框：设置样式中的图文框、图文环绕方式、对齐等；

编号：设置编号和项目符号出现的方式。

⑤ 返回"新建样式"对话框，再单击"确定"按钮，新建的样式会出现在"样式和格式"对话框中"请选择要应用的格式"框的列表中。

创建新的样式，也可以以原有的类似样式作为基础进行修改，这样比从头开始创建样式方便和快捷。修改样式的具体步骤如下。

① 选择"格式"菜单下的"样式和格式"命令。

② 打开"样式和格式"对话框，在该对话框的"请选择要应用的格式"框中选择需要进行修改的类似样式后，右击，在弹出的快捷菜单中选择"修改"命令。打开"修改样式"对话框，该对话框类似于"新建样式"对话框，如图 3-40 所示。

③ 在该对话框的"名称"框中输入新的名称。

④ 在该对话框中单击"格式"命令按钮根据要求进行格式设置，再单击"确定"按钮。

⑤ 返回"修改样式"对话框，再单击"确定"按钮，修改的样式会出现在"样式和格式"对话框中"请选择要应用的格式"框的列表中。这样就完成了样式的修改。

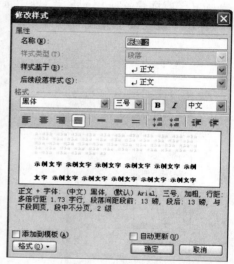

图 3-40 "修改样式"对话框

删除样式的具体步骤如下：

① 选择"格式"菜单下的"样式和格式"命令。

② 打开"样式和格式"对话框，在该对话框的"请选择要应用的格式"框中选择需要进行删除的样式后，右击，在弹出的快捷菜单中选择"删除"命令即可。

3.3.9　模板的应用

"样式"的应用简化了字符格式、段落格式的设置，而应用"模板"将提供整个文档的格式。如果说，样式为将文档中不同的段落设置成为相同格式提供了便利，那么 Word 的模板功能为某些形式相同、具体内容有所不同的文档建立提供了便利，使用模板可以快速地创建格式一致的文档，极大地提高工作效率。

在模板中除了可以设置字体、字形、格式需求和主题外，还可以包含许多自定义的其他元素。这些元素可以包括自定义的工具栏按钮、图文集条目、宏，甚至是根据模板的实际需要自己定义的全部工具栏。

Word 提供的模板包括：信函与传真、备忘录、报告等。用户可以从中选定某模板，定义为默认模板，也可以根据需要创建自己的模板。

1. 用模板创建新文档

要创建新文档，首先应选择模板，再在模板的基础上，根据提示输入需要的文本。

下面以创建简历为例，说明如何使用模板来创建文档。用模板创建简历的步骤如下：

① 选择"文件"菜单中的"新建"命令（或者按快捷键 Ctrl＋N），打开"新建文档"任务窗格，在模板选项区域中单击"本机上的模板"超链接，弹出"模板"对话框，如图 3-41 所示。

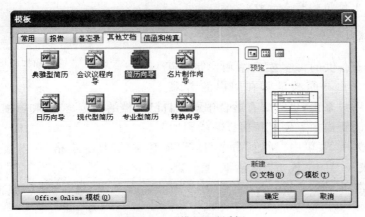

图 3-41　"模板"对话框

② 在该对话框中有各种选项卡，选择"其他文档"选项卡。在列出的模板中选择"简历向导"，单击"确定"按钮。

③ 弹出"简历向导"对话框，在该对话框中单击"完成"按钮。

④ 这时就可以根据模板的提示，输入简历的内容而不用考虑格式的设置，输入内容后就完成了简历文档的创建。

注意：用鼠标单击"常用"工具栏上的"新建空白文档"按钮仅仅只是启动一个空白的 Word 文档，而该文档是以默认的正文文档为基础的。因此，要创建一个以其他模板为基础的文档，最好的办法就是使用前面所描述的方法。

2. 模板的应用

如果用户使用某模板建立了文档后，由于某些原因需要对模板进行更改甚至是更换，这时用户只要执行下面的几步，就可以轻松使用类似的模板替换原来的模板。具体操作步骤如下。

① 将要切换模板的文档打开，选择"工具"菜单中的"模板和加载项"命令，打开"模板和加载项"对话框，如果想要使用当前文档中新模板的所有样式，则在该对话框中选择"自动更新文档样式"复选框，如图 3-42 所示。

② 单击对话框中的"选用"按钮,打开"选用模板"对话框,在该对话框中选择所需的模板名。

③ 选定模板之后,单击"打开"按钮,返回到"模板和加载项"对话框,在该对话框中单击"确定"按钮,即可完成模板的应用。

注意:由于模板依靠样式来实现其外观,因此只有在文档中使用了样式的前提下模板的功能与作用才能体现出来,并且所应用的样式名还要和新模板中使用的样式一致。

3. 创建模板

虽然 Word 提供的许多模板给用户带来了很大方便,但它并不能满足所有用户的需求。

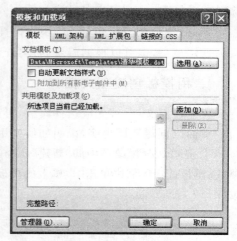

图 3-42 "模板和加载项"对话框

尤其对国内的用户来说,更需要有适合中国人自己文档的规范、特点和习惯的模板。这就需要创建合适的新模板。创建新模板的步骤如下。

① 选择"文件"菜单中"新建"命令,打开"新建文档"任务窗格,在模板选项区域中单击"本机上的模板"打开"模板"对话框,系统默认的选项卡是"常用"。

② 单击"常用"选项卡中的"空白文档"图标,选中"新建"选项区域中的"模板"单选项。

③ 单击"确定"按钮,即可打开模板文档窗口,按自己需要的格式设计模板。

④ 新建的模板包含的格式设置完成后,选择"文件"菜单中的"另存为"命令,将弹出"另存为"对话框。

⑤ 在该对话框中"保存类型"的下拉列表中选择"文档模板"选项,在"文件名"文本框中输入要保存模板文档的名称,其扩展名为 .dot。

⑥ 单击"确定"按钮,即可创建一个新模板。

4. 模板的修改

虽然 Word 提供了许多标准模板,但有些并不能满足用户的需求,在实际应用中仍然要根据需要修改模板,使它更符合用户的要求。修改模板的步骤如下。

① 选择"文件"菜单中的"打开"命令,打开"打开"对话框。在该对话框的"文件类型"下拉列表中选择"文档模板"选项,并通过"查找范围"列表选择要修改的模板文件所在的文件夹。

② 在"文件名"文本框中输入要修改的模板文件文件名。

③ 单击"打开"按钮,则该模板文件被打开。此时,可根据需要修改模板格式。

④ 保存并关闭打开的模板文件,修改模板的工作即可结束。

注意:更改之后的模板有两种保存方式:如果使用相同的文件名字保存该模板,原来的模板就被覆盖掉了;如果使用另起的名字保存,则两个版本都可以使用。如果用户的选择是后一种,应当考虑是否要把过时的老版本保存到另外一个文件夹,以防止无意之间的误用。

3.4 图 形 操 作

在文档中加入图形不仅可以使版面活泼、生动有趣,还能加强效果和说服力。Word提供了功能较为完善的图形图片处理,可以将 Word 系统自带的许多精美的图片或剪贴画插入到文档中来修饰文档,也可以将用户收集的一些图形文件插入到文档中。本节将介绍图片、艺术字、文本框等的使用。

3.4.1 插入图片

插入图片是指将已经制作好并按一定格式存储的图片插入到文档的合适位置。在Word 文档中使用的图形,可以由以下几种途径取得:

第一,“剪辑库”。“剪辑库”中包含了大量的图片。

第二,插入的图片来自文件。

1. 从“剪辑库”插入剪贴画或图片

在文档中插入“剪辑库”中的剪贴画或图片的操作步骤如下:

① 将插入点置于要插入剪贴画或图片的位置。

② 单击“插入”菜单中的“图片”,然后在弹出的菜单中选择“剪贴画”命令,打开“剪贴画”任务窗格,如图 3-43 所示。

③ 选择“剪贴画”任务窗格中的“管理剪辑”命令,弹出“剪辑管理器”窗口。

④ 在“剪辑管理器”窗口左边的“收藏集列表”窗格中选择图片所在的文件夹,右边窗格中则显示该文件夹下的所有图片,如图 3-44 所示。

鼠标指针指向需要插入的图片,按住左键将图片拖动到文档中;或者将光标移动到需要插入的图片处,单击图片右边出现的下拉按钮,选择列表中的“复制”命令,将插入点置于需要插入图片处,使用“粘贴”命令即可在当前位置插入图片。

2. 插入的图片来自文件

在文档中插入的图片来自文件的操作步骤如下:

① 将插入点置于将要插入图片的位置。

图 3-43 “剪贴画”任务窗格

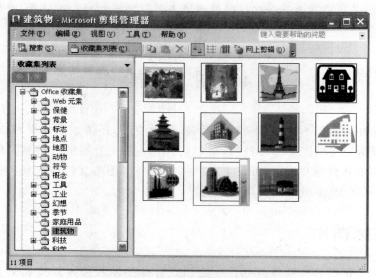

图 3-44 "剪辑管理器"窗口

② 选择"插入"菜单中的"图片"命令,然后在弹出的菜单中选择"来自文件"命令,打开"插入图片"对话框。

③ 在"查找范围"下拉列表中选择图片文件所在的文件夹。

④ 在"名称"列表框中选择要插入的图片文件,在对话框的右侧还可以看到所选定图片的预览效果,如图 3-45 所示。

⑤ 单击"插入"按钮,即可在光标处插入图片。

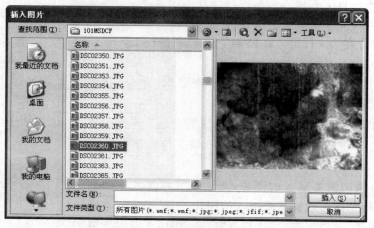

图 3-45 "插入图片"对话框

3.4.2 编辑图片

一幅图片插入到文档中以后,有时为了文档版面的需要,用户可以对插入的图片进行相应的调整,如对图片进行缩放、移动、裁剪、文字环绕等设置。可通过以下几种方法进行设置。方法一:利用"图片"工具栏。方法二:快捷菜单,即鼠标指向图片时右击,在弹出的快捷菜单中选择"设置图片格式"命令。

1. 缩放图片

图片缩放操作,最快捷的方法是使用鼠标。单击图片中任意位置,这时图片四周出现有八个方向的句柄;然后将鼠标指针指向其中一个句柄,当鼠标指针变为双向箭头时,拖曳鼠标即可改变图片大小。

对于图片精确值的缩放,可以通过菜单命令来设置,具体操作步骤如下:

① 选中要缩放的图片。

② 选择"格式"菜单中的"图片"命令或右击,在弹出的快捷菜单中选择"设置图片格式"命令,打开"设置图片格式"对话框。

③ 在该对话框中选择"大小"选项卡,如图 3-46 所示。

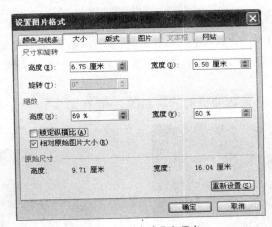

图 3-46 "大小"选项卡

④ 可以不选中"锁定纵横比",让高度和宽度按不同的比例增加或减少;也可以选中"锁定纵横比",让高度和宽度按相同的比例增加或减少。也可直接在高度和宽度的文本框中输入一个具体的值。

⑤ 单击"确定"按钮,即可完成图片缩放。

2. 裁剪图片

插入图片后,对于不需要的图片区域可以裁剪掉,操作方法为:在图片中任意位置单击,图片四周出现有八个方向的句柄;单击"图片"工具栏的裁剪按钮,鼠标指针变成裁剪形状;按住鼠标左键不放,朝图片内部移动,即可裁剪掉相应部分。

对于图片精确值的裁剪,可以通过菜单命令来设置,具体操作步骤如下:

① 选中要裁剪的图片。

② 选择"格式"菜单中的"图片"命令或右击,在弹出的快捷菜单中选择"设置图片格

式"命令,打开"设置图片格式"对话框。

③ 在该对话框中选择"图片"选项卡,如图 3-47 所示。

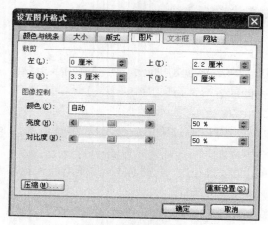

图 3-47   "图片"选项卡

④ 在"图片"选项卡的"裁剪"选项区域的上、下、左、右四个方向输入以厘米为单位的值进行裁剪(本例为右 3.3 厘米,即将右边裁剪掉 3.3 厘米;上 2.2 厘米,即将上边裁剪掉 2.2 厘米)。

⑤ 单击"确定"按钮,裁剪前后的效果如图 3-48 和图 3-49 所示。

图 3-48   裁剪前原始图

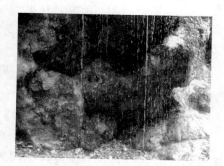

图 3-49   裁剪后效果图

对于图片的复制、删除、移动操作与文本的复制、删除、移动操作方法相同,主要是一定要遵循"先选定,后操作"的原则,详细的过程请参照前面内容中文本的复制、删除、移动操作。

3. 图片版式

在文档中插入图片后,Word 提供了多种图形插入在文档中的版式,默认的版式为"嵌入型"。

① 嵌入型:图片直接放置在文本中的插入点处,占据了文本的位置,原来的文字"挤"到上下两边。

② 四周型：图片在中间占据一个矩形的位置，文本围绕在四周，即上、下、左和右。

③ 紧密型：图片在中间占据的位置不是矩形的，文本在四周，和四周型不同的是，只要图片中有空隙的地方就有文本填充。

④ 浮于文字上方：文本和图片位于两个层，即图片在上方，文字在下方。

⑤ 衬于文字下方：文本和图片位于两个层，即图片在下方，文字在上方。

对于图片版式的设置，可以通过菜单命令来进行，具体操作步骤如下：

① 选中要设置版式的图片。

② 选择"格式"菜单中的"图片"命令或右击，在弹出的快捷菜单中选择"设置图片格式"命令，打开"设置图片格式"对话框。

③ 在该对话框中选择"版式"选项卡，如图 3-50 所示。

图 3-50 "版式"选项卡

④ 在"环绕方式"选项区中选择所需要的环绕方式，如果用户需要有更多的版式，也可以单击"高级"按钮，打开如图 3-51 所示的对话框，用户可以根据需要选择合适的环绕方式。

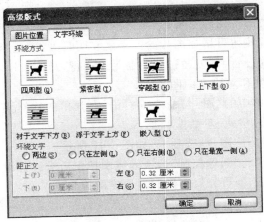

图 3-51 "高级版式"对话框

⑤ 单击"确定"按钮，即可完成版式的设置。

4. 设置图片的颜色和线条

插入图片后,可以设置图片的边框和背景色。对于图片的边框和背景色的设置,可以通过菜单命令来进行,具体操作步骤如下:

① 选中要设置边框和背景色的图片。

② 选择"格式"菜单中的"图片"命令或右击,在弹出的快捷菜单中选择"设置图片格式"命令,打开"设置图片格式"对话框。

③ 在该对话框中选择"颜色与线条"选项卡,如图 3-52 所示。

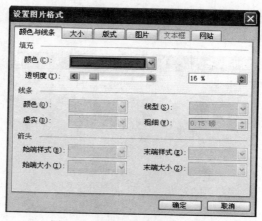

图 3-52 "颜色与线条"选项卡

④ 在"填充"选项区域中,选择合适的图片背景色;在"线条"选项区域中,选择合适的图片边框。

⑤ 单击"确定"按钮,即可完成颜色与线条的设置。

5. 设置图片的亮度和对比度

"增加亮度"按钮使图片的白色增加,颜色变亮;"降低亮度"按钮使图片黑色增加,颜色变暗。"增加对比度"按钮可增加图片的饱和度和明暗度,颜色灰色小,反之相反。对于图片的亮度和对比度的设置,可以通过菜单命令来进行,具体操作步骤如下:

① 选中要设置亮度和对比度的图片。

② 选择"格式"菜单中的"图片"命令或右击,在弹出的快捷菜单中选择"设置图片格式"命令,打开"设置图片格式"对话框。

③ 在该对话框中打开"图片"选项卡,如图 3-47 所示。

④ 在"图片"选项卡的"图像控制"选项区域中按照需求进行设置。

⑤ 单击"确定"按钮,即可完成亮度和对比度的设置。

3.4.3 绘制图形

在 Word 中,除可选择系统自带图片和用户已有的图片外,还提供了强大的图形绘制功能,即可以利用 Word 的"绘图"工具栏轻松地绘制出所需的图形。

1．绘制基本图形

在绘图之前,必须打开"绘图"工具栏。如果"绘图"工具栏没有出现在屏幕上,可选择"视图"菜单中的"工具栏"命令,从列表框中选择"绘图"复选项,使其出现在屏幕中,如图 3-53 所示。"绘图"工具栏的说明如下。

图 3-53 "绘图"工具栏

① "＼"(直线)、"↘"(箭头):在活动窗口中单击或拖动的位置绘制一条直线或插入带箭头的线条。

② 文本框:在单击或拖动的位置绘制一个文本框。

③ 填充颜色:为指定对象添加、更改或清除填充颜色或填充效果。填充效果包括过渡、纹理、图案和图片填充。

④ 线条颜色:添加、更改或清除指定对象的线条颜色。

⑤ 线型、虚线线型、箭头样式:选择各种粗细、样式的线型或者虚线线型或者箭头型。

⑥ 阴影、三维效果:设置阴影或三维效果。

⑦ 自由旋转:将所选对象旋转至任意角度。方法是:先选定该对象,单击"自由旋转"按钮,然后拖动角将对象按所需方向旋转。

简单图形指的是直线、箭头、正方形、椭圆等图形,这些图形的绘制可以直接使用工具栏中相应的按钮。

基本图形是指直线、箭头线、矩形和椭圆形等常用图形。绘制基本图形的操作步骤如下:

① 在"绘图"工具栏中单击所需的工具按钮。

② 单击后鼠标指针将变为"十"字形光标,它的中心是要绘制图形的起始点,可以将它移至图形的插入点。

③ 如果在插入点单击鼠标,将立即生成一个默认尺寸的简单图形,如果从起始点拖动该指针,直到图形终止处时,将生成一个图形,其大小和形状由指针拖动的方向和距离来决定。

注意:如果要多次连续使用"绘图"工具栏中的同一绘图工具按钮,可双击该工具按钮。使用完毕后,单击该按钮,即可取消对该按钮的选择。

2．绘制自选图形

自选图形指的是包括直线和曲线的各种线条、三角形或菱形等图形,各种箭头,用于绘制流程图的各种形状,各种星与旗帜的图形和标注中使用的图形。可使用"自选图形"工具按钮自动创建。

绘制自选图形的操作步骤如下：

① 单击"自选图形"工具按钮后，可从显示的"线条"、"基本形状"、"箭头总汇"、"流程图"、"标注"等自选图形的类型中选择一种，在显示的该类型的各种图形中单击所需要的图形按钮，如图 3-54 所示。

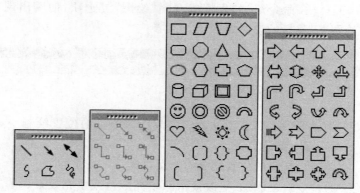

图 3-54　"自选图形"工具栏

② 当选中某一图形后，鼠标指针将变为"十"字形。可以将其移至插入图形的起始点，单击，即在文档中出现该图形，其尺寸和形状是默认的。如果在插入点拖动该指针，直到图形终止处时，将生成一个图形，其大小和形状由指针拖动的方向和距离来决定。

③ 所有绘制的自选图形都有尺寸控点，可以用鼠标拖动这些控点，改变自选图形的尺寸和形状。

注意：绘制图形时会自动出现画布，但创建完以后就不需要画布了，因此要将画布删除。

3.4.4　插入艺术字

所谓的艺术字其实是一种图片化的、具有艺术效果的文字。在编辑文档的时候，为了表达特殊的效果，有时需要将某些文字设置成艺术字的效果。

1. 插入艺术字

插入艺术字的具体操作步骤如下：

① 选择"插入"菜单中的"图片"命令，然后在弹出菜单中选择"艺术字"命令，或单击"绘图"工具栏下的"插入艺术字"按钮，弹出"艺术字库"对话框，如图 3-55 所示。

② 在"艺术字库"对话框中选择要采用的艺术字样式，单击"确定"按钮，这时就会打开"编辑'艺术字'文字"对话框，如图 3-56 所示。

③ 在"文字"框内输入要创建的文字。此处输入"上海世博会"。

④ 在"字体"下拉列表中选择合适的字体。此处选择"宋体"。

⑤ 在"字号"下拉列表中选择合适的字号。此处选择 36。

⑥ 在此用户还可根据需要选择"加粗"或"斜体"。

大学信息技术基础

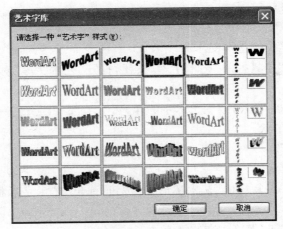

图 3-55 "艺术字库"对话框

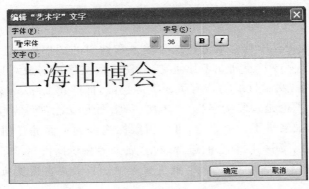

图 3-56 "编辑'艺术字'文字"对话框

⑦ 设置完成后,单击"确定"按钮。

2. 编辑艺术字

如果对插入的艺术字不满意,也可以对其进行编辑,艺术字是作为图形对象插入到文档中的,因此可以像编辑图形那样编辑艺术字。利用"艺术字"的工具栏可实现对艺术字的各种编辑操作。选定艺术字后,Word 将自动打开"艺术字"工具栏,如图 3-57 所示。

图 3-57 "艺术字"工具栏

(1) 设置艺术字格式

具体操作步骤如下:

① 选定要设置格式的艺术字。

② 单击"艺术字"工具栏的"设置艺术字格式"按钮,打开"设置艺术字格式"对话框,通过该对话框可对艺术字进行各种格式设置。

③ 单击"确定"按钮,即可完成艺术字的格式设置。

（2）设置艺术字样式

具体操作步骤如下：

① 选定要改变样式的艺术字。

② 单击"艺术字"工具栏的"艺术字库"按钮，打开"艺术字库"对话框，在该对话框中选择所需的样式。

③ 单击"确定"按钮，即可改变艺术字的样式。

（3）设置艺术字形状

具体操作步骤如下：

① 选定要改变形状的艺术字。

② 单击"艺术字"工具栏的"艺术字形状"按钮，弹出"艺术字形状"列表，在该列表中选择所需的形状。

③ 单击"确定"按钮，即可改变艺术字的形状。

3.4.5 文本框

文本框是一种能在其中独立地进行文字输入和编辑的图形框，在 Word 文档中使用文本框可以将一段文字或对象独立于其他文字，使这段文字或对象可以在文档中任意移动。在 Word 2003 中，文本框的功能有了较大的提高，能够将文字、表格、图形精确定位。任何文档中的内容，不论是一段文字、一个表格、一幅图形或者它们的组合物，都可以被添进这个方框，就如同被装进了一个容器，可以用鼠标拖曳到页面的任何地方，还可让正文从它的四周围绕而过。还可以对它们进行缩小、放大等编辑操作。

注意：对文本框进行编排有个前提，就是文档显示模式应当设置为页面显示模式，否则看不到效果。

1. 文本框的建立

（1）插入空文本框

具体操作步骤如下：

① 将插入点置于要插入文本框的位置。

② 在"绘图"工具栏中单击"文本框"按钮（横排或竖排），即在文档中出现一块有"在此创建图形"字样的画布。

③ 在画布中单击或拖动鼠标，即可创建一个文本框，通过拖动文本框的控制点适当放大所创建的文本框，即可输入文字。

注意：创建文本框时会自动出现画布，但创建完以后就不需要画布了，因此要将画布删除。

（2）为已有内容添加文本框

具体操作步骤如下：

① 选定要添加文本框的内容。

② 在"绘图"工具栏中单击"文本框"按钮（横排或竖排）。

③ 这时即为选定的内容添加了文本框。

2．文本框格式设置

文本框格式属性设置雷同于图形的格式设置，即选择"格式"菜单中"文本框"命令或双击文本框边框，也可以右击文本框边框，选择快捷菜单中的"设置文本框格式"命令，打开"设置文本框格式"对话框。在该对话框中按照需求进行设置，即可完成对文本框格式的设置。

3．删除文本框

选择要删除的文本框，按 Delete 键可同时删除文本框及其内容，如果只想删除文本框而保留其中的内容，可先将其中的内容复制、粘贴到所需处，再删除文本框。

3.5　表　格　操　作

在文档中，为了使信息简单明了、条理性好、主题突出，可以用表格来表示这些内容。Word 提供了强大的表格功能，可以在表格的单元格中随意添加文字或图形，也可以对表格中的数字数据进行排序和计算。

3.5.1　表格的建立

在 Word 中，不但可以插入简单和规则的表格，还可以自由地绘制各种复杂、灵活可变的表格。Word 提供了多种创建表格的方法，主要有以下两种：自动创建表格和手工绘制表格。

1．制作简单表格

一个简单表格的建立，通常使用"常用"工具栏中的"插入表格"按钮或使用"表格"菜单中的"插入"命令来完成。

（1）使用"常用"工具栏中的"插入表格"按钮

具体操作步骤如下：

① 在文档中将光标移动到要插入表格的位置。

② 单击"常用"工具栏上"插入表格"工具按钮 ，这时会打开表格模板，如图 3-58 所示。

③ 在打开的表格模板中按住鼠标左键不放，并从左上角开始向右下方拖动光标，此时会拉出一个带阴影的表格。

④ 选择适当的表格行数与列数，如 3 行×4 列，释放鼠标左键，表格即可插入到文档中，文档内出现空白

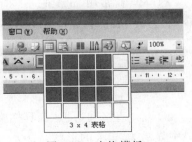

图 3-58　表格模板

的表格,其列宽按所选页面大小自动调整。

(2)使用"表格"菜单命令

上面所述的是一种快速创建表格的方法,这种方法创建表格虽然直观,但用该方法建立起来的表格不能设置列宽,往往需进一步修改和调整后方能令人满意。使用"表格"菜单中的"插入"表格命令可以对将要建立表格的列宽、套用格式等进行设置,从而制作出用户需要的表格来。

具体操作步骤如下:

① 在文档中将光标移动到要插入表格的位置。

② 选择"表格"菜单"插入"级联菜单中的"表格"命令,如图 3-59 所示;弹出"插入表格"对话框,如图 3-60 所示。

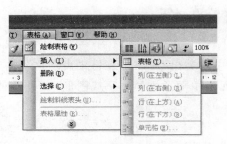

图 3-59   使用"表格"菜单命令创建表格

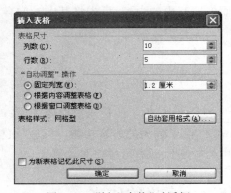

图 3-60   "插入表格"对话框

③ 在"列数"与"行数"文本框中输入将要创建表格的列数与行数或单击右侧的微调按钮。

④ 在"固定列宽"框中设定表格的列宽,比如输入 1.2 厘米。在这里只能将表格的各列设定为等宽。

⑤ 单击"确定"按钮,表格自动生成,插入到文档中。

2. 制作复杂的表格

利用"常用"工具栏中的"表格和边框"按钮,或选择"表格"菜单中的"绘制表格"命令,可绘制复杂的、灵活多变的表格。具体操作步骤如下:

① 单击"常用"工具栏中的"表格和边框"按钮或选择"表格"菜单中的"绘制表格"命令,将打开"表格和边框"工具栏,如图 3-61 所示。

图 3-61   "表格和边框"工具栏

② 在"表格和边框"工具栏中单击位于最左边的"绘制表格"工具按钮,光标在文档窗口中显示为"笔"的形状。

大学信息技术基础

③ 将鼠标移至文档中需要插入表格的位置,向右下方拖动鼠标到适当位置后松开左键,文档中出现表格的外框。

④ 运用同样的方法,自由绘制表格的行线、列线和斜线(内框线)等。

⑤ 在绘制过程中,如果想擦除多余的表格线,可单击"表格与边框"工具栏中的"擦除"按钮,在要擦除的边框上拖动橡皮擦即可。

3.5.2　在表格中输入字符

1．移动插入点

一张空白的表格建好以后,下一步的工作就是将插入点定位到需要填写内容的单元格,然后就可以向单元格输入文字、图形等内容。在表格中移动插入点可以使用鼠标也可以使用键盘,使用鼠标移动插入点比较简单;使用键盘移动插入点可以节省时间,而且操作也比较方便。

用键盘在表格中移动插入点的组合键,如表 3-4 所示。

表 3-4　用组合键在表格内移动光标

移动的区域	组合键
行中的上一个单元格	Tab 键
行中的下一个单元格	Shift+Tab 组合键
行首单元格	Alt+Home 组合键
列尾单元格	Alt+End 组合键
列首单元格	Alt+Page Up 组合键
列尾单元格	Alt+Page Down 组合键
上一行	光标上移键
下一行	光标下移键

2．数据的输入

在表格内输入文本与在文档窗口中输入文本的方法完全一样。移动插入点到需输入内容的单元格,即可填写内容。如果在一个单元格中输入的文字太长,已到达单元格的边界,不必按 Enter 键,就会自动换行;在输入文本时,如果要另起一行可以按 Enter 键,使已输入的文本成为一个段落。

3.5.3　表格的编辑

在制作表格的过程中往往要根据需要添加、删除单元格、行、列。

1. 插入与删除单元格

（1）插入单元格

插入单元格的操作步骤如下：

① 选定要插入新单元格位置相邻的单元格，使其"反白"显示，插入单元格的个数与选定单元格的个数相同，即插入一个单元格，则选定一个单元格，如果要插入多个单元格，则选定多个单元格。

② 选择"表格"菜单中的"插入"级联菜单中的"单元格"命令，打开"插入单元格"对话框，如图 3-62 所示。

③ 在该对话框中进行选择，如果在选定单元格左边插入新单元格，则在"插入单元格"对话框中选择"活动单元格右移"。如果在选定单元格上方插入新单元格，则在"插入单元格"对话框中选择"活动单元格下移"。如果插入一行，则在"插入单元格"对话框中选择"整行插入"。如果插入一列，则在"插入单元格"对话框中选择"整列插入"。

④ 单击"确定"按钮，从而完成插入单元格的操作。

（2）删除单元格

删除单元格的操作步骤如下：

① 将插入点定位于要删除的单元格或选定要删除的一个或多个单元格，使其"反白"显示。

② 选择"表格"菜单中的"删除"级联菜单中的"单元格"命令，打开"删除单元格"对话框，如图 3-63 所示。

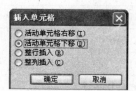

图 3-62 "插入单元格"对话框

图 3-63 "删除单元格"对话框

③ 根据实际要求，在对话框中进行相应的选择。

④ 单击"确定"按钮，从而完成单元格的删除操作。

2. 插入行、列

（1）插入一行

在创建表格时，需要确定表格的行数，但行的数目不必非常精确，在需要的时候可以增加。增加一行最简单的办法是：将光标定位到表格最后一个单元格，按 Tab 键，Word 就会在表格的最后增加新的一行。

在表格中间增加一行的具体操作步骤如下：

① 将光标定位于表格某一行内。

② 选择"表格"菜单中的"插入"级联菜单中的"行（在上方）"命令，即可在该行的上面

插入新的一行;选择"表格"菜单中的"插入"级联菜单中的"行(在下方)"命令,即可在该行的下面插入新的一行。

（2）增加一列

就像增加一行一样,也可以在表中插入新的一列。具体操作步骤如下:

① 将光标定位于表格某一列内。

② 选择"表格"菜单中的"插入"级联菜单中的"列(在右侧)"命令,即可在该列的右边插入新的一列;选择"表格"菜单中的"插入"级联菜单中的"列(在左侧)"命令,即可在该列的左边插入新的一列。

3. 删除行、列

删除表格中的行和列,具体操作步骤如下:

① 选定要删除的行或列,使其"反白"显示。

② 然后选择"表格"菜单中的"删除"级联菜单中的"行"或"列"命令,即可删除选定的行或列。

4. 合并与拆分单元格

（1）合并单元格

表格内的单元格,不论是上下的还是左右的都可以合并为一个单元格,但要合并的单元格必须是相邻的。要将若干个单元格合并成一个单元格的具体操作步骤如下:

① 在表格中选定要合并的单元格,使其"反白"显示。

② 选择"表格"菜单中的"合并单元格"命令,即可将选定的单元格合并成一个单元格。

（2）拆分单元格

要将一个单元格拆分成若干个单元格的具体操作步骤如下:

① 在表格中选定要拆分的单元格或将光标定位于该单元格。

② 选择"表格"菜单中的"拆分单元格"命令,打开"拆分单元格"对话框,如图 3-64 所示。

③ 输入要拆分的行数和列数,单击"确定"按钮,即可将选定的单元格拆分成若干个单元格。

5. 表格的拆分

在 Word 中,不仅可以拆分单元格,而且还可以根据需要拆分表格,即将一个表格拆分成为两个或多个表格;也可以合并表格,即将一个或多个表格合并成一个表格。

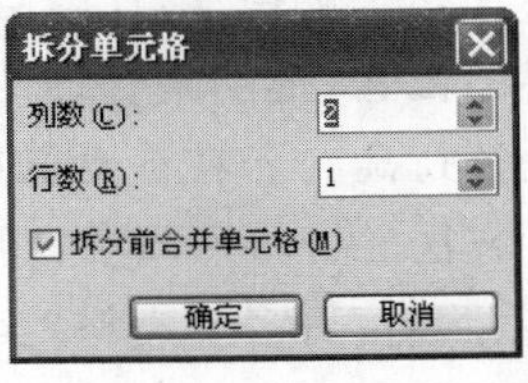

图 3-64 "拆分单元格"对话框

（1）合并表格

合并时,如果两张表格间只有一行或者几行空行,删除空行即可将两张表格上下连接起来。上下连接多张表格时,应注意每张表格的起点和表宽应该一致,否则会出现表格上下错位的现象。如果出现这种现象,可以逐行选择、调整,直至满意。

（2）拆分表格

表格的拆分只能是上下方向拆分，左右方向则不能拆分。拆分的具体操作步骤如下：

将光标定位于表格中要拆分的行中，即新表格的首行，然后选择"表格"菜单中的"拆分表格"命令，即完成了表格的拆分。

6．调整表格的列宽和行高

完成表格项目的输入后，由于创建 Word 表格时系统默认选中"固定列宽"选项（即每列的宽度都是一样的），因此还要根据实际需要对 Word 表格列宽重新进行设置。

（1）设置表格列宽有以下几种方法

方法一：将鼠标指针指向需要设置列宽的列边框上，当鼠标指针变成双箭头形状时，按住鼠标左键左右拖动，此时会出现一条虚线表示新边界的位置，拖动到合适的位置松开鼠标左键即可调整列宽。若在拖动的同时按 Alt 键则可微调表格的列宽。

方法二：如果调整整张表格的列宽，且要求每列的列宽均相同，那么可以按照上述方法首先减小最左边或最右边一列的宽度，然后再选择"表格"菜单中的"自动调整"子菜单中的"平均分布各列"命令改变所有列的宽度。

方法三：利用菜单命令可以精确设置表格的列宽。具体操作步骤如下：

① 选择要调整列宽的表格列。

② 选择"表格"菜单中的"表格属性"命令，打开"表格属性"对话框。

③ 在该对话框中选择"列"选项卡，在"指定宽度"文本框中输入合适的数值，如图 3-65 所示。

④ 单击"确定"按钮。

图 3-65 "列"选项卡

（2）设置表格行高有以下几种方法

方法一：将鼠标指针指向需要设置行高的行边框上，当鼠标指针变成双箭头形状时，按住鼠标左键上下拖动，此时会出现一条虚线表示新边界的位置，拖动到合适的位置松开鼠标左键即可调整行高。若在拖动的同时按 Alt 键则可微调表格的行高。

方法二：如果调整整张表格的行高，且要求每行的高度均相同，先选择要改变行高的表格，然后再选择"表格"菜单中的"自动调整"子菜单中的"平均分布各行"命令改变所有行的高度。

方法三：利用菜单命令可以精确设置表格的行高。具体操作步骤如下：

① 选择要调整行高的表格行。

② 选择"表格"菜单中的"表格属性"命令，打开"表格属性"对话框。

③ 在该对话框中选择"行"选项卡，在"指定高度"文本框中输入合适的数值，如图 3-66 所示。

④ 单击"确定"按钮。

图 3-66 "行"选项卡

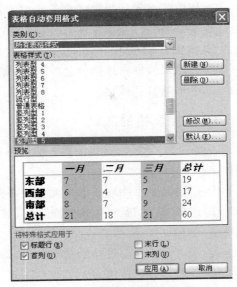

图 3-67 "表格自动套用格式"对话框

3.5.4 表格格式化

格式化表格可以改变表格的外观。"表格和边框"工具栏可以对表格进行各种修饰，包括添加边框、底纹、行高和列宽、表格的对齐等。

1. 自动套用格式

Word 为用户提供了多种预先设置好的表格样式，如果需要，可以选择自动套用表格功能，自动将预先定义好的格式应用于表格，包括边框和底纹。

具体操作步骤如下：

① 选定要设置格式的表格，或单击表格内的任何位置。

② 选择表格菜单中的"表格自动套用格式"命令，打开"表格自动套用格式"对话框，如图 3-67 所示。

③ 在"表格样式"列表框中选择所需的表格样式，该样式可在"预览"窗口中观察到。

④ 在"将特殊格式应用于"组合框中，选择希望将表格哪部分套用选定的格式，这些部分有：标题行、末行、首列、末列。

⑤ 全部设置完毕后，单击"确定"按钮。

2. 设置表格的边框

在 Word 中若不作特别的设置，新建立的表格，默认的表格线均为黑色、细实线（0.5磅）。如果用户想改变默认的线型、粗细、颜色，可以通过边框的设置来实现。

设置表格边框的具体操作步骤如下：

① 选定需要添加边框的单元格或表格。

② 选择"格式"菜单中的"边框和底纹"命令，打开"边框和底纹"对话框，选择"边框"选项卡，如图 3-35 所示。

③ 在该对话框中选择合适的线型、宽度、颜色等。

④ 单击"确定"按钮。

3. 设置表格的底纹

表格添加了底纹，可以使得表格的外观更加醒目、美观。设置表格底纹的具体操作步骤如下：

① 选定需要添加底纹的单元格或表格。

② 选择"格式"菜单中的"边框和底纹"命令，打开"边框和底纹"对话框，选择"底纹"选项卡，如图 3-37 所示。

③ 在该对话框中选择合适的颜色、图案等。

④ 单击"确定"按钮。

4. 设置单元格字符格式

表格中的字符与一般文本的字符一样，可以进行格式设置，方法是：

（1）设置表格中文字的字体、字形和字号等

首先选定需设置格式的字符，可以是一个单元格、一行、一列，或若干行、若干列，甚至整个表格，然后设置所需的字体、字形、字号、字间距等。

（2）设置单元格中文本的对齐方式

单元格中的文本也可以方便地调整其对齐方式，具体操作步骤如下：

① 选定要对齐的单元格。

② 右击快捷菜单中的"单元格对齐方式"命令，在弹出的对齐方式菜单中选择所需的方式即可，如图 3-68 所示。

图 3-68 "单元格对齐方式"菜单

5. 表格的对齐

一个新建的表格，它的位置默认为整个表格向左对齐，在 Word 中可以灵活调整表格的对齐方式及其与文字的环绕方式。具体操作步骤如下：

① 选定表格或将光标定位于要调整对齐方式的表格。

② 选择"表格"菜单中的"表格属性"命令，打开"表格属性"对话框，系统默认打开"表格"选项卡，如图 3-69 所示。

③ 在"对齐方式"选项区域中，选择合适的对齐方式。若需要调整文字环绕方式，可在"文字环绕"选项区域中选择"环绕"。

④ 单击"确定"按钮即可。

大学信息技术基础

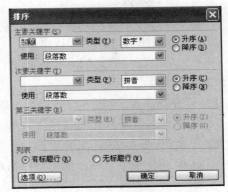

图 3-69 "表格"选项卡　　　　　　　　图 3-70 "排序"对话框

3.5.5 表格数据的排序

在 Word 中,可以对指定的列进行排序,可以将表格某一列的数据按照一定规则排序,并重新组织各行在表格中的次序。表格排序主要有两种方法。

方法一:使用"表格和边框"工具栏。

① 显示"表格和边框"工具栏。

② 将插入点移入到要排序的数据列中(任一个单元格中都可以)。

③ 单击"升序排序"按钮,该列中的数字将按从小到大排序,汉字按拼音从 A 到 Z 排序,行记录顺序按排序要求作相应调整;单击"降序排序"按钮,该列中的数字将按从大到小排序,汉字按拼音从 Z 到 A 排序,行记录顺序按排序要求作相应调整。

方法二:使用"表格"菜单中的"排序"命令。

① 将插入点置于要排序的表格中。

② 单击"表格"菜单中的"排序",打开"排序"对话框,如图 3-70 所示。

③ 先按要求选择"主要关键字"、"次要关键字"、"第三关键字",再选择"类型",最后选择"升序"还是"降序"。

④ 根据排序表格中有无标题行选择下方的"有标题行"或"无标题行"。

⑤ 单击"确定"按钮,各行顺序将按排序要求作相应调整。

3.5.6 表格数据的计算

Word 中的表格,如果包含了数字,则可以对表格中指定的行或列的数据进行加、减、乘、除和复杂的函数运算。

为了识别数据来源,Word 将单元格的命名作了规定,每个单元格的命名由其所在的列名和所在的行名组合而成。列名从左到右依次为 A、B、C…;行名从上到下依次为 1、2、3…,列号在前行号在后,例如:E4 指的是第 5 列和第 4 行所交叉的单元格,其中字母大小写通用。

表格计算主要有两种方法。

方法一:利用"自动求和"按钮。

对于简单的行列数据的求和运算,可以选用"表格和边框"工具栏的"自动求和"按钮进行快速计算。

使用"自动求和"按钮进行数据计算的操作步骤如下:

① 将插入点置于数据右边或下方的单元格中。

② 单击"表格和边框"工具栏的"自动求和"按钮。

③ 完成以上操作即可在单元格内出现计算出的结果。

方法二:利用"表格"菜单中的"公式…"命令。

使用公式进行数据计算的操作步骤如下:

① 将插入点置于存放运算结果的单元格中。

② 选择"表格"菜单中的"公式…"命令,打开"公式"对话框,如图 3-71 所示。

③ 在"公式"文本框中可以修改或输入公式,也可以在"粘贴函数"下拉列表选择所需函数,被选择的函数将自动粘贴到"公式"框中;在"数字格式"下拉列表选择或自定义数字格式,若定义为 0.00,表示保留小数点后两位小数。

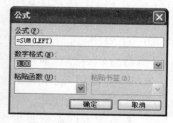

图 3-71　"公式"对话框

④ 设置完毕后单击"确定"按钮,即可在单元格内出现计算出的结果。

说明:在求和公式中默认会出现 LEFT 或 ABOVE,它们分别表示对公式域所在单元格的左侧连续单元格和上面连续单元格内的数据进行计算。

3.6　文档的页面排版

页面排版是指页面设置和页面修饰。其中页面设置是指设置页边距、纸张、版式和文档网络操作;页面修饰包括添加页面边框、设置页眉和页脚、插入页码等操作。

3.6.1　页面设置

在创建新文档时,Word 默认自动打开 Normal.dot 模板,该模板设定了默认的纸张大小、页边距等参数。但是,在实际应用中常常需要改变这些设置,可使用"文件"菜单中的"页面设置"命令重新设置相关参数。

页面设置的操作步骤如下:

① 选择"文件"菜单下的"页面设置"命令,打开"页面设置"对话框,如图 3-72 所示。

② 在"页边距"选项卡中,可做如下操作:

- 在"页边距"选项区域中,通过"上、下、左、右"项,设置文档与纸张四周的距离。
- "装订线"项的设置可以使打印出来的文稿保留统一的装订位置,它需要与"装订线位置"项共同使用,"装订线位置"决定装订位置在文稿的上边还是左边。
- 在"方向"选项区域中选择合适的页面方向,系统默认为"纵向"。
- 在"页码范围"选项区域的"多页"下拉列表中,选择合适的方式。

③ 在"页面设置"对话框中选择"纸张"选项卡,如图 3-73 所示,可做如下操作:

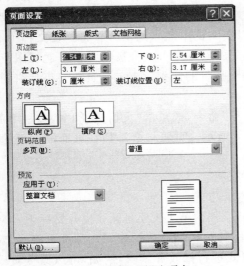

图 3-72 "页边距"选项卡

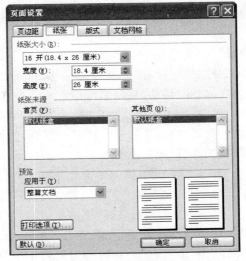

图 3-73 "纸张"选项卡

- 在"纸张大小"下拉列表中选择标准的纸张大小,或利用"宽度"和"高度"框自定义纸张大小。

- 在"纸张来源"选项区域中设置打印时打印纸张的来源。

- 在"预览"选项区域中的"应用于"下拉列表中选择新设置纸张大小的应用范围。

④ 在"页面设置"对话框中选择"版式"选项卡,如图 3-74 所示,可做如下操作:

- "节的起始位置"项主要是设置当前文档的起始页码。

- 选择"页眉和页脚"选项区域的"首页不同"复选框,则首页不显示页眉;选择"奇偶页不同"复选框,则奇偶页显示的页眉和页脚内容和格式不相同,否则每页的页眉和页脚相同。

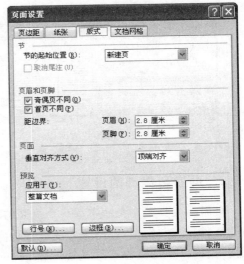

图 3-74 "版式"选项卡

- 在"页面"选项区域的"垂直对齐方式"下拉列表中选择合适的对齐方式。
- 在"预览"选项区域中选择合适的应用范围。

3.6.2　页面修饰

1. 插入页码

当文档超过一页时，系统会自动生成分页符，并开始新的一页。无论当前文档处在普通视图还是在页面视图下，均会在文档窗口中看到两个页面之间的分界线。我们称该分界线为自动分页符。自动分页符是不可编辑的，也是不可删除的。

除系统自动生成的自动分页符之外，还可以在文档中插入人工分页符。在文档中需要强行分页的地方，按 Ctrl＋Enter 组合键，即可插入一个人工分页符。在普通视图下，人工分页符上标有"分页符"3 个字，以示和自动分页符的区别。人工分页符是可编辑的，可进行删除、移动、复制等操作。

在 Word 中，可以选择"插入"菜单中的"页码"命令，或单击"页眉/页脚"工具栏中的"插入页码"按钮。打开"页码"对话框，如图 3-75 所示。页码均会添加在页面的上部（页眉）或下部（页脚），说明如下：

① 在"位置"下拉列表中，选择页码在页面的位置。

② 在"对齐方式"下拉列表中，选择页码的对齐方式。

③ 在"首页显示页码"复选框中，确定页码从文档的第 1 页还是第 2 页开始标识。

④ 在插入了页码之后，单击"页码"对话框中的"格式"命令按钮，打开"页码格式"对话框，如图 3-76 所示，还可以对文档中的页码格式进行修改和编辑，例如，可以改变页码的位置、数字格式和起始页码等。

图 3-75　"页码"对话框

图 3-76　"页码格式"对话框

2. 页眉和页脚的设置

页眉和页脚是在文档中每一个页面的顶部或底部重复出现的信息，通常用于显示文档的页码、标题、作者、日期等文字或图形信息。在文档中，可以自始至终用同一个页眉和页脚，也可以在文档的不同部分使用不同的页眉或页脚。

要在文档中添加页眉和页脚，首先需将文档切换到页面视图。具体操作步骤如下：

① 选择"视图"菜单中的"页眉和页脚"命令,文档窗口中就会出现页眉和页脚编辑窗口,如图 3-77 所示,并弹出"页眉和页脚"工具栏。

② 在页眉区输入所需的文字,通过"插入页码"、"插入时间"、"插入日期"等按钮,可快速添加需要内容。

③ 如果要建立页脚,单击"页眉和页脚"工具栏中的"在页眉和页脚间切换"按钮,输入并编辑页脚内容。

④ 单击"页眉和页脚"工具栏中的"关闭"按钮。

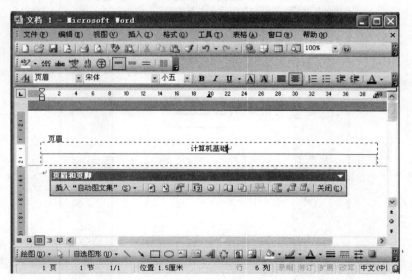

图 3-77 "页眉和页脚"编辑窗口

注意:当用户在生成或编辑页眉或页脚时,文档中的其他部分将呈灰色显示;若要同时查看文档和它的页眉或页脚,可选择"文件"菜单中的"打印预览"命令,进入"打印预览"窗口进行查看。如果删除页眉或页脚,必须进入页眉和页脚设置状态,选定页眉或页脚编辑区的文字和图形,按 Del 键删除。

3.7 文档的打印

当编辑好一篇文档后,接下来的任务就是将它打印出来。Word 提供了丰富的打印功能,使用这些功能可以打印全部或部分文档内容。在执行打印操作之前,首先必须确保计算机上安装了打印机,并使该打印机处于打开状态。

3.7.1 打印预览

在执行打印工作之前,可以先预览一下文档,以便查看整个文档的结构,如果文档的版面有不正确的地方,也可以进行修改。

1. 页面视图预览

将文档切换到页面视图,设置"常用"工具栏上的显示比例,图 3-78 所示比例为 40％ 的整页,在该显示方式下用户可以很清楚地看到该页中文本与图片的排列。

图 3-78　页面视图预览

2. 打印预览

选择"文件"菜单下的"打印预览"命令,或单击常用工具栏上的"打印预览"按钮,都可以进入打印预览显示模式,如图 3-79 所示。

- 在打印预览显示模式下,鼠标会变成一个放大镜的样子(),此时用鼠标单击页面,即可将当前页以 100％ 的方式显示出来,鼠标也由原来的带加号的放大镜样子变成带减号的样子(),再次单击时即可恢复原状。
- 单击"单页"或"多页"按钮可设置一屏显示单页或多页。
- 单击"显示比例"按钮,可以以不同的比例显示文档。
- 单击"全屏显示"按钮,使窗口全屏显示。
- 单击"打印"按钮,可打印文档。
- 单击"关闭"按钮,返回原来的视图方式。

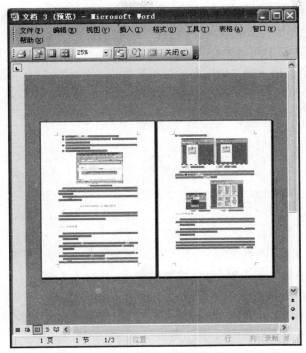

图 3-79　"打印预览"模式

3.7.2　打印文档

打印文档的具体操作步骤如下：

① 单击常用工具栏下的"打印"按钮🖨️即可，或通过菜单"文件"下的"打印"命令，打开"打印"对话框，如图 3-80 所示。

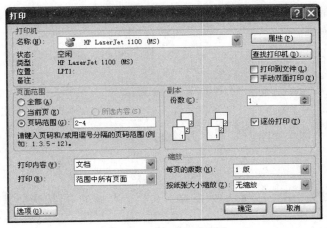

图 3-80　"打印"对话框

② 在"打印机"选项区域中,查看打印机的状态并设置打印机的属性。

③ 在"页面范围"选项区域中选择需要打印的范围,"全部"表示打印整个文档,"当前页"表示打印光标所在页,"所选内容"表示仅打印选中的内容,"页码范围"文本框可输入要打印的具体页码,例如,输入"2,4,6",表示打印第2、4、6页;输入"4-6",表示打印4到6页。

④ 在"副本"选项区域中,通过"份数"的设置来达到打印一份或多份的需求。

⑤ 单击"确定"按钮,即可完成常规打印。

3.8 习 题

3.8.1 选择题

1. 关于 Word 2003,下面说法错误的是( )。

    A. 既可以编辑文本内容,也可编辑表格

    B. 可以利用 Word 2003 制作网页

    C. 可以在 Word 2003 中直接将所编辑的文档通过电子邮件发送给接收者

    D. Word 2003 不能编辑数学公式

2. 如果 Word 2003 打开了多个文档,在下列的操作中,不能退出 Word 2003 的是( )。

    A. 选择"文件"菜单中的"关闭"命令

    B. 选择"文件"菜单中的"退出"命令

    C. 单击标题栏右边的"关闭"按钮

    D. 双击标题栏左端的"控制"按钮

3. 在 Word 2003 中,调整段落左右边界以及首行缩进格式最方便、直观、快捷的方法是( )。

    A. 使用常用工具栏   B. 使用标尺

    C. 使用菜单命令   D. 使用格式工具

4. 在 Word 2003 的编辑状态下,可以按 BackSpace 键删除光标前的一个字符,也可按( )键删除光标后的一个字符。

    A. Delete   B. Insert

    C. End   D. Home

5. 将文档的一部分文本内容复制到别处,首先要进行的操作是( )。

    A. 复制   B. 粘贴

    C. 剪贴   D. 选定

6. 在 Word 2003 中,若要将插入点移至文档的开始处,可按快捷键( )。

    A. End   B. Home

    C. Ctrl+Home   D. Ctrl+End

7. 在 Word 2003 中,下列( )不能将选定的内容复制到剪贴板上。

A. 单击工具栏上的"复制"按钮

B. 单击工具栏上的"剪切"按钮

C. 单击"编辑"菜单中的"复制"命令

D. 按快捷键 Ctrl+V

8. 在 Word 2003 中,选定一个矩形区域,应按住(   )键的同时拖动鼠标。

    A. Alt   B. Shift

    C. Ctrl   D. Enter

9. 在 Word 2003 中,下列关于"查找"和"替换"操作叙述正确的是(   )。

    A. 不能区分全/半角   B. 不能区分大/小写

    C. 不能使用通配符   D. 可以指定搜索范围

10. Word 2003 具有自动保存的功能,其主要作用为(   )。

    A. 在内存中保存一临时文档   B. 定时保存文档

    C. 以 BAK 为扩展名保存文档   D. 以上均不对

11. 在 Word 2003 中能显示实际排版效果及页码、页眉、页脚的显示方式为(   )。

    A. 普通视图   B. 页面视图

    C. 大纲视图   D. 主控文档

12. 在 Word 2003"字号"中,阿拉伯数字越大,表示字符越(   )。

    A. 大   B. 小

    C. 不变   D. 都不是

13. 在 Word 2003 中,字符格式应用于(   )。

    A. 插入点所在的段落   B. 所选定的文本

    C. 文档中的所有节   D. 插入点所在的节

14. 在 Word 2003 中,段落标记是如何产生的(   )。

    A. 按 Enter 键   B. 按 Shift+Enter 键

    C. 插入分页符   D. 插入分节符

15. 在 Word 2003 文档窗口中,利用水平标尺上的几个缩进标记不能设置(   )。

    A. 首行缩进   B. 悬挂缩进

    C. 左右边界缩进   D. 段落对齐

16. 在 Word 2003 中,如果文档中某一段与其前后两段之间要求留有较大间隔,最好的解决方法是(   )。

    A. 在每两行之间用按回车键的办法添加空行

    B. 在每两段之间用按回车键的办法添加空行

    C. 通过段落格式设定来增加段前距和段后距

    D. 用字符格式设定来增加间距

17. 在 Word 2003 中,下列有关设置"首字下沉"的说法中不正确的是(   )。

    A. 可根据需要调整下沉行数

    B. 对下沉的首字不能设置字体

    C. 首字下沉默认的行数为 4 行

D. 可根据需要调整下沉文字与正文的距离

18. 关于 Word 2003 中的"样式",下面描述中错误的是(　　　)。

A. "样式"可以通过"工具"菜单中的"自定义"选项设置

B. 已定义好的"样式"可以根据用户需要更改

C. 使用"样式"可以提高编辑效率

D. 同一个"样式"可以在文档的不同位置被多次引用

19. 在 Word 2003 中,下列(　　　)不能通过"页面设置"进行设置。

A. 页边距　　　　　　　　　　B. 纸张大小

C. 打印页码范围　　　　　　　D. 纸张的打印方向

20. 在 Word 2003 文档的页眉页脚编辑状态时,正文的内容呈(　　　)。

A. 反白显示,表示不可编辑　　B. 反白显示,表示可编辑

C. 灰色显示,表示不可编辑　　D. 灰色显示,表示可编辑

21. 关于 Word 2003 的分栏,下列说法正确的是(　　　)。

A. 最多可以分2栏　　　　　　B. 各栏的宽度必须相同

C. 各栏的宽度可以不同　　　　D. 各栏之间的间距是固定的

22. 在 Word 2003 中,在文档打印对话框的"打印页码"中输入"2-5,10,12",则
(　　　)。

A. 打印第2页、第5页、第10页、第12页

B. 打印第2页至第5页、第10页、第12页

C. 打印第2页、第5页、第10页至第12页

D. 打印第2页至第5页、第10页至第12页

23. 关于 Word 2003 中的图形,下列说法错误的是(　　　)。

A. 在 Word 2003 中,不仅可以插入图形,还可以绘制图形

B. 在 Word 2003 中既可插入从剪辑库中选择的图形,还可以插入图形文件中的
图形

C. 对文档中的图形可以进行缩放、裁剪等操作

D. 对插入文档的图形,其上下可环绕文字,左右不能环绕文字

24. 关于 Word 2003 文档中的表格,下列叙述中错误的是(　　　)。

A. 表格中的数据不能选择四列进行组合排序

B. 一张表格可以被拆分成两张表格

C. 表格只能按照某列的升序排序

D. 可以改变表格的行高和列宽

25. 在 Word 2003 中,"表格"菜单中的"排序"命令功能是(　　　)。

A. 在某一列中,根据各单元格内容的大小,调整它们的上下顺序

B. 在某一行中,根据各单元格内容的大小,调整它们的左右顺序

C. 在整个表格中,根据某一列各单元格内容的大小,调整各行的上下顺序

D. 在整个表格中,根据某一行各单元格内容的大小,调整各列的左右顺序

3.8.2 填空题

1. Word 可以将编辑的文档保存为_____格式,从而可以用浏览器打开阅读;可以将编辑的文档作为电子邮件的附件发送出去;可以编辑制作网页等。

2. 在 Word 2003 中,在页面视图下,如果水平标尺未被显示,单击"视图"下拉菜单中的"_____"可显示水平标尺。

3. _____位于 Word 窗口下方,用于显示系统当前的一些状态信息。

4. 文本的输入一般都是在"_____"状态下进行,这时状态栏上的"改写"二字应为灰色。

5. 单击"插入"下拉菜单中的"_____",可以实现日期和时间的输入。

6. 在_____视图方式下,文档可以获得最大的文档显示和编辑空间。

7. 若想控制段落的第一行第一个字的起始位置,应调整段落的_____。

8. 在 Word 2003 中,如果要同时选定多个图片,可按_____键,再依次单击所选的图片。

9. 在 Word 2003 中,文本框可按其中的文字排列方向分为_____和竖排两种。

10. 要将一个表格分成两个单独的表格,可选择"表格"菜单中的_____命令。

3.8.3 简答题

1. 简述 Word 2003 的功能与特点。

2. 创建 Word 文档常用的方法有哪几种?

3. 在 Word 2003 中,如何显示或隐藏工具栏?

4. 如何实现插入点的移动?

5. 选定文本有哪些方法?

6. 如何实现文档内容的查找与替换?

7. Word 2003 的"自动更正"功能能否更正文档中的全部中英文错误?

8. 简述 Word 中常用的四种视图(普通、页面、大纲、打印预览)。

9. 文档排版主要包括哪几项?

10. 设置文字格式主要有哪几种方法?

11. 如何设置首字下沉?

12. Word 文档中的文本框有哪些用途?

13. 如何删除表格中的行列和单元格?

第 4 章 Excel 2003 电子表格

Excel 2003 电子表格是微软公司开发的 Office 2003 办公软件中的一个组件,它是当前应用较为广泛的电子表格处理系统。该软件功能强大,使用方便,Excel 2003 沿袭了 Excel 2000 的优良特性,并且增加了一些新功能,它集数据表格、数据编辑、数据图表、数据管理和数据分析处理等功能于一身,实现了图、文、表的结合。

4.1 Excel 2003 概述

Excel 2003 电子表格是基于 Windows 操作平台的软件,Excel 经历了几个版本的发展后更加成熟,Excel 2003 目前是功能比较强大、使用比较方便的表格处理软件,处理一些在数据统计和办公中随处可见的数据表,如表 4-1 所示。

表 4-1 "职工工资表"数据表

序号	姓名	职称	基本工资	工龄津贴	奖励工资	水电费
001	张晓函	教授	540.00	268.00	244.00	25.00
002	王木杭	助教	480.00	164.00	300.00	12.00
003	刘子扬	讲师	500.00	152.00	310.00	0.00
004	王明皓	讲师	520.00	142.00	250.00	0.00
005	张志强	助教	515.00	120.00	280.00	15.00
006	叶琪放	教授	540.00	116.00	280.00	18.00
007	周爱军	副教授	550.00	142.00	280.00	20.00
008	赵盈盈	副教授	520.00	140.00	246.00	0.00
009	黄永靓	助教	540.00	134.00	380.00	10.00
010	梁冬冬	讲师	500.00	112.00	220.00	18.00

本章结合表 4-1,应用 Excel 2003 处理数据,首先正确输入不同类型的数据,然后进行格式设置,增加"岗位津贴"、"应发工资"、"实发工资"列和"平均"行,计算"应发工资"、

"实发工资"以及各位职工的各项收入的平均值,并且当数据发生变化后,计算的结果和图表自动更新。

4.1.1　Excel 2003 的工作环境

Excel 2003 启动后(Excel 2003 的启动和退出与 Office 其他软件雷同,在此不再阐述),将打开如图 4-1 所示的窗口。可以看出 Excel 工作窗口和 Word 窗口相似,它主要由标题栏、菜单栏、"常用"工具栏、"格式"工具栏、编辑栏、任务窗格和状态栏组成。下面对 Excel 窗口中特有的部分进行介绍。

图 4-1　Excel 2003 窗口

1. 编辑栏

编辑栏是显示活动单元格中数据和公式的,也是进行修改和编辑信息的。

(1) 名称框。显示活动单元格的地址,定义单元格或区域的名字。

(2) 编辑栏。用于输入、编辑数据和公式;显示活动单元格中的内容。在进行输入之前,先要将某单元格激活成活动单元格,其方法是单击某一单元格使之成为活动单元格。当在活动单元格中输入数据时,编辑栏的显示内容会发生变化。

(3) 命令按钮。当编辑单元格时,编辑栏会有 3 个命令按钮,"×"按钮为取消按钮,可用于取消刚才的输入或编辑,等同于按 Esc 键。"√"按钮为确认按钮,可用于确认刚才的输入或编辑,"f_x"按钮为函数指南按钮。

2. 工作表区域

工作表区域是 Excel 工作窗口的主体,所有的数据表及图表都存放在此区域中。

3. 工作表标签

工作簿(Book)是 Excel 2003 提供的用于计算和储存数据的电子表格,以一个独立的文件形式存储在磁盘上。每个工作簿都由多张工作表(Sheet)组成。Excel 2003 默认的新建工作簿包含 3 个工作表,每个工作表的名字由工作簿窗口下面的工作表标签标出。例如,当启动 Excel 2003 应用程序后,所新建的第一个空白工作簿,被称为 Book1,其中的工作表分别为 Sheet1、Sheet2、Sheet3,如图 4-1 所示。

4. 任务窗格

自 Excel 2002 版本开始,Excel 组件增加了一个"任务窗格"功能。任务窗格是一种重要的工具。每个任务窗格都能完成一些特定的功能。但由于展开"任务窗格"后,占了近三分之一的编辑区,可以通过"工具"菜单中的"选项"菜单中的"视图"设置,取消这个自启动的"任务窗格"功能。

4.1.2 工作簿的基本操作

1. 新建工作簿

选择"文件"中的"新建"命令,打开新建对话框,可从已有的模板中选择适合的电子方案表格模板建立一个新工作簿;或单击工具栏上的"新建"按钮;或通过"任务窗格"新建一个空白工作簿,其文件扩展名为.xls。

2. 保存工作簿

工作簿编辑好以后,必须把它保存到磁盘中,具体步骤如下:选择"文件"菜单中的"保存"命令或者单击"常用"工具栏的"保存"按钮,第一次保存某个工作簿时,Excel 默认Book1 的名字,可以在"文件名"列表框中输入合适的文件名;如果在不同的驱动器上保存文件,用鼠标单击"保存位置"下拉列表框,从中选择目标路径;如果还没有给新建的工作簿命名,则"文件"菜单的"保存"命令相当于"另存为"命令,将打开如图 4-2 所示的"另存为"对话框,设置完毕后,单击"保存"按钮。

可以通过该对话框右上角的"工具"菜单中的"常规选项"进行打开和修改文件的权限密码的设置。

3. 打开工作簿

选择"文件"中的"打开"命令,或单击工具栏中的"打开"按钮,显示"打开"对话框,选择要打开的文件,双击该文件名;也可在"文件名"下拉组合框中直接输入文件夹名和文件名,然后单击"打开"按钮(或回车),设置密码的文件必须输入正确的密码,才可打开所需的工作簿文件。

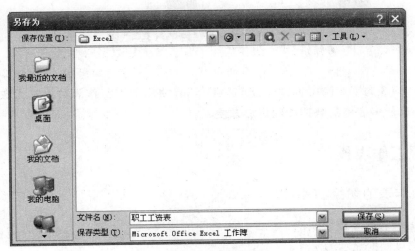

图 4-2 "另存为"对话框

4.1.3 工作表和单元格

除了工作簿的概念，Excel 2003 还有许多基本概念。

1. 工作表

每个工作表的名字由工作簿窗口下面的工作表标签标出，它们的名字都可以方便地更改。也可以通过"工具"菜单中的"选项"改变打开工作表的个数。

Excel 的一个工作簿最多可以包含 255 个工作表。每个工作表由 256 列和 65 536 行构成。每列用字母标识，从 A、B、…、Z、AA、AB、…、BA、BB、…到 IV，称作列标。每行用数字标识，1～65 536，称作行标。

2. 单元格

每个行列交叉分成的格子称为单元格(Cell)。单元格是工作表最基本的存储数据的单元，每个单元格最多保存 32 000 个字符。单元格地址是由行标和列标组成的，例如 D8，就代表了第 D 列与第 8 行相交处的那个单元格。

3. 当前工作簿、当前工作表、当前单元格

在 Excel 2003 中，可以同时打开多个工作簿，但是只有一个正在操作的工作簿，称为当前工作簿或活动工作簿；每个工作簿也只有唯一的为用户正在操作的工作表，称为当前工作表或活动工作表；每个工作表只有唯一的为用户正在处理的单元格，称为当前单元格或活动单元格。

4.2　工作表的管理

Excel 2003 的工作簿中包含有若干个工作表,使用这些工作表可以扩大数据处理的能力,也可以使多表格的数据处理更加方便。

4.2.1　工作表操作

1. 工作表的切换和移动

单击工作表标签按钮就能实现工作表之间的切换,被选中的工作表称为当前工作表,即 Excel 窗口当前显示的工作表。

移动工作表可以选中工作表选项卡,拖动鼠标到适合位置。

工作簿中工作表选定的方法如表 4-2 所示。

表 4-2　工作表的选定方法

选 定 区 域	选 定 方 法
单张工作表	单击工作表标签
两张以上相邻的工作表	选定第一张工作表,按住 Shift 键再单击最后一张工作表
两张以上不相邻的工作表	选定第一张工作表,按住 Ctrl 键再单击其他的工作表
工作簿中所有的工作表	右击工作表标签,选定快捷菜单中的"选定全部工作表"命令

2. 工作表的插入、重命名与删除

工作表的插入、重命名与删除可以在工作表标签处右击操作。

(1) 插入工作表

方法一:选择菜单栏中"插入"菜单的"工作表"命令。

方法二:右击工作表标签,弹出工作表标签快捷菜单,如图 4-3 所示,选择"插入"命令,在弹出的"插入"对话框中选择"工作表",如图 4-4 所示。

(2) 重命名工作表

工作表建立之后,Excel 默认以 Sheet 命名,为了方便管理数据,可以重新命名,在如图 4-3 所示的快捷菜单项中单击"重命名"项或双击工作表标签,输入新工作表名"工资表",结果如图 4-5 所示。

图 4-3　工作表操作快捷菜单

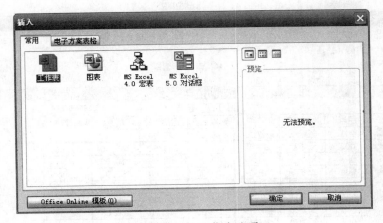

图 4-4　插入工作表选项

图 4-5　改名后的工作表标签

（3）删除工作表

删除工作表一定要明确工作表中的数据确实需要删除，在如图 4-3 所示的快捷菜单中单击"删除"命令。

3．工作表的复制

要复制整个工作表中的数据，在整个工作表按钮处（行 1 列 A 交叉处）单击选择整个表格，用"复制"和"粘贴"来操作。

也可以为工作表建立副本，如图 4-6 所示的复选框。从弹出菜单中选择"移动或复制工作表"，如果选中对话框下方的复选框"建立副本"，就会在目标位置复制一个相同的工作表。否则工作表将被移动到不同位置。

图 4-6　整个工作表的复制

4．冻结与拆分窗口

（1）拆分窗口

① 利用窗口菜单操作。选中工作表窗口的某行（列），选择"窗口"菜单下的"拆分"命令，即可将当前整个窗口拆分为上下（左右）两个区域，然后在每一个窗口中分别浏览到同一工作表中不同区域的数据。

如果选中工作表中某个单元格，再执行拆分窗口操作，即可将窗口拆分为四个区域。如单击 D6 单元格进行拆分窗口，如图 4-7 所示，结果如图 4-8 所示。

② 利用拆分按钮操作。在已经拆分的窗口中，拖动拆分线即可调整拆分的位置：用

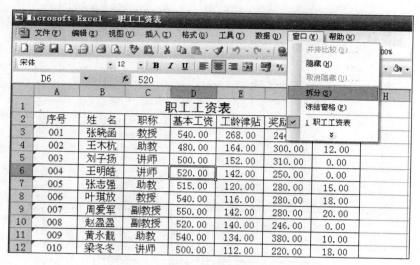

图 4-7　拆分窗口

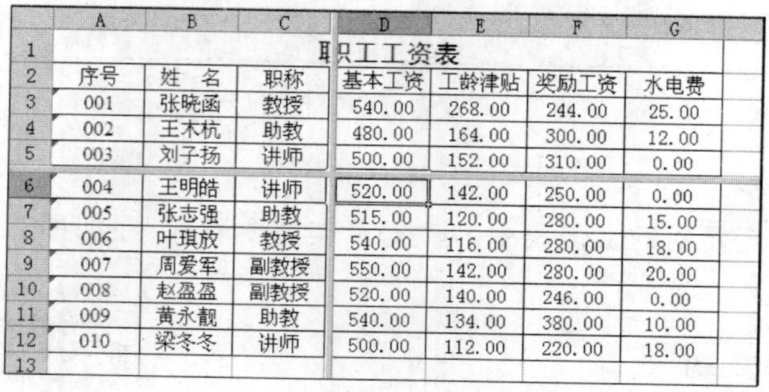

图 4-8　已拆分的窗口

鼠标将水平(垂直)拆分标记拖曳到合适位置即可;双击水平拆分线或垂直拆分线即可取消窗口的拆分。

　　(2)冻结窗格

　　冻结的作用是固定单元格(如表头)不使其滚动;限制对某些单元格进行操作。

　　① 冻结窗格。单击表头下第一行的单元格,如图 4-9 所示单击 C3 单元格,执行"窗口"菜单下的"冻结窗格"命令即可。窗格冻结后,页面中有一条水平向右延伸的细实线和垂直的细实线显示,如图 4-10 所示。当拖动垂直滚动条或者水平滚动条时表头(标题行)、A 列和 B 列固定不动,其他行和列的数据随之滚动。

　　② 冻结单元格。让部分单元格可以改动,部分不可以改动。选中整个工作表,选择"格式"菜单中的"单元格"子菜单中的"保护"命令,取消"锁定、隐藏"前面的"√";选中不可以改动的单元格,选择"格式"菜单下的"单元格"中的"保护"选项中的"锁定"前面的"√";选择"工具"菜单中的"保护"子菜单中的"保护工作表"命令,单击"确定"按钮。

图 4-9　设置冻结窗格

	A	B	C	D	E	F	G	H
1				职工工资表				
2	序号	姓　名	职称	基本工资	工龄津贴	奖励工资	水电费	
3	001	张晓函	教授	540.00	268.00	244.00	25.00	
4	002	王木杭	助教	480.00	164.00	300.00	12.00	
5	003	刘子扬	讲师	500.00	152.00	310.00	0.00	
6	004	王明皓	讲师	520.00	142.00	250.00	0.00	
7	005	张志强	助教	515.00	120.00	280.00	15.00	
8	006	叶琪放	教授	540.00	116.00	280.00	18.00	
9	007	周爱军	副教授	550.00	142.00	280.00	20.00	
10	008	赵盈盈	副教授	520.00	140.00	246.00	0.00	
11	009	黄永靓	助教	540.00	134.00	380.00	10.00	
12	010	梁冬冬	讲师	500.00	112.00	220.00	18.00	
13								

图 4-10　已冻结窗格

4.2.2　数据的输入及编辑

1. 单元格的选取

单元格的选取是单元格操作中的常用操作之一,它包括单个单元格选取、多个连续单元格的选取和多个不连续单元格的选取。

(1) 选取单个单元格

单个单元格的选取即单元格的激活。除了用鼠标、键盘上的方向键外,使用"编辑"菜单中的"定位"命令,在对话框中输入单元格地址(如 A5),或者在名称框中输入单元格地址,也可选取单个单元格。

(2) 选取多个连续的单元格

鼠标拖曳可使多个连续单元格被选取,或者用鼠标单击要选择区域的左上角单元格,按住 Shift 键再单击右下角单元格。选取多个连续单元格的特殊情况如表 4-3 所示。

表 4-3　选取多个连续单元格操作列表

选择区域	方　　法	选择区域	方　　法
整行(列)	单击工作表相应的行(列)标	相邻行或列	鼠标拖曳行号或列标
整个工作表	单击工作表左上角行列交叉的按钮		

（3）选取多个不连续的单元格

用户可选择一个区域,再按住 Ctrl 键,然后选择其他区域。在工作表中任意单击一个单元格即可清除单元格区域的选取。

2. 数据的输入

在 Excel 中需要根据内容的类型选择相应的输入方法,说明如下。

（1）输入文本

Excel 单元格中的文本包括文字或字母以及数字、空格和非数字字符的组合。输入文本时,文本出现在活动单元格的编辑栏中,按 Backspace 键可以随时删除插入点左边的字符。输入完毕后,单击编辑栏中的"√"(输入)按钮,或者按键盘上的回车键、Tab 键以及箭头键,输入的内容将显示在活动单元格中。

当前单元格输入完毕后,可以用下列方法离开当前单元格。

- 按回车键移动到下一个单元格；
- 按 Tab 键移动到右边的单元格；
- 按方向键,可向任意方向移动；
- 按"√"(输入)按钮。

有时,需要把一个数字作为字符来使用,例如,编码、学号和身份证号码等。只要在输入时加上一个单引号(如'09001),Excel 就会把该数字作为字符处理,在单元格中默认左对齐。

（2）数值型数据输入

在 Excel 中,数字只可以为下列字符：

0　1　2　3　4　5　6　7　8　9　＋　－　（　）　,　/　$　%　.　E　e

Excel 将忽略数字前面的正号"＋",并将单个句点视作小数点。所有其他数字与非数字的组合均作为文本处理。输入分数时,在分数前输入"0"(零)和空格,如输入"0 1/3"。输入负数时,在负数前输入减号"－",或将负数置于括号()中。在默认状态下,所有数字在单元格中默认右对齐。

如输入的数值超出单元格的宽度,Excel 自动以科学记数法表示。无论显示的数字的位数如何,Excel 都只保留 15 位的数字精度。如果数字长度超出了 15 位,Excel 则会将多余的数字位转换为零。

（3）日期和时间型数据

有时单元格中输入数值,而 Excel 识别为日期,可以通过"格式"菜单中的"单元格…"

菜单中的"数字"菜单中的"日期"设置日期格式,而且默认为 1900 日期系统,此时也可以通过"工具"菜单中的"选项"命令中的"重新计算"选项卡,选择 1904 日期系统。

① 日期格式。输入日期的格式有多种,Excel 都可以识别并转变为默认的日期格式。可以用破折号、斜杠、文本的组合来输入,如 10-12-09,10-12-2009,10/12/09,10/12/2009,12-OCT-09。

② 时间格式。当在工作表中输入时间时,在小时、分、秒之间使用":"分隔开。如果输入的时间格式与设置的不同,Excel 会自动把输入的时间更改成设置的格式。当输入一个 12 小时制的时间时,Excel 会默认为 AM 上午,即当输入"7:15",任何引用这个单元格的公式都会把该时间默认为 7:15 AM。此外,编辑栏中显示输入的 24 小时制的时间。例如,当输入 7:30 PM,在编辑栏中显示 19:30。

③ 插入当前日期和时间。在单元格中插入当前的日期,可以按 Ctrl+;(分号)键。在单元格中插入当前的时间,可以按 Ctrl+:(冒号)键。

3. 数据的编辑

(1) 修改数据

在 Excel 中,修改数据有两种方法:①在编辑栏修改,只须先选中要修改的单元格,然后在编辑栏中进行相应修改,按"√"确认修改,按"×"或 Esc 键放弃修改,这种方法适合较多内容和公式的修改;②直接在单元格修改,双击单元格后在单元格中修改,这种方法适合较少内容的修改。

(2) 删除数据

在 Excel 中数据的删除有两个概念:数据的清除和数据的删除。若删除了单元格,Excel 将从工作表中移去这些单元格,并调整周围的单元格填补删除后的空缺;若清除单元格,则只是删除了单元格中的内容(公式和数据)、格式(包括数字格式、条件格式和边界)或批注,但是空单元格仍然保留在工作表中。

① 数据的清除。先选定需要清除的单元格、行或列,在"编辑"菜单上,指向"清除",再单击"全部"、"格式"、"内容"或"批注"。

若选定单元格后按 Delete 或 Backspace 键,将只清除单元格中的内容,而保留其中的批注和单元格格式。

若清除了某个单元格,将删除其中的内容、格式、批注或全部三项。此时,清除后的单元格值为 0(零)。因此,对该单元格进行引用的公式将接收到一个零值。

② 数据的删除。数据删除针对的是单元格,删除后选取的单元格连同里面的内容从工作表中消失。

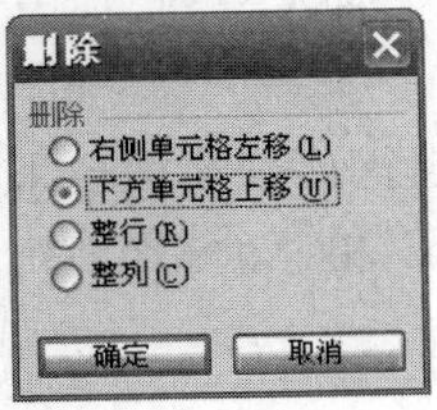

先选定需要删除的单元格或一个区域后,选择"编辑"菜单中的"删除"命令,弹出"删除"对话框,如图 4-11 所示,周围的单元格将移动并填补删除后的空缺。

(3) 移动数据

方法一:鼠标操作。移动工作表数据最快的方法是使用拖放功能。将鼠标指针移到需要移动的单元格边界位置;待鼠标指针变

图 4-11 "删除"对话框

成四个箭头形状后拖动鼠标到新的位置。

方法二：剪贴板操作。用剪贴板移动数据与 Word 中剪贴板移动方法雷同，不再赘述。

（4）复制数据

复制数据与 Word 中复制方法雷同，不再赘述。

其中选择性粘贴是可以选择粘贴选项，其方法是首先选择需要复制的单元格区域；其次选择"编辑"菜单中的"复制"命令，或者按 Ctrl＋C 键；最后选择目标区域的第一个单元格，选择"编辑"菜单中的"选择性粘贴"命令，打开如图 4-12 所示的对话框；选择合适的选项，单击"确定"按钮。

4. 插入单元格、行、列

（1）插入单元格

选择"插入"菜单中的"单元格"命令或用右键快捷菜单操作，打开如图 4-13 所示的对话框；选择合适的选项，单击"确定"按钮。

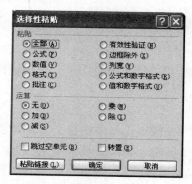

图 4-12 "选择性粘贴"对话框

图 4-13 "插入"对话框

（2）插入行

选中目标位置，选择"插入"菜单中的"行"命令。则在当前位置前插入空行，已存在的行向下移动。如在表 4-1 最后增加一行：平均，以求得各项的平均值。

（3）插入列

选中目标位置，选择"插入"菜单中的"列"命令。则在当前位置前插入空列，已存在的列向右移动。如在表 4-1"职工工资表"中"工龄津贴"列前插入一列"岗位津贴"，分别输入：210,230,200,215,240,220,250,200,200,210。在"水电费"列前插入一列"应发工资"，在"水电费"列后插入"实发工资"列。

注释：要插入多行（列），选定多行（列），单击命令选项后则在选定行（列）前面插入若干行（列）。例如，要插入三个新行（列），需要选择三行（列）。要插入不相邻的行（列），请按住 Ctrl 键同时选择不相邻的行（列）。

（4）插入批注

选中某单元格，选择"插入"菜单下的"批注"命令，可以在弹出的文本框中输入批注文字，

大学信息技术基础

并可以通过"工具"菜单下的"选项"子菜单中的"视图"选项卡,选择显示或者隐藏批注内容。

5．删除单元格、行、列

（1）删除单元格

选中要删除的单元格或区域；选择"编辑"菜单中的"删除"命令，或者使用快捷菜单，如图 4-14 所示，打开如图 4-15 所示的对话框；选择合适的选项，单击"确定"按钮。

张晓函	教授	540.00	268.00	244.00
王木杭	助教	480.00	164.00	300.00
刘子扬	讲师	500.00	158.00	310.00
王明皓	讲师			250.00
张志强	助教			280.00
叶琪放	教授			280.00
周爱军	副教			280.00
赵盈盈	副教			246.00
黄永靓	助教			380.00
梁冬冬	讲师			220.00

快捷菜单内容：剪切(T)、复制(C)、粘贴(P)、选择性粘贴(S)...、插入(I)...、删除(D)...、清除内容(N)、插入批注(M)、设置单元格格式(F)...

图 4-14　"删除"快捷菜单　　　　　　　图 4-15　"删除"对话框

（2）删除行

单击要删除的行号，选择"编辑"菜单中的"删除"命令并确定，被选中的行将从工作表中消失，下面的行向上移动。

（3）删除列

单击要删除的列标，选择"编辑"菜单中的"删除"命令并确定，被选中的列将从工作表中消失，右边的列向左移动。

注释：

① 按 Delete 键只删除所选单元格的内容，而不会删除单元格本身。

② Excel 通过调整单元格的引用以反映它们的新位置来使公式保持更新。但是，如果公式中引用的单元格已被删除，将显示错误值♯REF！。

4.2.3　数据序列的填充

Excel 具有数据的自动填充功能，当输入一些有规律的数据时，利用该功能将节约大量时间。

1．输入相同数据

（1）同时在多个单元格中输入相同数据

方法一：按下 Ctrl 键，用鼠标逐个单击要输入数据的单元格（可以是相邻的，也可以是不相邻的）；输入数据，数据出现在选中的最后一个单元格中（例如 ABC），然后按 Ctrl＋Enter 键，所有选中的单元格中都会出现相同的数据（ABC）。

方法二：选择一个起始单元格，输入一个数据；按住鼠标左键拖动该单元格矩形框右下角的操作柄,鼠标变成"十"字形,拖到所有要填充数据的单元格区域即可;选择"编辑"菜单中的"填充"命令,弹出"填充"级联菜单。从级联菜单中根据需要选择"向上填充"、"向下填充"、"向左填充"以及"向右填充"等命令。

（2）同时在多张工作表中输入或编辑相同的数据

按 Ctrl 键,用鼠标逐个单击要输入数据的工作表标签（例如 Sheet1 和 Sheet3）,在 Excel 标题栏中提示"工作组"。在第一个选定的单元格中输入或编辑相应的数据,Excel 将自动在所有选定工作表的相应单元格中进行相同的操作。

2. 输入序列类数据

Excel 可以输入等差序列、等比序列、日期序列等。

（1）序列

在某单元格输入一个值作为序列中的初始值;选中含有初始值的单元格区域;选择"编辑"菜单中的"填充"命令,从级联菜单中选择"序列"命令,打开如图 4-16 所示的"序列"对话框;选择"序列产生在"及"类型"的选项,设置合适的"步长值"及"终止值",单击"确定"按钮就可以产生一个序列。

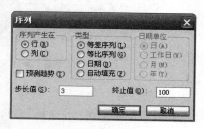

图 4-16 "序列"对话框

（2）自动填充序列

根据第一个单元格的数值决定填充项,如果初始值的第一个字符是文字,后面跟数字,拖动填充句柄,则每个单元格填充的文字不变,数字递增。若初始值为 Excel 预设的自动填充序列中的一员,按预设序列填充。如初值为甲,自动填充乙、丙、丁……。

3. 自定义序列

用户也可以存储自己设置的一组自定义数据项作为"自动填充"序列。若在工作表中已经输入了数据序列,可以选择该数据序列;否则,选择"工具"菜单中的"选项"命令,选择"自定义序列"选项卡,如图 4-17 所示;打开"自定义序列"选项卡,单击"添加"

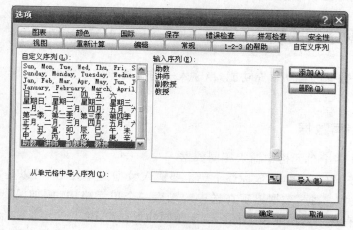

图 4-17 "自定义序列"选项卡

按钮,光标跳到"输入序列"文本框;输入新的序列项,在每项末尾按回车键进行分隔。输入完毕后单击"添加"按钮,再单击"确定"按钮关闭对话框。如输入序列:助教,讲师,副教授,教授。

通过右边的"删除"按钮可以删除选定的自定义序列,也可以通过"导入"按钮从单元格中导入序列。

4. 设置有效性

在单元格内输入数据时,有时需要对输入数据加以限制,如成绩一般满分为 100 分,其值只能为 0～100,为了防止输入无效数据,可以通过设置数据的有效性来实现。选定需要限制其有效数据范围的单元格,如选中水电费列数据 I3：I12;单击"数据"菜单中的"有效性"命令,打开如图 4-18 所示的"数据有效性"对话框,并选择"设置"选项卡;选择合适的选项,单击"确定"按钮。

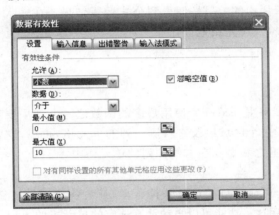

图 4-18 "数据有效性"对话框

4.2.4 公式和函数

函数是某种运算关系的表示。Excel 2003 中提供了大量内置标准函数,使用这些函数可以直接获得运算结果。当然,在使用这些函数时,用户必须按要求给出所需的参数。参数可以是键盘输入的数值,也可以是某单元格地址。

公式是指由值、单元格引用、名字、函数或运算符组成的算术式子。它存在于某单元格中,并从输入的参数中计算产生一个新值,显示在该单元格的位置。公式一般由用户自行定义。

一个具体的数值可以看成是一个特殊的公式,即只有一个常数的公式。

1. 公式

使用公式计算可以将一些计算简单化或自动化,使用公式前必须先在单元格中输入公式,即描述相应的运算关系。

（1）运算符

在公式中使用运算符有四种：数学运算符、比较运算符、文本运算符和引用运算符。

- 数学运算符：加号"＋"、减号"－"、乘号"＊"、除号"／"、乘方"＾"等；运算的顺序遵循数学的计算规则，如先乘除后加减等。
- 比较运算符：＝，＞，＜，＞＝（大于等于），＜＝（小于等于），以及＜＞（不等于），结果有两种：TRUE 或者 FALSE。
- 文本运算符：& 用于连接两段文本以便产生一段连续的文本。
- 引用运算符：冒号"："、空格和逗号"，"等。

运算符的优先级从高到低是：()、＊、／、＋、－、&、比较运算符。运算优先级相同的，按照从左到右的顺序计算。

（2）输入公式

在要输入公式的单元格如"工资表"中 H3 单元格中输入"＝D3＋E3＋F3＋G3"；按回车键，或者单击编辑栏中的"√"按钮得到公式运算结果。在输入公式过程中也可以用鼠标单击单元格代替输入单元格地址。

2. 公式运算

（1）自动求和

自动求和函数 SUM 是 Excel 中使用最多的函数之一。如果要对一个区域中各行数据分别求和，可以选择这个区域以及它右侧一列的单元格，再单击"常用"工具栏的"自动求和"按钮，则各行数据之和显示在右侧一列的单元格中。

（2）自动计算

在状态栏上右击，可显示自动计算快捷菜单，或者使用工具按钮，如图 4-19 所示，设置自动计算功能。利用这一功能可以自动计算选定的单元格的求和、平均值、最小值、最大值、计数等。如在 H3 单元格使用自动计算 SUM，则在单元格中出现"＝SUM(D3:G3)"，按回车键。

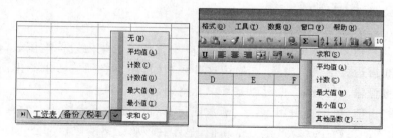

图 4-19　自动计算快捷菜单及工具按钮

3. 复制公式

对于大多数序列，都可以使用自动填充功能来进行操作，在 Excel 中便是使用"填充句柄"来自动填充。所谓句柄，是位于当前活动单元格右下方的黑色方块，用鼠标拖动它进行自动填充。

如选定 H3 单元格，将鼠标指向 H3 单元格的填充句柄，鼠标变成一个黑色的“十”字，按住鼠标左键，向下拖动鼠标到 H12 单元格，释放鼠标。结果如图 4-20 所示。

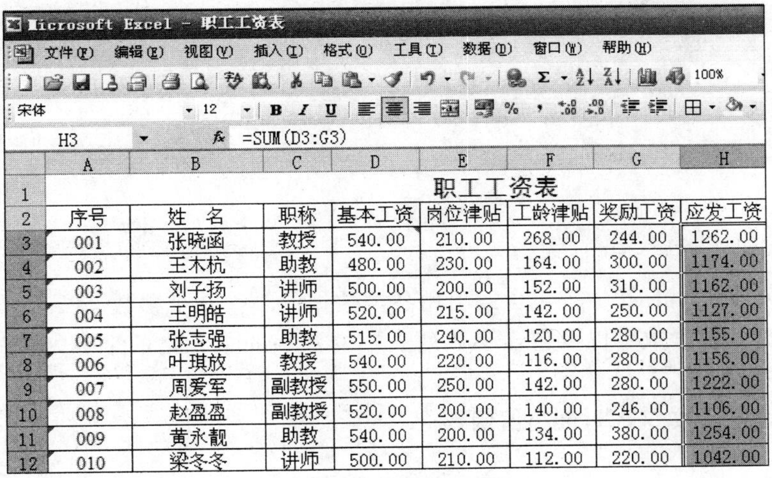

	A	B	C	D	E	F	G	H
1	职工工资表							
2	序号	姓　名	职称	基本工资	岗位津贴	工龄津贴	奖励工资	应发工资
3	001	张晓函	教授	540.00	210.00	268.00	244.00	1262.00
4	002	王木杭	助教	480.00	230.00	164.00	300.00	1174.00
5	003	刘子扬	讲师	500.00	200.00	152.00	310.00	1162.00
6	004	王明皓	讲师	520.00	215.00	142.00	250.00	1127.00
7	005	张志强	助教	515.00	240.00	120.00	280.00	1155.00
8	006	叶琪放	教授	540.00	220.00	116.00	280.00	1156.00
9	007	周爱军	副教授	550.00	250.00	142.00	280.00	1222.00
10	008	赵盈盈	副教授	520.00	200.00	140.00	246.00	1106.00
11	009	黄永靓	助教	540.00	200.00	134.00	380.00	1254.00
12	010	梁冬冬	讲师	500.00	210.00	112.00	220.00	1042.00

图 4-20　自动填充界面

4. 常用函数

Excel 的函数有 200 多个，分为财务、统计、文字、逻辑、查找与引用、日期与时间、数学、信息与三角函数等类型。函数的语法形式为“函数名称(参数 1，参数 2，…)”，其中参数可以是常量、单元格引用、名称或其他函数。

输入函数有两种方法：一是利用粘贴函数对话框操作，二是直接在单元格中输入公式和函数。

下面介绍常用的函数：

(1) 求和函数 SUM

语法：

```
SUM(number1,number2,…)
```

参数：number1，number2…为 1～30 个数值(包括逻辑值和文本表达式)、区域或引用，各参数之间必须用逗号加以分隔。

注意：参数中的数字、逻辑值及数字的文本表达式可以参与计算，其中逻辑值被转换为 1，文本则被转换为数字。

(2) 平均值函数 AVERAGE

语法：

```
AVERAGE(number1,number2,…)
```

参数：number1，number2…是需要计算平均值的 1～30 个参数。

注意：参数可以是数字、包含数字的名称、数组或引用。

功能：返回参数中数值的平均值。

（3）逻辑函数 IF

语法：

```
IF(logical_test,value_if_true,value_if_false)
```

参数：logical_test 是结果为 true（真）或 false（假）的数值或表达式；value_if_true 是 logical_test 为 true 时函数的返回值，否则返回 value_if_false 的值。

（4）计数函数 COUNT

语法：

```
COUNT(value1,value2,…)
```

参数：value1,value2…是包含或引用各类数据的 1～30 个参数。

功能：返回包含数字以及包含参数列表中的数字的单元格的个数，但是只有数字类型的数据才被计算。

（5）最大值函数 MAX，最小值函数 MIN

语法：

```
MAX(number1,number2,…),MIN(number1,number2,…)
```

参数：number1,number2…是需要找出最大值（最小值）的 1～30 个数值、数组或引用。

功能：返回一组数的最大数或者最小数。

注释：若计算时单元格中出现如 #VALUE! 表示值不存在，#NAME？表示没有所用的函数，#DIV/0 表示除数为 0。一串"#"时，说明单元格内数据长度大于单元格的显示宽度。

4.2.5　单元格引用

1. 单元格地址

当选中一个单元格时，它的地址会显示在名称框里。单元格的地址表示有相对地址与绝对地址两种。

（1）相对地址

在 Excel 中，一般是使用相对地址来引用单元格的位置。所谓相对地址是指当把一个含有单元格地址的公式复制到一个新的位置或者在一公式填入一个范围时，公式中的单元格地址会随着改变，通过行号＋列号来指定单元格的相对坐标，如 B2，E8 等。

（2）绝对地址

指定在公式的复制或者填入到新位置时，使哪些固定单元格地址保持不变。在 Excel 中，是通过对单元格地址的"冻结"来达到此目的，绝对坐标只需在行、列号前加上"＄"，如＄B＄2 等。

2. 相对引用单元格

在创建公式时，单元格的引用通常是相对于包含公式的单元格的相对位置。在复制公式时，Excel 将自动调整复制公式的引用，以便引用相对于当前公式位置的其他单元格。例如：单元格 C2 公式＝A2＋B2，当公式复制到单元格 C3 时，其中的公式改为＝A3＋B3。

在单元格 D13 中输入公式“＝AVERAGE(D3:D12)”，按回车键后可得计算结果，如图 4-21 所示；复制 D13 单元格（即复制公式）；选中 E13 单元格，将公式粘贴过来，Excel 同样可以得到该列的计算结果。其他的计算可以类推。

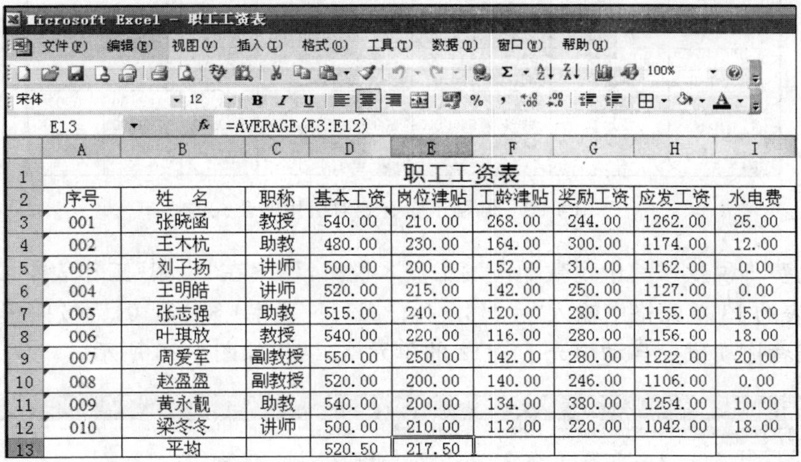

	A	B	C	D	E	F	G	H	I
1	职工工资表								
2	序号	姓　名	职称	基本工资	岗位津贴	工龄津贴	奖励工资	应发工资	水电费
3	001	张晓函	教授	540.00	210.00	268.00	244.00	1262.00	25.00
4	002	王木杭	助教	480.00	230.00	164.00	300.00	1174.00	12.00
5	003	刘子扬	讲师	500.00	200.00	152.00	310.00	1162.00	0.00
6	004	王明皓	讲师	520.00	215.00	142.00	250.00	1127.00	0.00
7	005	张志强	助教	515.00	240.00	120.00	280.00	1155.00	15.00
8	006	叶琪放	教授	540.00	220.00	116.00	280.00	1156.00	18.00
9	007	周爱军	副教授	550.00	250.00	142.00	280.00	1222.00	20.00
10	008	赵盈盈	副教授	520.00	200.00	140.00	246.00	1106.00	0.00
11	009	黄永靓	助教	540.00	200.00	134.00	380.00	1254.00	10.00
12	010	梁冬冬	讲师	500.00	210.00	112.00	220.00	1042.00	18.00
13		平均		520.50	217.50				

图 4-21　在公式中使用了相对引用

由于公式从 D13 复制到 E13，即位置向右移动了一列，因此公式中的相对引用地址也相应改变为＝AVERAGE(E3:E12)。

3. 绝对引用单元格

在复制单元格时，若不想使单元格的引用随着公式位置的改变而改变，则需要使用绝对引用。对于 A1 单元格而言，如果在列标和行号前面均加上 $ 符号，则代表绝对引用单元格。

例如，把单元格 D13 的公式改为＝AVERAGE($D$3:$D$12)，然后将公式复制到 E13 单元格时，结果如图 4-22 所示，则 E13 的公式是＝AVERAGE($D$3:$D$12)，结果是一样的。

4. 混合引用单元格

单元格的混合引用是指公式中参数的行和列采用不同相对地址或者绝对地址如 $B5，B$5。当复制公式时，公式中相对地址部分会变化，绝对地址部分则不会变化。使用哪种地址表示单元格要依据表格将要变化的情况而定。

5. 实例

结合表 4-1 的数据完成单元格的引用及其复制公式，计算实发工资（实发工资＝应发

图 4-22　粘贴了含有绝对引用的公式

工资－水电费－税款),其中税款＝应发工资×税率,税率在"税率"工作表中 D10 单元格中,在工资表的 J3 单元格中输入"＝H3－I3－(H3 * 税率!＄D＄10)",按回车键,再通过公式复制或者拖动鼠标自动填充 J4:J12 的单元格,结果如图 4-23 所示。

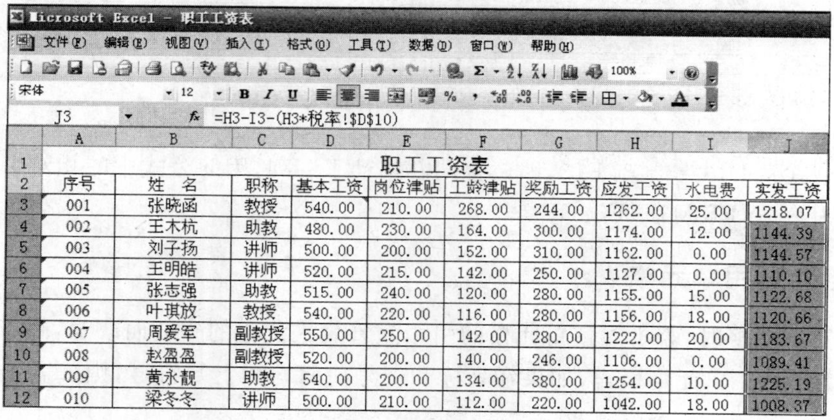

图 4-23　计算结果

4.3　工作表格式化

4.3.1　自定义格式化

选择"格式"菜单中的"单元格…"命令弹出对话框,如图 4-24 所示。

1. 设置数字格式

在"单元格格式"对话框的"数字"选项卡中,"分类"框中可以看到 11 种内置格式。其

中："常规"数字格式是默认的数字格式。除此还有"会计专用"、"日期"、"时间"、"分数"、
"科学记数"、"文本"和"特殊"，如图4-24所示。

　　还可以选择自定义格式，如图4-25所示，选择需要格式化的单元格或区域，然后选择
合适的工具。通过单击"货币样式"，"百分比样式"，"千位分隔符"，"增加小数位数"，"减
少小数位数"按钮，可以使选择区域设置不同的样式。

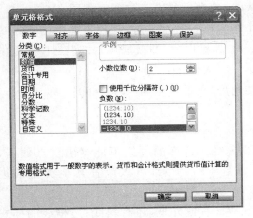

图4-24　设置数字格式对话框

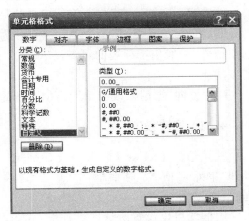

图4-25　自定义数字格式对话框

2．字体的设置

　　字体格式的设置与Word类似，在此不再赘述。Excel中字体的字号单位是磅。

3．对齐的设置

　　默认情况下，Excel根据输入的数据自动调整数据的对齐格式，如文本内容左对齐、
数值内容右对齐等。用户也可以根据需要自己设置单元格的对齐格式，打开"单元格格
式"对话框的"对齐"选项卡，如图4-26所示。

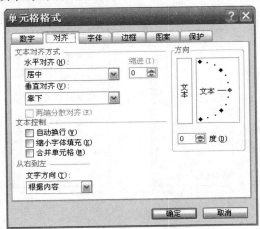

图4-26　"对齐"选项卡

①"水平对齐"列表框：包括常规、靠左、居中、靠右、填充、两端对齐、跨列居中、分散对齐。

②"垂直对齐"列表框：包括靠上、居中、靠下、两端对齐、分散对齐。

"文本控制"下面的三个复选框用来解决单元格中内容较长的情况。

①"自动换行"对输入的文本根据单元格列宽自动换行；

②"缩小字体填充"减小单元格中的字符大小，使数据的宽度与列宽相同；

③"合并单元格"将多个单元格合并为一个单元格，和"水平对齐"列表框中的"居中"选项结合，一般用于标题的对齐显示。在"格式"工具栏中"合并及居中"按钮 直接提供了该功能。

④"方向"框用来改变单元格中文本的旋转角度，角度范围为 $-90°\sim90°$。

4. 边框的设置

默认情况下，Excel 的表格线都是统一的淡虚线。这样的边线不能突出重点数据，打开"单元格格式"对话框的"边框"选项卡，如图 4-27 所示，可以设置其他类型的边框线。

边框线可以设置所选区域各单元格的上、下、左、右或外框，还有斜线；边框线的样式有点虚线、实线、粗实线、双线等，在"样式"框中进行选择；在"颜色"列表框中可以选择边框线的颜色。

边框线也可以通过"格式"工具栏的"边框"按钮来设置，包含有 12 种不同的边框线。

5. 图案设置

选择要改变底色的单元格或区域；单击"格式"菜单的"单元格…"命令，打开"单元格格式"对话框；在对话框中打开"图案"选项卡，如图 4-28 所示，从中选择适当的颜色作为底纹，也可以选择"图案"列表框设置不同的图案，单击"确定"按钮。

图 4-27　"边框"选项卡

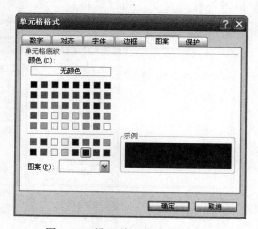

图 4-28　设置单元格底色调色板

　　　　大学信息技术基础

4.3.2 其他格式的设置

1. 调整单元格列宽和行高

根据格式设置的需要,使用鼠标或菜单命令来改变列宽和行高。

(1) 使用鼠标调整列宽(行高)

当鼠标指针指向该列标头的右边框上,鼠标指针变成一个水平的双向箭头,按住鼠标左键向左或向右进行拖动至所需的列宽;将鼠标指针指向该行标头的下边框上,鼠标指针变成一个垂直的双向箭头;向下(上)拖动鼠标,可加大(减小)行高。

(2) 精确地设置列宽(行高)

选择"格式"菜单中的"列"/"行"菜单中的"列宽"/"行高"命令,打开对话框,可以精确地设置列宽(行高),如图 4-29 和图 4-30 所示,输入合适的数值,单击"确定"按钮。

图 4-29 "列宽"对话框　　　　　　图 4-30 "行高"对话框

注释:用鼠标在列标(或行号)边界处双击,可以自动调整列宽(或行高)为仅适应该列(或行)中最大文字的大小。Excel 行高所使用单位为磅(1cm＝28.35 磅),列宽使用单位为 1/10 英寸(即 1 个单位为 2.54mm)。默认行高为 14.25(19 像素),默认列宽为 8.38(72 像素)。

2. 自动格式化

Excel 提供了自动套用格式的功能,分别为"简单"、"古典 1"、"古典 2"、"古典 3"、"会计 1"、"会计 2"格式,允许用户从这些预先设置的格式中进行选择套用。

选中相应的单元格区域;选择"格式"菜单中的"自动套用格式"命令,打开如图 4-31 所示的"自动套用格式"对话框;从格式列表框中选择一种类型,单击"选项"按钮可以选择要套用的"数字"、"字体"、"对齐"、"边框"、"图案"和"列宽/行高",单击"确定"按钮。

3. 条件格式化

当需要将某些满足一定条件的单元格指定特别样式显示时,可以设置条件格式化。如在学生成绩中,以特殊格式显示分数高于 90 和低于 60 的单元格,如设置红色字体。该功能使用户快速定位某些区域。

如对表 4-1"职工工资表"的水电费在 0～10 的设置红色字体,按照以下步骤进行:

选中要设置格式的单元格或区域,如选定 I3:I12 区域;选择"格式"菜单中的"条件格式"命令,打开如图 4-32 所示的"条件格式"对话框;单击"单元格数值"选项,选择设置条件,然后在合适的框中输入数值如 0 与 10;单击"格式"按钮,打开"单元格格式"对话框;

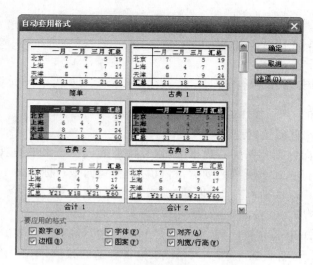

图 4-31 "自动套用格式"对话框

选择要应用的格式,如"字体"菜单的"颜色"选项中设定红色;单击"确定"按钮,结果如图 4-33 所示。单击"添加"可以加入其他条件。通过"删除"可以删除条件格式的设置。

图 4-32 "条件格式"对话框

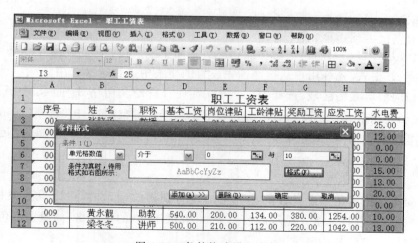

图 4-33 条件格式设置实例

4. 格式刷复制格式

当需要将一个设置好的单元格格式复制到另外的单元格时,可以使用格式刷工具将

—————————— 大学信息技术基础

格式刷（复制）刷到其他的单元格，这样可以避免重复地设置操作。

选择一个设置好格式的样板单元格；单击常用工具栏上的格式刷按钮；在目标单元格上单击鼠标即可完成。

注释：在操作时，单击格式刷按钮，在目标单元格上只能复制一次格式。而双击格式刷按钮，则可以在不同的单元格中（连续）复制多次。

4.4 数据的管理

Excel 不仅提供了制作表格、格式设置等功能，还提供了对数据进行计算、排序、筛选、分类汇总等管理功能。

4.4.1 数据清单

数据清单是 Excel 中一张特殊的工作表，是包含相关数据的一系列工作表数据行，例如学生成绩表或工资表等。数据清单可以像数据库一样使用，其中行表示记录，列表示字段。数据清单的第一行中含有列的标记——每一列中内容的名称，表明该列中数据的实际意义，例如工资表中的"基本工资"表明该列中的数据为"基本工资"的值。

4.4.2 使用记录单

数据记录单是一个对话框，利用它可以很方便地在数据清单中输入、编辑或显示一行完整的信息或记录，也可以利用数据记录单查找和删除记录。

在使用数据记录单向新的数据清单中添加记录时，数据清单每一列的顶部必须具有列标。Excel 2003 使用这些列标创建记录单上的字段。

在"职工工资表"中建立数据记录单，用户可以通过选定 B2：H12 单元格，选择"数据"菜单中的"记录单"命令，就会打开如图 4-34 所示的对话框，用户就可以对记录单进行新建、删除、查找等操作。

图 4-34　记录单对话框

4.4.3 数据排序

Excel 通常以列为方向的顺序，按照数据表的各列的数据进行排序。

1. 简单数据排序

只按照一列数据进行的排序称为简单排序。在数据表中选中某一单元格，单击"常用"工具栏中的"升序"⚡️或"降序"⚡️按钮,则按照该列列标排序。

2. 复杂数据排序

当简单排序不能满足要求,如将职工工资表按"基本工资"的升序进行排序,若基本工资相同时再按照"实发工资"升序排列,可按照如下步骤实现:

选择数据表中的区域,如选定 A2:J12 单元格;单击"数据"菜单中的"排序"命令,打开图 4-35 所示的对话框;设置"主要关键字",如"基本工资";选择"升序"选项确定排序的方式;可以设置"次要关键字"和"第三关键字",它们的作用是在所有第一个关键字相同的数据中,再按第二个关键字顺序排序,然后再按第三个关键字排序,如"实发工资",升序;为了防止标题参与排序,可以选择"我的数据区域"框中的"有标题行"选项;当内容为汉字的列

图 4-35 "排序"对话框

为关键字时,选择按"字母排列"或"笔画排序"的选项;单击"确定"按钮就可以对数据进行排序。排序前后的结果比较如图 4-36 和图 4-37 所示。

	A	B	C	D	E	F	G	H	I	J
1					职工工资表					
2	序号	姓 名	职称	基本工资	岗位津贴	工龄津贴	奖励工资	应发工资	水电费	实发工资
3	001	张晓函	教授	540.00	210.00	268.00	244.00	1262.00	25.00	1218.07
4	002	王木杭	助教	480.00	230.00	164.00	300.00	1174.00	12.00	1144.39
5	003	刘子扬	讲师	500.00	200.00	152.00	310.00	1162.00	0.00	1144.57
6	004	王明皓	讲师	520.00	215.00	142.00	250.00	1127.00	0.00	1110.10
7	005	张志强	助教	515.00	240.00	120.00	280.00	1155.00	15.00	1122.68
8	006	叶琪放	教授	540.00	220.00	116.00	280.00	1156.00	18.00	1120.66
9	007	周爱军	副教授	550.00	250.00	142.00	280.00	1222.00	20.00	1183.67
10	008	赵盈盈	副教授	520.00	200.00	140.00	246.00	1106.00	0.00	1089.41
11	009	黄永靓	助教	540.00	200.00	134.00	380.00	1254.00	10.00	1225.19
12	010	梁冬冬	讲师	500.00	210.00	112.00	220.00	1042.00	18.00	1008.37

图 4-36 数据排序前

	A	B	C	D	E	F	G	H	I	J
1					职工工资表					
2	序号	姓 名	职称	基本工资	岗位津贴	工龄津贴	奖励工资	应发工资	水电费	实发工资
3	002	王木杭	助教	480.00	230.00	164.00	300.00	1174.00	12.00	1144.39
4	010	梁冬冬	讲师	500.00	210.00	112.00	220.00	1042.00	18.00	1008.37
5	003	刘子扬	讲师	500.00	200.00	152.00	310.00	1162.00	0.00	1144.57
6	005	张志强	助教	515.00	240.00	120.00	280.00	1155.00	15.00	1122.68
7	008	赵盈盈	副教授	520.00	200.00	140.00	246.00	1106.00	0.00	1089.41
8	004	王明皓	讲师	520.00	215.00	142.00	250.00	1127.00	0.00	1110.10
9	006	叶琪放	教授	540.00	220.00	116.00	280.00	1156.00	18.00	1120.66
10	001	张晓函	教授	540.00	210.00	268.00	244.00	1262.00	25.00	1218.07
11	009	黄永靓	助教	540.00	200.00	134.00	380.00	1254.00	10.00	1225.19
12	007	周爱军	副教授	550.00	250.00	142.00	280.00	1222.00	20.00	1183.67

图 4-37 数据排序后

4.4.4 数据筛选

数据筛选是指显示表格中满足一定条件的记录(行)。按照筛选条件的复杂程度可以分为"自动筛选"和"高级筛选"。

1. 自动筛选数据

"自动筛选"命令一般用于简单的条件筛选,筛选时将不满足条件的数据暂时隐藏起来,只显示符合条件的数据。

操作方法:在要筛选的数据清单里选定任一单元格;选择"数据"菜单下的"筛选"子菜单的"自动筛选"命令,自动筛选功能在每个列标记右侧插入一个下三角按钮;打开一个下拉列表,如图4-38所示,选择一个分类项(条件),如"讲师",则符合条件的数据就被筛选出,结果如图4-39所示。还可以进一步选择其他的条件以完成组合筛选操作或者自定义筛选。

	A	B	C	D	E	F	G	H	I	J
1					职工工资表					
2	序号	姓　名	职称	基本工	岗位津	工龄津	奖励工	应发工	水电费	实发工
3	001	张晓函	升序排列 降序排列	540.00	210.00	268.00	244.00	1262.00	25.00	1218.07
4	002	王木林		480.00	230.00	164.00	300.00	1174.00	12.00	1144.39
5	003	刘子扬	(全部) (前 10 个...) (自定义...) 副教授	500.00	200.00	152.00	310.00	1162.00	0.00	1144.57
6	004	王明皓	讲师	520.00	215.00	142.00	250.00	1127.00	0.00	1110.10
7	005	张志强	教授 助教	515.00	240.00	120.00	280.00	1155.00	15.00	1122.68
8	006	叶琪放	(空白) (非空白)	540.00	220.00	116.00	280.00	1156.00	18.00	1120.66
9	007	周爱军		550.00	250.00	142.00	280.00	1222.00	20.00	1183.67
10	008	赵盈盈	副教授	520.00	200.00	140.00	246.00	1106.00	0.00	1089.41
11	009	黄永靓	助教	540.00	200.00	134.00	380.00	1254.00	10.00	1225.19
12	010	梁冬冬	讲师	500.00	210.00	112.00	220.00	1042.00	18.00	1008.37

图 4-38　从下拉菜单中选择"讲师"

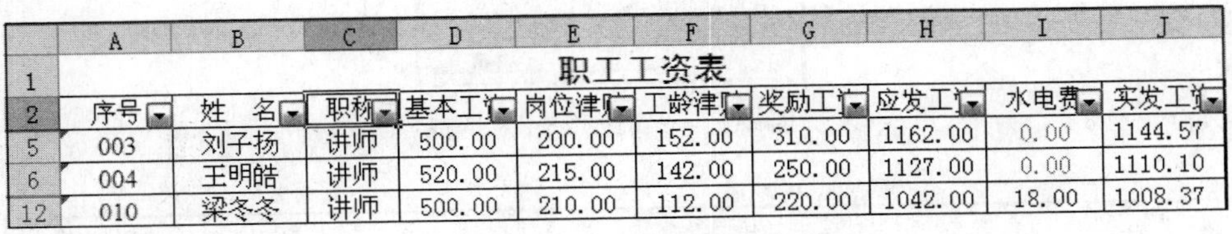

	A	B	C	D	E	F	G	H	I	J
1					职工工资表					
2	序号	姓　名	职称	基本工	岗位津	工龄津	奖励工	应发工	水电费	实发工
5	003	刘子扬	讲师	500.00	200.00	152.00	310.00	1162.00	0.00	1144.57
6	004	王明皓	讲师	520.00	215.00	142.00	250.00	1127.00	0.00	1110.10
12	010	梁冬冬	讲师	500.00	210.00	112.00	220.00	1042.00	18.00	1008.37

图 4-39　自动筛选显示所有的讲师

若取消筛选,通过再次单击"数据"菜单下的"筛选"中的"自动筛选"。显示整张数据表,从选择过的条件的下拉菜单项中选择"(全部)"选项,或者单击"数据"菜单下的"筛选"中的"全部显示"。

2. 高级筛选

使用高级筛选的方法筛选数据的关键在于数据表外的某一区域中设置的条件。条件区域必须具有列标题。请确保在条件值与区域之间至少留有一个空白行。

如要在"职工工资表"中筛选出基本工资大于等于 500 元的讲师,方法如下:

在如图 4-40 所示的数据区域及条件区域,选定区域中的单元格,如选定工资表中的 A2:J12;在"数据"菜单中,指向"筛选",再单击"高级筛选"。弹出如图 4-41 所示的对话框,在"条件区域"编辑框中,输入条件区域的引用,并包括条件标志,如 F17:G18,筛选的结果如图 4-42 所示。

	A	B	C	D	E	F	G	H	I	J
1					职工工资表					
2	序号	姓 名	职称	基本工资	岗位津贴	工龄津贴	奖励工资	应发工资	水电费	实发工资
3	001	张晓函	教授	540.00	210.00	268.00	244.00	1262.00	25.00	1218.07
4	002	王木杭	助教	480.00	230.00	164.00	300.00	1174.00	12.00	1144.39
5	003	刘子扬	讲师	500.00	200.00	152.00	310.00	1162.00	0.00	1144.57
6	004	王明皓	讲师	520.00	215.00	142.00	250.00	1127.00	0.00	1110.10
7	005	张志强	助教	515.00	240.00	120.00	280.00	1155.00	15.00	1122.68
8	006	叶琪放	教授	540.00	220.00	116.00	280.00	1156.00	18.00	1120.66
9	007	周爱军	副教授	550.00	250.00	142.00	280.00	1222.00	20.00	1183.67
10	008	赵盈盈	副教授	520.00	200.00	140.00	246.00	1106.00	0.00	1089.41
11	009	黄永靓	助教	540.00	200.00	134.00	380.00	1254.00	10.00	1225.19
12	010	梁冬冬	讲师	500.00	210.00	112.00	220.00	1042.00	18.00	1008.37
13		平均		520.50	217.50	149.00	279.00	1166.00	11.80	1136.71
14										
15										
16										
17		职称	基本工资			职称	基本工资			
18		讲师				讲师	>=500			
19			>=500							

图 4-40 数据及条件区域

图 4-41 "高级筛选"对话框

	A	B	C	D	E	F	G	H	I	J
1					职工工资表					
2	序号	姓 名	职称	基本工资	岗位津贴	工龄津贴	奖励工资	应发工资	水电费	实发工资
5	003	刘子扬	讲师	500.00	200.00	152.00	310.00	1162.00	0.00	1144.57
6	004	王明皓	讲师	520.00	215.00	142.00	250.00	1127.00	0.00	1110.10
12	010	梁冬冬	讲师	500.00	210.00	112.00	220.00	1042.00	18.00	1008.37

图 4-42 选择在同行的条件筛选的结果

当条件是在同一行表示各条件间是"与"的关系,在不同行表示是"或"的关系。若选择条件区域为 B17:C19 筛选,表示筛选所有讲师或者基本工资大于等于 500 的所有记录,结果如图 4-43 所示。

大学信息技术基础

	A	B	C	D	E	F	G	H	I	J
1	职工工资表									
2	序号	姓　名	职称	基本工资	岗位津贴	工龄津贴	奖励工资	应发工资	水电费	实发工资
3	001	张晓函	教授	540.00	210.00	268.00	244.00	1262.00	25.00	1218.07
5	003	刘子扬	讲师	500.00	200.00	152.00	310.00	1162.00	0.00	1144.57
6	004	王明皓	讲师	520.00	215.00	142.00	250.00	1127.00	0.00	1110.10
7	005	张志强	助教	515.00	240.00	120.00	280.00	1155.00	15.00	1122.68
8	006	叶琪放	教授	540.00	220.00	116.00	280.00	1156.00	18.00	1120.66
9	007	周爱军	副教授	550.00	250.00	142.00	280.00	1222.00	20.00	1183.67
10	008	赵盈盈	副教授	520.00	200.00	140.00	246.00	1106.00	0.00	1089.41
11	009	黄永靓	助教	540.00	200.00	134.00	380.00	1254.00	10.00	1225.19
12	010	梁冬冬	讲师	500.00	210.00	112.00	220.00	1042.00	18.00	1008.37

图 4-43　选择不在同行的条件筛选的结果

若要把筛选的结果复制到工作表的其他位置,单击"将筛选结果复制到其他位置",然后在"复制到"编辑框中输入或选定区域的起始单元格。

4.4.5　数据分类汇总

分类汇总是指先按照某一个字段对记录进行分类,再对各类记录的某些字段进行汇总,这些汇总包括求和、计数、平均值、最大值、最小值等。分类汇总可以使数据简单化,更好地被用户理解。

图 4-44　"分类汇总"对话框

首先对要进行分类的字段进行排序,从而使相同属性的记录排列在一起,如对表 4-1"职工工资表"汇总各职称的人数,可以按照"职称"列升序排列;然后选择"数据"菜单中的"分类汇总"命令,打开如图 4-44 所示的"分类汇总"对话框;单击"分类字段"下拉列表框,选择排序时的关键字段作为分类字段,如"职称";单击"汇总方式"下拉列表框,选择一种汇总方式,如选择"计数";在"选定汇总项"框中提供了汇总的字段名,选择其中字段进行汇总,如"职称";选择汇总结果的显示方式;最后单击"确定"按钮。

汇总后还可以在左窗格中使用数字 1,2,3 对应的折叠与展开按钮观察每一类中的具体数据,如单击数字 2 对应的折叠按钮,结果显示如图 4-45 所示。

1 2 3		A	B	C	D	E	F	G	H	I	J
	1	职工工资表									
	2	序号	姓　名	职称	基本工资	岗位津贴	工龄津贴	奖励工资	应发工资	水电费	实发工资
+	5		副教授　计数	2							
+	9		讲师　计数	3							
+	12		教授　计数	2							
+	16		助教　计数	3							
-	17		总计数	10							

图 4-45　汇总出的"计数"结果

说明:对于已完成的分类汇总,如不需要这些分类汇总的数据,可以在图 4-44 的"分类汇总"对话框中单击"全部删除"按钮,数据表即可回到分类汇总前的状态。

4.5　数　据　图　表

Excel 除了提供强大的数据处理功能外,还提供了丰富的图表制作功能,将数据以图形的方式表现出来,使数据间的关系更直观,更能说明数据之间的关系,有助于分析和理解数据。

Excel 提供了 14 种内置的图表类型,而每一种图表类型又有几种不同格式的子类型,用户可以根据数据间关系的特点选择某种类型的图表。

4.5.1　图表的类型

图表类型包括柱形图、条形图、折线图、饼图、XY 散点图、面积图、圆环图、雷达图、曲面图、气泡图、股价图、圆柱图、圆锥图及棱锥图。Excel 的默认图表类型为柱形图。下面介绍几种常用的图表。

1. 柱形图

排列在工作表的行或列的数据可以绘制到柱形图中。柱形图用于显示一段时间内的数据变化或显示各项之间的比较情况。

在柱形图中,通常沿水平轴组织类别,而沿垂直轴组织数值。

2. 折线图

排列在工作表的行或列的数据可以绘制到折线图中。折线图可以显示随着时间而变化的连续数据,因此非常适用于显示在相等时间间隔下数据的发展趋势。在折线图中,类别数据沿水平轴均匀分布,所有值数据沿垂直轴均匀分布。

3. 饼图

仅排列在工作表的一行或一列中的数据可以绘制到饼图中。饼图显示一个数据系列中各项的大小与各项总和的比例。饼图中的数据点显示为整个饼图的百分比。

注释:

数据系列:在图表中绘制的相关数据点,这些数据源自数据表的行或列。图表中的每个数据系列具有唯一的颜色或图案并且在图表的图例中表示。可以在图表中绘制一个或多个数据系列。饼图只有一个数据系列。

数据点:在图表中绘制的单个值,这些值由条形、柱形、折线、饼图或圆环图的扇面、圆点和其他被称为数据标记的图形表示。相同颜色的数据标记组成一个数据系列。

4. 条形图

排列在工作表的列或行中的数据可以绘制到条形图中。条形图显示各个项目之间的比较情况。

5. 面积图

排列在工作表的列或行中的数据可以绘制到面积图中。面积图强调数量随时间而变化的程度，也可用于引起人们对总值趋势的注意。

6. XY 散点图

排列在工作表的列或行中的数据可以绘制到 XY 散点图中。散点图显示若干数据系列中各数值之间的关系，或者将两组数绘制为 xy 坐标的一个系列。

7. 股价图

以特定顺序排列在工作表的列或行中的数据可以绘制到股价图中。顾名思义，股价图经常用来显示股价的波动。

8. 曲面图

排列在工作表的列或行中的数据可以绘制到曲面图中。如果要找到两组数据之间的最佳组合，可以使用曲面图。就像在地形图中一样，颜色和图案表示具有相同数值范围的区域。

9. 圆环图

排列在工作表的列或行中的数据可以绘制到圆环图中。圆环图显示各个部分与整体之间的关系，但是它可以包含多个数据系列。

10. 气泡图

排列在工作表的列中的数据，第一列中列出 x 值，在相邻列中列出相应的 y 值和气泡大小的值，可以绘制在气泡图中。

11. 雷达图

排列在工作表的列或行中的数据可以绘制到雷达图中。雷达图比较若干数据系列的聚合值。

4.5.2 图表的创建

如果用户要创建一个图表，选择"插入"菜单下的"图表"命令，或者单击"常用"工具栏的"图表向导"按钮█，打开图表向导，下面结合实例讲解具体操作步骤。

步骤 1：选定显示于图表中的数据所在的单元格区域，如选定不连续的单元格区域 B2:B12,D2:D12,如图 4-46 所示。

	A	B	C	D	E	F	G	H	I	J
1						职工工资表				
2	序号	姓　名	职称	基本工资	岗位津贴	工龄津贴	奖励工资	应发工资	水电费	实发工资
3	001	张晓函	教授	540.00	210.00	268.00	244.00	1262.00	25.00	1218.07
4	002	王木杭	助教	480.00	230.00	164.00	300.00	1174.00	12.00	1144.39
5	003	刘子扬	讲师	500.00	200.00	152.00	310.00	1162.00	0.00	1144.57
6	004	王明皓	讲师	520.00	215.00	142.00	250.00	1127.00	0.00	1110.10
7	005	张志强	助教	515.00	240.00	120.00	280.00	1155.00	15.00	1122.68
8	006	叶琪放	教授	540.00	220.00	116.00	280.00	1156.00	18.00	1120.66
9	007	周爱军	副教授	550.00	250.00	142.00	280.00	1222.00	20.00	1183.67
10	008	赵盈盈	副教授	520.00	200.00	140.00	246.00	1106.00	0.00	1089.41
11	009	黄永靓	助教	540.00	200.00	134.00	380.00	1254.00	10.00	1225.19
12	010	梁冬冬	讲师	500.00	210.00	112.00	220.00	1042.00	18.00	1008.37

图 4-46　选定单元格区域

步骤 2：单击"图表向导"按钮 或选择"插入"菜单中的"图表"命令，打开"图表向导-4 步骤之 1-图表类型"对话框，如图 4-47 所示。

图 4-47　选择图表类型

步骤 3：选择图表类型。本例为柱形图，子图表类型为"簇状柱形图"。

步骤 4：单击"下一步"按钮，出现如图 4-48 和图 4-49 所示的对话框。

（1）确认"数据区域"中的单元格区域是否正确。如需更改，请单击该框右边的"折叠对话框"按钮重新选择数据范围。

（2）设置"系列产生在"行或列，本例中设置为"列"。

步骤 5：单击"下一步"按钮，屏幕显示如图 4-50 所示的对话框。

（1）在"图表标题"框中输入"职工基本工资图表"。

（2）在"分类(X)轴"框中输入"姓名"。

图 4-48　设置数据区域

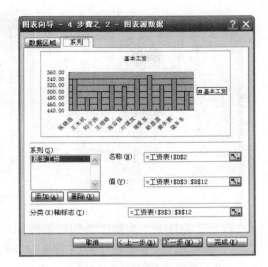

图 4-49　设置数据系列

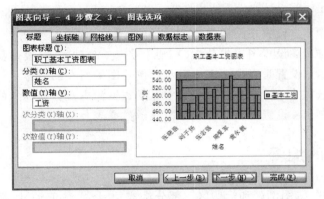

图 4-50　设置图表标题

（3）在"数值（Y）轴"框中输入"工资"。

步骤 6：单击"下一步"按钮，显示如图 4-51 所示的对话框，选择"作为其中的对象插入"。

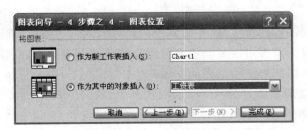

图 4-51　确定图表位置

步骤 7：单击"完成"按钮，完成操作。结果如图 4-52 所示。

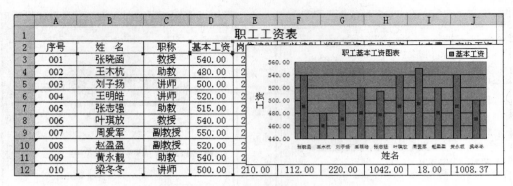

图 4-52　创建完成的图表

① "图表向导-4 步骤之 2-图表源数据"选项说明。

"数据区域"选项卡用于修改创建图表的数据区域,若选择区域错误,在此可以重新选择;"系列"选项卡用于修改数据系列名称和数值及分类轴标志。

② "图表向导-4 步骤之 3-图表选项"6 个选项卡说明。

"标题"选项卡:在图表中添加图表标题、分类(X)轴标题和数值(Y)轴标题;

"坐标轴"选项卡:设置在图表中显示分类(X)轴和数值(Y)轴;

"网格线"选项卡:设置图表中分类(X)轴和数值(Y)轴的主(次)网格线;

"图例"选项卡:设置是否在图表中显示图例及图例所在的位置;

"数据标志"选项卡:设置是否在图表中显示数据标志及数据标志的显示方式;

"数据表"选项卡:设置是否在图表下方显示数据表。

4.5.3　图表的编辑

图表区由绘图区、图例区和标题区三部分组成,具体由数值轴、图例(包括图例项、图例项标识等)、分类轴、数据系列、网络线等组成,统称为图表项。在通过"图表向导"的步骤创建一个图表后,可以对图表进一步修饰或补充,比如增加或删除数据,改变图表类型,改变标题字体的格式等。

1. 图表的缩放、移动、复制和删除

通过对图表(此图表的位置是"作为其中的对象插入")的缩放、移动操作,可以调整图表的大小与位置,根据需要可以复制或删除图表。单击图表的空白区域选定图表,在其周围出现八个控制点(黑色小方块),表明图表选中。

(1) 缩放:通过拖动图表的 8 个控制点来缩小、放大图表;

(2) 移动:鼠标指向图表区,然后拖动鼠标到指定位置;

(3) 复制:使用"编辑"菜单下的"复制"和"粘贴"命令或使用工具按钮操作;

(4) 删除:按键盘上的 Delete 键。

2. 图表类型的改变

对于已创建的图表,可以对图表的类型进行修改,其方法如下:

单击选定要更改类型的图表;选择"图表"菜单中的"图表类型"命令,或者右击使用快捷菜单,打开"图表类型"对话框,同建立图表步骤中的"图表向导-4 步骤之 1-图表类型"对话框,如图 4-47 所示;从"图表类型"列表框中选择一种图表类型,然后从"子图表类型"列表框中选择一种子类型(如"条形图");单击"确定"按钮,即可改变图表类型。

另外,还有一种更直接、更简单的更改图表类型的方法,单击"视图"菜单中的"工具栏"菜单中的"图表",打开图表工具栏。

3. 图表位置的改变

选定要改变位置的图表,选择"图表"菜单中的"位置"命令,或者右击使用快捷菜单,打开"图表位置"对话框,同建立图表步骤中的"图表向导-4 步骤之 4-图表位置"对话框,如图 4-51 所示,选择合适位置。

4. 图表数据的增删

有时需要对已创建好的图表增加新的数据系列,使用快捷菜单或者打开"图表"菜单下的"源数据"子菜单,弹出对话框,如图 4-53 所示,选择"系列"选项卡,单击"添加"按钮,在"名称"栏中指定数据系列的名称,在"值"栏中指定新的数据系列,单击"确定"按钮即可,也可以重新选择数据源区域。结果如图 4-54 所示。

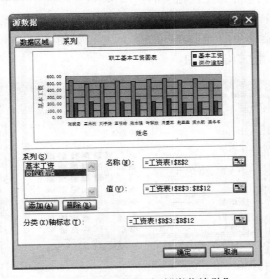

图 4-53 添加数据系列"岗位津贴"

删除数据系列的方法:执行"图表"菜单下的"源数据"命令,打开对话框,选择"系列"选项卡,选中某系列,单击"删除"及"确定"按钮。或者直接在图表中单击选中某数据系列,按 Delete 键可以直接删除该系列。

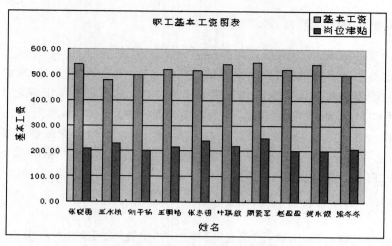

图 4-54　添加数据系列"岗位津贴"的图表

5．图表的格式化

建立图表后，可以格式化整个图表区域或一个项目。若要显示格式化设置的对话框，可双击一个图表项，或选定该项从"格式"菜单或快捷菜单中选择合适的命令。

对于所选定的图表项，Excel 定义了"格式"菜单上第一个命令的名称。例如，如果选定了图例，则此命令是"图例"。如果选择了数据系列，则命令是"数据系列"。格式设置对话框提供了一个或多个与格式设置相关的选项卡。

如果要改变图表中文字的字体、字号、颜色和图案，可以激活图表，在图表的空白区域上单击。执行"格式"菜单中的"图表区…"命令，显示如图 4-55 所示。选择相应的格式命令后进行设置，最后单击"确定"按钮。

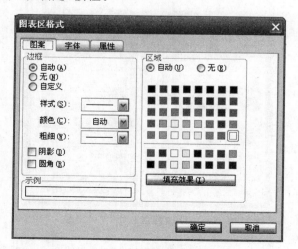

图 4-55　改变图表区域格式

大学信息技术基础

4.6 打　　印

对已经编辑好的工作表、图表可以打印输出，Excel 提供的打印也分为页面设置、打印预览、打印几个步骤。

若要打印图表，则选定要打印的图表，选择"文件"菜单中的"打印"命令即可。

4.6.1　页面设置

选择"文件"菜单中的"页面设置"命令，打开如图 4-56 所示的对话框。该对话框有四个选项卡："页面"、"页边距"、"页眉/页脚"以及"工作表"，可以分别设置页面输出方向、纸张大小、页边距、页眉/页脚和打印区域。

1. "页面"选项卡

打开"页面设置"对话框，如图 4-56 所示。

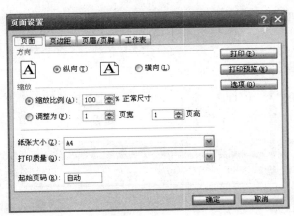

图 4-56　"页面设置"对话框

可以指定打印方向："纵向"和"横向"。在"缩放"微调框中可以缩小或放大打印的表格，以便在指定的纸张上打印全部内容。在"缩放比例"微调框中输入比例值，或单击该框右边的上下箭头来增大或减小缩放比例。在"调整为"微调框中选择打印为几页宽与几页高。"纸张大小"列表框可以选择大小适合的纸张；"打印质量"列表框可以设定工作表指定的打印质量，以分辨率表示；"起始页码"文本框可以为首页指定页号。

2. "页边距"选项卡

单击"页边距"选项卡，打开如图 4-57 所示的对话框。此对话框可以控制页边距，并能使工作表在一页中水平或垂直居中。

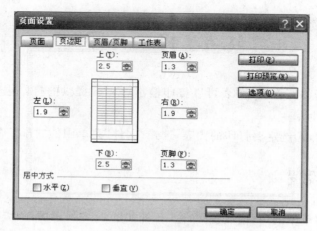

图 4-57   "页边距"选项卡

输入页边距设置并在"预览"框中查看结果。调整"上"、"下"、"左"、"右"框中的尺寸设置数据与打印页面边缘的距离。

在"页眉"和"页脚"框中输入数字调整页眉与页面顶端或页脚与页面底端的距离。该距离应小于页边距以避免页眉或页脚与数据重叠。

选中"水平"、"垂直"复选框或同时选中这两个复选框可在页边距内居中显示工作表。

3. "页眉/页脚"选项卡

如图 4-58 所示的"页眉/页脚"选项卡中,在"页眉"框中单击一个内置的页眉,也可以通过单击"自定义页眉"按钮为工作表创建自定义页眉,如图 4-59 所示。

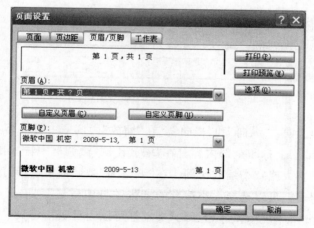

图 4-58   "页眉/页脚"选项卡

在"页脚"框中单击一个内置的页脚,也可以单击"自定义页脚"按钮为工作表创建自定义页脚。

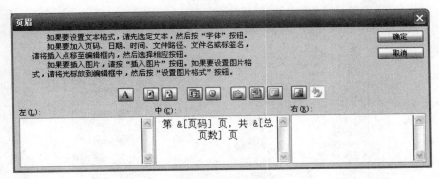

图 4-59　"页眉"对话框

4. "工作表"选项卡

如图 4-60 所示的"工作表"选项卡中,可以设置关于工作表打印的选项。单击"打印区域"微调按钮以选择要打印的工作表区域,拖动鼠标选择要打印的工作表区域。

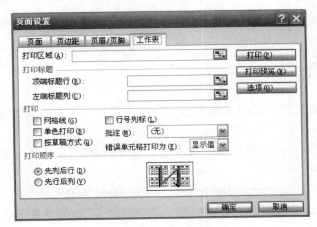

图 4-60　"工作表"选项卡

选择"打印标题"可以实现在每一页中都打印相同的行或列作为表格标题,单击"顶端标题行"和"左端标题列",选择某一或某些单元格作为标题列或标题行。

"打印"选项可以指定要打印的工作表中的内容是以彩色还是黑白方式打印,是否打印批注,以及指定打印质量。

"打印顺序"选项可以指定"先列后行"或"先行后列"来调整数据的打印顺序。

4.6.2　设置打印选项

选择"文件"菜单中的"打印"命令,打开如图 4-61 所示的"打印"对话框。

通过设置"打印范围"选项,可以指定是打印整个表还是具体的页码范围。"打印内容"选项可以设定打印"选定区域"、"选定工作表"还是"整个工作簿"。若要打印多份可以

图 4-61 "打印"对话框

通过"份数"选项设定。若打印多页多份数据,可以选择"逐份打印"复选框指定要打印的份数,无须手工整理成一份一份的,方便省时。

4.7 习 题

4.7.1 选择题

1. 在 Excel 2003 的一个单元格中输入"="5/12"-"3/5"",结果正确的是( )。

 A. 68   B. 16   C. -0.18333   D. #VALUE!

2. 在 Excel 2003 中,把鼠标指向被选中单元格的边框,当指针变成四个箭头时,拖动鼠标到目标单元格时,将完成( )操作。

 A. 移动   B. 复制   C. 自动填充   D. 删除

3. 在 Excel 2003 中,在单元格中输入"=12>24",确认后,单元格显示的内容为( )。

 A. FALSE   B. =12>24   C. TRUE   D. 12>24

4. 在 Excel 2003 中,对单元格"$E12"的引用是( )。

 A. 一般引用   B. 相对引用   C. 绝对引用   D. 混合引用

5. 在 Excel 2003 中,在单元格中输入"=6+16+MIN(16,6)",将显示( )。

 A. 38   B. 28   C. 22   D. 44

6. ( )是 Excel 工作簿的最小组成单位。

 A. 字符   B. 工作表   C. 单元格   D. 窗口

7. 在单元格 E5 中输入公式"=A$B+B$4",这是属于( )。

 A. 相对引用   B. 绝对引用   C. 混合引用   D. 以上都不是

8. 在 Excel 2003 中,Sheet2!$A$4 表示( )。

 A. 工作表 Sheet2 中的 A4 单元格绝对引用

 B. A4 单元格绝对引用

C. Sheet2 单元格同 A4 单元格进行！运算

D. Sheet2 工作表同 A4 单元格进行！运算

9. 在 Excel 2003 中，在单元格输入数据时，取消输入，按（　　　）键。

    A. 回车　　　　　　　B. Esc　　　　　　　C. 左光标　　　　　　D. 右光标

10. Excel 的一个工作簿最多可以包含（　　　）个工作表。

    A. 255　　　　　　　B. 128　　　　　　　C. 64　　　　　　　　D. 16

11. 在 Excel 2003 中，一个工作簿文档默认的三个工作表名称是（　　　）。

    A. Sheet1,Sheet2,Sheet3　　　　　　　B. Book1,Book2,Book3

    C. Table1,Table2,Table3　　　　　　　D. SheetA,SheetB,SheetC

12. Excel 工作表的右下角的单元格的地址是（　　　）。

    A. IV65535　　　B. IU65535　　　C. IU65536　　　　D. IV65536

13. 在 Excel 中，对数据表作分类汇总前，先要（　　　）。

    A. 按分类列排序　　　　　　　B. 选中

    C. 筛选　　　　　　　　　　　D. 按任意列排序

14. 在 Excel 2003 中，文字数据默认的对齐方式是（　　　）。

    A. 左对齐　　　　　B. 右对齐　　　　　C. 居中对齐　　　D. 两端对齐

15. 在 Excel 2003 中，数值数据默认的对齐方式是（　　　）。

    A. 右对齐　　　　　B. 左对齐　　　　　C. 居中对齐　　　D. 两端对齐

16. 在 Excel 2003 中，分类汇总时，下列不属于汇总方式的运算是（　　　）。

    A. 计数　　　　　　B. 平均值　　　　　C. 等比　　　　　D. 最小值

17. 在 Excel 2003 中，在"选择性粘贴"对话框中，不能实现的运算有（　　　）。

    A. 加法　　　　　　B. 减法　　　　　　C. 乘方　　　　　D. 除法

18. 在 Excel 2003 中，在单元格中输入 2/5，则表示（　　　）。

    A. 分数 2/5　　　B. 2月5日　　　　C. 0.4　　　　　D. 2 除以 5

19. 在 Excel 数据图表中，没有的图形是（　　　）。

    A. 柱形图　　　　　B. 条形图　　　　　C. 扇形图　　　　D. 圆锥形图

20. 在 Excel 2003 中，用鼠标拖曳法复制单元格时一般应按（　　　）键。

    A. Ctrl　　　　　　B. Shift　　　　　　C. Alt　　　　　　D. Tab

21. 在 Excel 2003 中，当某单元格显示一排与单元格等宽的"♯"时，说明（　　　）。

    A. 所出现的公式中出现乘数为 0

    B. 单元格内数据长度大于单元格的显示宽度

    C. 被引用单元格可能已被删除

    D. 所输入公式中有系统不认识的文字

22. 在 Excel 2003 中，若单元格 C1 中公式为＝A1＋B2，将其复制到单元格 E5，则 E5 中的公式是（　　　）。

    A. ＝C3＋A4　　　　　　　　　　B. ＝C5＋D6

    C. ＝C3＋D4　　　　　　　　　　D. ＝A3＋B4

23. 在 Excel 2003 中，删除工作表中与图表链接的数据时，图表将（　　　）。

A. 被删除

B. 必须用编辑器删除相应的数据点

C. 不会发生变化

D. 自动删除相应的数据点

24. Excel 2003 工作表中可以选择一个或一组单元格,其中活动单元格的数目是(　　)。

    A. 一个单元格　　　　　　　　　　B. 一行单元格

    C. 一列单元格　　　　　　　　　　D. 等于被选中的单元格数目

25. 在 Excel 2003 中,已知 F1 单元格中的公式为＝A3＋B4,当 B 列被删除时,F1 单元格中的公式被调整为(　　)。

    A. ＝A3＋C4　　　　　　　　　　B. ＝A3＋B4

    C. ＝A3＋A4　　　　　　　　　　D. ♯REF!

26. 在 Excel 2003 中,对单元格中的公式进行复制时,(　　)地址会发生变化。

    A. 相对地址中的偏移量　　　　　　B. 相对地址所引用的单元格

    C. 绝对地址中的地址表达式　　　　D. 绝对地址所引用的单元格

27. 在 Excel 2003 中,若在 A1 单元格中输入(13),则 A1 单元格的内容为(　　)。

    A. 字符串 13　　　　　　　　　　B. 字符串(13)

    C. 13　　　　　　　　　　　　　　D. －13

28. Excel 电子表格文件隐含的扩展名为(　　)。

    A. exl　　　　　　B. xel　　　　　　C. tab　　　　　　D. xls

29. 不连续单元格的选取,可借助于(　　)键完成。

    A. Ctrl　　　　　　B. Shift　　　　　C. Alt　　　　　　D. Tab

30. 在 Excel 中,对数据记录进行排序时,最多可以指定(　　)个关键字段。

    A. 1　　　　　　　B. 2　　　　　　　C. 3　　　　　　　D. 4

4.7.2　填空题

1. 在 Excel 2003 下直接_____击工作表标签,可以对工作表进行更名操作。

2. 在 Excel 2003 工作表数据区域中的数据发生变化时,相应的图表将_____。

3. 在 Excel 2003 中,自动求和可以通过_____函数来实现。

4. 在 Excel 2003 中,单独图表默认的名称为_____。

5. ＄D＄3 表示 Excel 2003 中第 3 行第 4 列的_____地址。

6. 在 Excel 2003 的单元格中,作为常量输入的数据可以有数字和文字,常规单元格中的数字_____对齐,文字_____对齐。

7. 在 Excel 2003 中,若存在一张二维表,其第 5 列是学生奖学金,第 6 列是学生成绩。已知第 5 行至第 20 行为学生数据,现要将奖学金总数填入第 21 行第 5 列,则该单元格应填入_____。

8. Excel 2003 文件的扩展名为_____。

9. Excel 2003 中每个工作表有_____行，_____列。

10. 在 Excel 2003 中，输入当前时间的快捷键是_____。

11. 在 Excel 2003 单元格中，已知其内容为数值 123，则向下填充的内容为_____。

12. 在 Excel 2003 工作表中，单元格区域 D2:E4 所包含的单元格个数是_____。

13. 公式中对单元格的引用，$A5 称为_____引用。

14. 运算符 A1,B2,C3 占用_____个单元格。

15. 在 Excel 2003 中进行分类汇总的前提条件是_____。

4.7.3　简答题

1. Excel 工作区、工作簿和工作表三者之间有什么关系？

2. 怎样用鼠标改变当前单元格、选取单元格或区域？如何选取多个区域？

3. Excel 可以输入哪些数据类型？数据如何进行填充？

4. 如何输入函数？函数的种类有哪些？

5. 如何复制公式？公式中包含的地址有几种？在复制公式时地址如何变化的？

6. 如何插入或删除行、列、单元格？

7. 如何实现不同工作表间的数据移动或复制？

8. 如何调整行高和列宽？

9. 数据条件格式化如何设置？

10. 数据的有效性如何设置？

11. 如何对数据清单进行排序？可以设置几个关键字？

12. 如何建立分类汇总？

13. 怎样进行数据清单的自动筛选？怎样取消筛选，显示原来的数据列表？

14. 如何对数据进行高级筛选？

15. 建立数据图表的步骤有哪些？

第 **5** 章　**PowerPoint 2003 演示文稿**

5.1　PowerPoint 2003 简介

PowerPoint 2003 是美国微软公司发布的 Office 2003 软件家族中的重要组件,它是一个功能非常强大的制作和演示幻灯片的软件,具有强大的文本、图形编辑和动画演示等功能。PowerPoint 2003 相对上一版本有了很大的改善,是目前最常用的演示文稿软件之一。

5.1.1　PowerPoint 2003 的启动和退出

1. 启动

启动 PowerPoint 2003 有许多种方式,这里仅介绍其中常用的两种方法。

（1）利用开始菜单

安装了 PowerPoint 2003 以后,程序菜单中会添加 PowerPoint 2003 的程序名。在任务栏上单击"开始"按钮,选择"程序"级联菜单中的 Office 2003 中的 PowerPoint 2003 选项,即可启动 PowerPoint 2003。

（2）利用快捷方式

在图 5-1 所示的 PowerPoint 2003 选项上,右击打开快捷菜单,选择"发送到"级联菜单中的"桌面快捷方式"命令。在桌面上将会出现 PowerPoint 2003 快捷方式图标,双击桌面上的 PowerPoint 2003 的快捷方式图标,即可启动 PowerPoint 2003,如图 5-2 所示。

2. 退出

退出 PowerPoint 2003 通常有以下几种方法:

（1）单击标题栏最左边"控制菜单"图标 中的"关闭"。

（2）单击标题栏最右边"关闭"按钮 。若操作的文档在退出之前没有被保存时,PowerPoint 2003 会显示一个提示框。如果需要保存,单击"是"按钮;否则,单击"否"按钮。

图 5-1 发送快捷方式

图 5-2 桌面上的快捷图标

（3）选择"文件"菜单中的"退出"命令。

（4）按 Alt＋F4 组合键。

5.1.2 PowerPoint 2003 的新增功能

PowerPoint 2003 之前的版本已经被许多机构和组织广泛使用，为了满足广大用户的需要，微软公司又推出了新一代的 PowerPoint 软件，即 PowerPoint 2003。与以往的版本相比，PowerPoint 2003 的用户界面更加友好，功能更加强大。

1. 经过更新的播放器

经过改进的 Viewer 可进行高保真输出，并且支持 PowerPoint 2003 图形、动画和媒体。新的播放器无须安装。默认情况下，打包成 CD 的功能将演示文稿文件和播放器打包在一起，也可从网站下载新的播放器。

2. 打包成 CD

打包成 CD 是发布演示文稿的新增功能，可用于制作演示文稿 CD，以便在运行 Microsoft Windows 操作系统的计算机上播放。使用 Windows XP 内置的刻录功能可以直接从 PowerPoint 中刻录 CD，或者将一个或多个演示文稿打包到文件夹中，然后使用第三方 CD 刻录软件将演示文稿刻录到 CD 上。

3. 对媒体播放的改进

当安装了 Microsoft Windows Media Player 版本 8 或更高版本时，PowerPoint 2003 中对媒体播放器的改进可支持其他媒体格式，包括 ASX、WMX、M3U、WVX、WSX 和 WMA。

4. 新幻灯片放映导航工具

利用新的精巧而典雅的"幻灯片放映"工具栏，可以在播放演示文稿时方便地进行幻灯片放映导航。此外，常用幻灯片放映任务也被简化。

5. 经过改进的幻灯片放映墨迹注释

在播放演示文稿时使用墨迹对幻灯片进行标记，或者使用 PowerPoint 2003 中的墨迹功能审阅幻灯片，不仅可在播放演示文稿时保存所使用的墨迹，也可在将墨迹标记保存在演示文稿中之后打开或关闭幻灯片放映标记。

6. 新的智能标记支持

PowerPoint 2003 已经增加了常见的智能标记支持。只需在"工具"菜单上选择"自动更正选项"命令，然后打开"智能标记"选项卡，即可选择在演示文稿中为文字加上智能标记。PowerPoint 2003 所包含的智能标记识别器列表中包括日期、金融符号和人名。

7. 经过改进的位图导出

在导出位图时，PowerPoint 2003 中的位图更大且分辨率更高。

8. 信息权限管理

Microsoft Office 2003 提供一种名为信息权限管理（LRM）的新功能，防止因为意外或粗心将敏感信息发给不该收到它的人。

5.1.3　PowerPoint 2003 用户界面

启动 PowerPoint 2003 后，系统自动新建一个空白演示文稿。图 5-3 是 PowerPoint 2003 的基本操作界面。它由标题栏、菜单栏、工具栏、幻灯片窗口等组成。

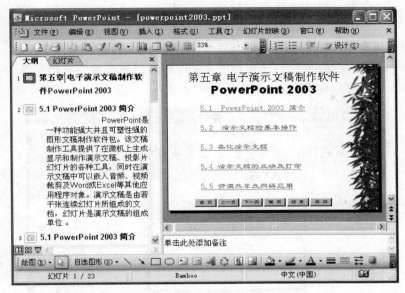

图 5-3　PowerPoint 2003 窗口

1. 标题栏

标题栏在屏幕的最顶部,其中包含一个系统控制菜单和三个窗口控制按钮:"最小化"、"还原/最大化"和"关闭"。标题栏中显示 PowerPoint 2003 当前打开的文稿名称。熟悉 Windows 窗口环境的用户对这一点一定不会陌生,这里就不再详细说明了。

2. 菜单栏

菜单栏位于标题栏下方,其中包含了 PowerPoint 2003 中进行工作的全部命令。PowerPoint 2003 对菜单和工具栏作了一些变化,新增加了一些项目。PowerPoint 2003 的菜单栏由"文件"、"编辑"、"视图"、"插入"、"格式"、"工具"、"幻灯片放映"、"窗口"、"帮助"以及"即时问答"输入框组成。

3. 工具栏

工具栏包含了 PowerPoint 2003 中的大部分命令。如果想快捷地完成幻灯片的制作,应该学会熟练地使用工具栏。系统默认显示"常用工具栏"、"格式工具栏"和"绘图工具栏"。其他工具栏呈隐藏不显示状态。

4. 工作区

在 PowerPoint 2003 中同时显示 3 个编辑区,即文本大纲编辑区、幻灯片编辑区、注释编辑区。可以调整编辑区的大小,以适应编辑要求。一个编辑区中进行的编辑可以同时在其他编辑区中显示结果。

5. 任务窗格

与以往的版本相比，PowerPoint 2003 任务窗格更加美观而且更加易用。在默认的情况下，它位于整个工作界面的右侧，如图 5-4 所示。如果要改变它的位置，只需将鼠标指针放到该窗格上部的标题栏上，就可以任意拖动了。

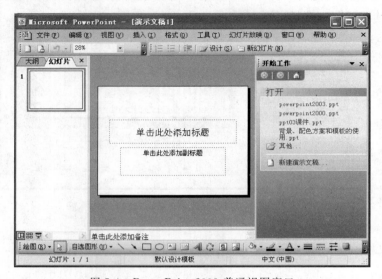

图 5-4　PowerPoint 2003 普通视图窗口

6. 视图切换按钮

PowerPoint 2003 提供了不同的视图显示方式，极大地方便了文稿的创建操作。最常用的两种视图是普通视图和幻灯片浏览视图。单击"视图切换"按钮，可在不同的视图之间切换。

7. 状态栏

状态栏位于 PowerPoint 2003 窗口的最底部，用于记录并显示当前的工作状态，包括显示相应的视图模式和幻灯片编号等。

5.1.4　认识 PowerPoint 2003 视图

PowerPoint 2003 提供了 4 种显示方式，称为视图模式：普通视图、幻灯片浏览视图、幻灯片放映视图和备注页视图，这几种视图的切换按钮位于大纲区下方，如图 5-3 所示。下面分别介绍各个视图模式。

1. 普通视图

普通视图是默认的视图模式，如图 5-4 所示。包含有 3 个区域：大纲区、幻灯片区、备注区。

2. 幻灯片浏览视图

在该视图模式下,可以浏览整个演示文稿中所有幻灯片的整体概貌,但不能对幻灯片中的内容进行编辑,只能对幻灯片进行调整。可调整演示文稿的显示效果和背景,幻灯片排列顺序、添加、删除及复制幻灯片等,如图 5-5 所示。在单张幻灯片上右击弹出快捷菜单,按其命令选项可对幻灯片进行编辑。

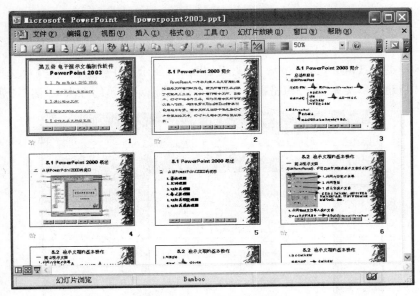

图 5-5　幻灯片浏览视图

3. 幻灯片放映视图

此种视图模式可用于查看幻灯片的播放效果,如图 5-6 所示。右击在弹出的快捷菜单上选择相应的命令,可对幻灯片的放映进行控制。

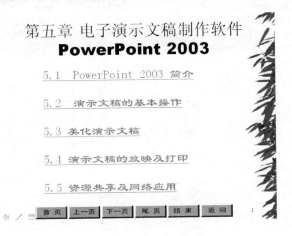

图 5-6　幻灯片放映视图

4. 备注页视图

此种视图模式主要用来为幻灯片添加备注。

5.2 演示文稿的基本操作

5.2.1 演示文稿的创建

当启动并进入 PowerPoint 2003 后，出现如图 5-7 所示的任务窗格，在其中选择"新建演示文稿"，"新建演示文稿"任务窗格提供了一系列创建演示文稿的方法，如图 5-8 所示。

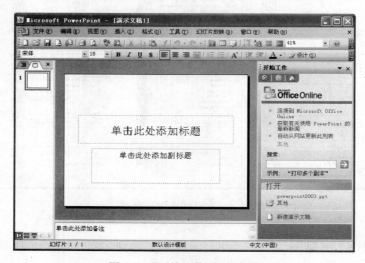

图 5-7 "开始工作"任务窗格

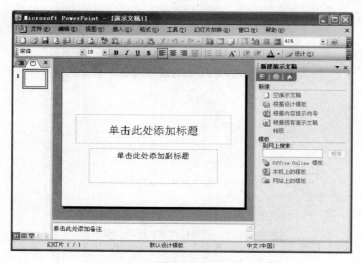

图 5-8 "新建演示文稿"任务窗格

① 空演示文稿：从具备最少的设计且未应用颜色的幻灯片开始。

② 根据设计模板：在 PowerPoint 模板的基础上创建演示文稿。除了使用 PowerPoint 提供的模板外，还可使用自己创建的模板。

③ 根据内容提示向导：使用内容提示向导应用设计模板，该模板会提供有关幻灯片的文本建议，然后输入有关文本。

④ 根据现有演示文稿：在已经书写和设计过的演示文稿基础上创建演示文稿，使用此命令创建现有演示文稿的副本，对该演示文稿进行更改。

⑤ 网站上的模板：使用网站上的模板创建演示文稿。

⑥ Office Online 模板：在 Microsoft Office 模板库中，从其他 PowerPoint 模板中进行选择。这些模板是根据演示类型排列的。

⑦ 从其他源文件插入的内容：从其他演示文稿插入幻灯片或从其他应用程序（例如 Microsoft Word）插入文本。

下面将具体介绍其中的一些方法。

1. 空演示文稿

在"新建演示文稿"任务窗格中选择此项后，PowerPoint 会打开一个没有任何设计方案和示例文本的空白幻灯片。原先的任务窗格就变成图 5-9 所示的"幻灯片版式"。在这里可以选择所需的应用幻灯片版式，包括文字版式、内容版式等。

2. "根据设计模板"创建演示文稿

选择"根据设计模板"选项后，PowerPoint 就会提供一系列模板供选择，如图 5-10 所示。但是还没有熟练地应用 PowerPoint 之前，最好不要选用它们。

图 5-9 "幻灯片版式"任务窗格

图 5-10 "应用设计模板"任务窗格

3．"根据内容提示向导"创建演示文稿

选择"内容提示向导"选项后激活了 PowerPoint 的内容向导，在以后的步骤中会要求从事先已经定义好的 7 种文稿类型中选择一种，然后装入一组幻灯片，在幻灯片上会出现一些提示性的文字，它们可以引导用户建立自己的幻灯片。

（1）在图 5-8"新建演示文稿"选项组中，单击"根据内容提示向导"选项，打开"内容提示向导"对话框，如图 5-11 所示。

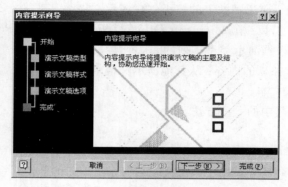

图 5-11　"内容提示向导"对话框

（2）单击"下一步"按钮，打开"演示文稿类型"对话框，如图 5-12 所示。单击"选定将使用的演示文稿类型"对话框左侧的类型按钮，其右边的列表框显示出类型选项，单击其中某一类型，将有对应的"内容提示向导-[xxx]"对话框显示。

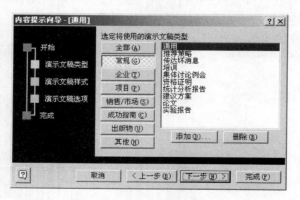

图 5-12　演示文稿类型对话框

（3）单击"下一步"按钮，弹出"演示文稿样式"对话框，单击选项组中某一输出类型单选框，如"屏幕显示文稿"。

（4）单击"下一步"按钮，弹出"演示文稿选项"对话框，可在"演示文稿标题"文本框中，输入演示文稿标题，在"页脚"文本框中输入需要标注的信息以及单击"上次更新日期"、"幻灯片编号复选框"，选择相应的信息。

（5）单击"下一步"按钮，弹出完成对话框，提示新演示文稿的创建操作已完成。

(6) 单击"完成"按钮，即可生成演示文稿。

4. "根据现有演示文稿新建"创建演示文稿

如果已经利用 PowerPoint 制作过幻灯片了，就可以选择这一项打开一个已经存在的幻灯片，如图 5-13 所示。

图 5-13　打开演示文稿

5.2.2　演示文稿文本的输入和编辑

新的空幻灯片创建之后，需要向幻灯片中添加内容，文本是幻灯片内容的重要组成部分；本节将介绍如何输入文本、编辑文本以及添加批注和备注等操作。

1. 输入文本

将文本输入到幻灯片有 4 种类型：占位符文本、自选图形中的文本、文本框中的文本和艺术字文本。

(1) 占位符

输入占位符中的文本(例如标题和项目符号列表)可在幻灯片或"大纲"选项卡中进行编辑，并且可将其从"大纲"选项卡中导出到 Microsoft Word，对象(例如文本框或自选图形)中的文本和艺术字文本不出现在"大纲"选项卡，而且必须在幻灯片上进行编辑，如图 5-14 所示。

幻灯片版式包含多种组合形式的文本和对象占位符。在文本占位符处将标题、副标题和正文输入到幻灯片上。占位符可以调整大小并移动，并且可以用边框和颜色设置其格式。

(2) 自选图形

自选图形(例如标注气球和方块箭头)可用于文本信息。在自选图形中输入文本后，文本被附加到图形，并随图形移动或旋转。

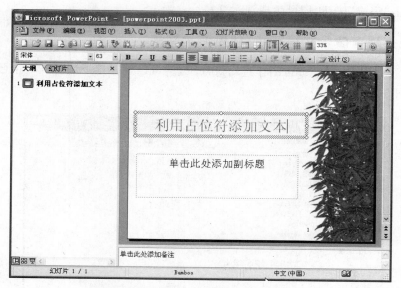

图 5-14　普通视图中利用占位符输入文本

（3）文本框

使用文本框可将文本放置到幻灯片的任何位置。例如，可以创建文本框并将它放在图片旁，作为标题添加到图片中。文本框具有边框、填充、阴影成三维效果，而且可以更改它的形状。

（4）艺术字

使用艺术字的特殊文本效果。艺术字可以伸长、倾斜、弯曲和旋转文本或设计成三维或垂直效果。

2．编辑文本

在 PowerPoint 中，可对幻灯片上文本的字体、字号、字形、颜色、效果、行距和对齐方式等进行格式化设置。另外，还可对文本进行移动或复制、查找、替换等操作。

PowerPoint 的文本编辑操作同 Word 和 Excel 中的文本编辑相类似，其操作界面也类似，这里只简单介绍一下 PowerPoint 中文本的编辑操作。

（1）编辑文本的字体、字形及字号

① 选中要编辑的文本或段落。

② 选择"格式"菜单中的"字体"命令，打开字体对话框。

③ 在对话框中，根据文本编辑的需要选择字体、字形、字号、效果及颜色。

④ 单击"确定"按钮，完成以上各项格式化的编辑。

⑤ 也可单击"格式"工具栏上"设置文字样式"按钮，完成字体、字号、字形等的编辑。

（2）设置对齐方式，字体对齐方式的设置

① 选取需要对齐的文本。

② 选择"格式"菜单中的"字体对齐方式"命令，弹出如图 5-15 所示的级联菜单。

大学信息技术基础

③ 选择相应的对齐方式命令。

（3）设置对齐方式，段落对齐方式的设置

① 选取需要设置的段落，或者将插入点置于需要设置的段落中任意位置。

② 选择"格式"菜单中的"对齐方式"命令，弹出如图 5-16 所示的级联菜单。

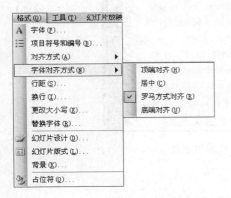
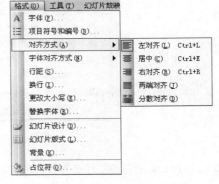

图 5-15　"字体对齐方式"级联菜单　　　　图 5-16　"对齐方式"级联菜单

③ 选择相应的对齐方式命令。

④ 也可以单击"格式"工具栏中的"设置段落格式"按钮 ▤▤▤▤ 完成段落对齐方式的设置。

（4）设置行距

PowerPoint 2003 既可以对段落与段落之间的距离设置，也可以对段落中的行间距设置，其操作如下：

① 选取需要设置行间距或段落间距的文本。

② 选择"格式"菜单中"行距"命令，打开行距对话框。

③ 设置相应的行距、段前、段后间距值。

④ 单击"确定"按钮，即可完成设置。

（5）添加项目符号或编号

① 选取需要添加项目符号或编号的段落。

② 选择"格式"菜单中"项目符号和编号（B）…"命令，打开项目符号和编号对话框。

③ 可在"项目符号项"选项卡中或在"编号项"选项卡中选择所需要的项目符号或编号。

④ 单击"确定"按钮，完成"项目符号/编号"的添加。

（6）文本区的大小及位置调整

① 单击文本区或选中占位符，显示出如图 5-17 所示的具有控制点的文本框（也称为句柄）。

② 将鼠标指针移到任一控制点上，指针会变为双箭头形式。此时，按住鼠标左键不放，拖动鼠标，可调整文本区大小。

③ 将鼠标移到除控制点以外的文本框上，鼠标指针变为带双箭头的十字形，按住鼠

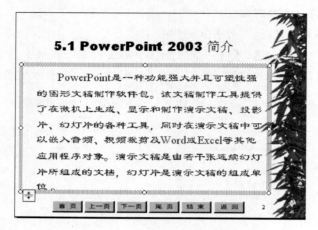

图 5-17　显示文本区的控制点

标左键不放,拖动鼠标,可调整文本区位置。

④ 调整好文本区大小或文本区到达所需位置后,松开鼠标左键即可。

（7）文本区的复制

① 选择要复制的文本。

② 选择"编辑"菜单中"复制"命令或单击"常用"工具栏上的"复制"按钮。

③ 将插入点移动到目标位置。

④ 选择"编辑"菜单中"粘贴"命令或单击"常用"工具栏上的"粘贴"按钮,即可完成复制操作。

（8）文本区的删除

① 选择要删除的文本。

② 选择"编辑"菜单中"剪切"或"清除"命令,或单击"常用"工具栏上的"剪切"按钮,即可完成删除操作。

（9）添加批注

若要对某个重要的幻灯片添加一些信息作为补充说明或额外的内容,可以采用批注的形式。

① 选中要添加批注的幻灯片。

② 选择"插入"菜单上的"批注"命令,此时会在幻灯片的左上角出现批注文本框,如图 5-18 所示。

③ 在批注文本框中输入批注信息。

（10）添加备注

备注即是注释,是对幻灯片内容的注释,在演讲时,可对照备注的内容进行演讲,防止遗漏。PowerPoint 的每张幻灯片都有一个专门用于输入演讲者备注的窗口。

① 单击需要添加备注的幻灯片的备注窗格。

② 输入备注内容即可,如图 5-19 所示。

大学信息技术基础

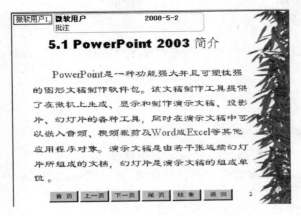

图 5-18　批注文本框

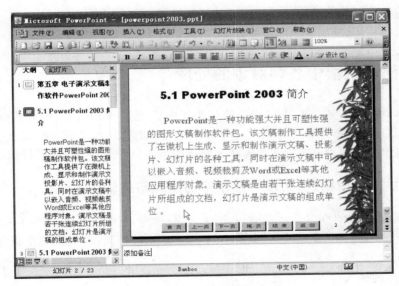

图 5-19　添加备注

5.2.3　幻灯片的管理

　　一个演示文稿初稿制作完成后,可以用幻灯片浏览视图观看幻灯片的布局,检查幻灯片的顺序是否符合逻辑,是否有前后矛盾的内容,是否有重复的内容等;演示文稿中的每一页,可以根据需要添加、移动、复制和删除,使之达到满意的效果。

1. 添加幻灯片

　　选中一张幻灯片,然后单击"常用"工具栏中的"新幻灯片"按钮,将在该幻灯片后面插入一张新的幻灯片。

2. 移动幻灯片

移动幻灯片之前,首先要选中它,按住鼠标左键将其拖到目标位置,即可实现移动操作。

3. 复制幻灯片

复制幻灯片的操作方法如下:
① 要将某幻灯片再复制一份,则首先选中这张幻灯片。
② 按住 Ctrl 键,拖动该幻灯片到目标位置,即可实现此幻灯片的复制。

4. 删除幻灯片

删除幻灯片的操作方法是选中某张幻灯片后,按 Del 键。
以上各种幻灯片的操作也可在幻灯片浏览视图中实现。
如果需要移动、复制及删除多张幻灯片,则首先要选中多张,然后进行相应操作。

5.2.4 演示文稿中各种对象的处理

在 PowerPoint 2003 中,可以插入的对象有很多,包括新幻灯片、幻灯片副本、日期和时间、符号、幻灯片、影片和声音、文本框、表格、对象、幻灯片编号、图表、批注、超链接等。本节介绍图片、图形、艺术字以及多媒体等对象的制作。

1. 演示文稿中图片、图形和艺术字的插入与编辑

在演示文稿中,插入图片、图形和艺术字,可以使得 PowerPoint 演示取得更形象而生动的效果。PowerPoint 中的操作同 Word 和 Excel 中的相类似,其操作界面也类似,这里就不再赘述。

(1) 图片的插入

PowerPoint 的图片有两种来源,一种可以来自 PowerPoint 自带的剪辑图库中的图片集,内含有剪贴画、相片、位图、扫描图等图形,还有一种来自于用其他的图形程序创建的图片。

(2) 图片的编辑

图片插入到幻灯片后,可以进行编辑、调整的操作。编辑、调整已插入图片的方法有两种:①使用"图片工具栏"。②使用"设置图片格式"的对话框。

(3) 图形的绘制与编辑

PowerPoint 允许用户使用绘图工具在幻灯片上绘制图形。绘图工具栏位于视图窗口的下方,其工具组成如图 5-20 所示。

图 5-20 绘图工具栏

大学信息技术基础

（4）艺术字的创作与编辑

① 将视图切换到要插入艺术字的幻灯片上。

② 选择"插入"菜单中的"图片"级联菜单中的"艺术字"命令；或单击"绘图"工具栏中的"插入艺术字"按钮，弹出"'艺术字'库"对话框，如图 5-21 所示。

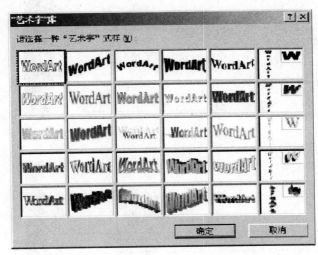

图 5-21 "'艺术字'库"对话框

③ 单击这些按钮，可选择艺术字类型，随后可对艺术字进行属性调整。

2. 演示文稿中表格的制作

1）表格的插入与文本的输入

在 PowerPoint 2003 演示文稿中创建并使用表格的方法较多，如可以在 PowerPoint 中直接创建表格，也可以添加其他程序中的表格（如链接对象或嵌入对象）。常用的方法有 3 种：使用 PowerPoint 自动版式创建、直接插入表格和在幻灯片上绘制表格。

（1）使用自动版式创建表格幻灯片

① 选择"插入"菜单中的"新幻灯片"命令或单击"常用"工具栏中的"新幻灯片"按钮，弹出如图 5-9 所示的"幻灯片版式"任务窗格。

② 双击"幻灯片版式"任务窗格"标题和表格"版式，打开如图 5-22 所示的带有表格占位符的幻灯片。

③ 双击表格占位符，打开"插入表格"对话框。

④ 分别在列数/行数的数值框中输入要创建的表格的列数/行数（如：8 列/6 行）。

⑤ 单击"确定"按钮，幻灯片上显示出刚刚创建的空表格，同时弹出了"表格和边框"工具栏，如图 5-23 所示。

（2）直接在幻灯片上插入表格

① 将视图切换到要插入表格的幻灯片上。

② 单击"常用"工具栏中的"插入表格"按钮，弹出一个表格结构的下拉菜单。

③ 将鼠标在表格结构的下拉菜单上拖动，选择要创建表格的行数和列数。

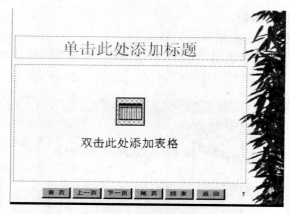

图 5-22　带有表格占位符的幻灯片

图 5-23　新创建的表格

④ 松开鼠标左键，在幻灯片上插入了一个空表格。

⑤ 或选择"插入"菜单中的"表格"命令，打开"插入表格"对话框（如图 5-24 所示）。

图 5-24　在幻灯片上插入表格

⑥ 在"插入表格"对话框中输入行/列数，单击"确定"按钮，即在幻灯片上插入了空表格。

　　　　大学信息技术基础

（3）在幻灯片上绘制表格

① 将视图切换到要插入表格的幻灯片。

② 单击"常用"工具栏中的"表格和边框"按钮，弹出"表格和边框"工具栏，此时鼠标指针变为铅笔形状。

③ 按住鼠标左键不放，在需要插入图表的幻灯片上画出新表格，如图 5-25 所示。

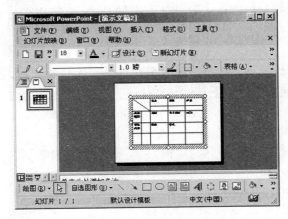

图 5-25　在幻灯片上绘制表格

（4）在表格中输入文本

① 将插入点设置在要输入文本的表格单元中，输入所需文本。

② 要在其他单元格输入文本，可用 Tab 键快速移动，或将插入点移动到需要输入文本的下一个单元格中。

2）表格的编辑

表格的编辑操作与 Excel 章节中叙述的操作类似。

3）表格的格式设置

PowerPoint 2003 允许用户通过"设置表格格式"对话框和"表格和边框"工具栏，完成对表格的设置。

3. 演示文稿中图表的制作

PowerPoint 2003 中包含有 Microsoft Graph 提供的 14 种标准图表类型和 20 种用户自定义的图表类型。

1）插入图表

在幻灯片中插入图表的方法有两种：利用 PowerPoint 的自动版式创建带图表的幻灯片和在幻灯片上直接插入图表。相关操作与 Excel 章节中叙述的操作类似。

2）编辑数据表

在 Microsoft Graph 程序中，图表和数据表是相互关联的，如果修改了数据表中的数据，图表也会相应地更新。

（1）向数据表中输入数据/导入数据

向数据表中输入/导入数据的操作与 Excel 章节中操作类似。

（2）操作数据表

对数据表的"选择、删除数据表区域、清除数据表区域、插入数据表区域、移动或复制数据表区"等操作与 Excel 章节中叙述的操作类似。

3）编辑图表

PowerPoint 2003 中有一个图表程序的图表模块，可以用来制作图表，并添加到幻灯片上。图表类型的选择和图表格式的设置操作与 Excel 章节中叙述的操作类似。

4. 演示文稿中多媒体对象的制作

在演示文稿的幻灯片上不但可以插入图片、图形、表格和图表，还可添加声音和影片等多媒体信息，增加演示文稿的生动性和趣味性。

1）插入影片

（1）插入剪辑库中的影片

在普通视图或幻灯片视图中，选择"插入"菜单中的"影片和声音"级联菜单中的"剪辑管理器中的影片"命令，如图 5-26 所示。

（2）插入文件中的影片

① 在幻灯片视图和普通视图中，选择"插入"菜单中的"影片和声音"级联菜单中的"文件中的影片"命令，打开"插入影片"对话框。

② 选择要插入的影片，单击"确定"按钮，从弹出的对话框中选择插入影片是否自动播放。

2）插入声音

（1）插入剪辑库中的声音

① 在普通视图或幻灯片视图中，选择"插入"菜单中的"影片和声音"级联菜单中的"剪辑管理器中的声音"命令。

② 选择所需声音的类别，单击要插入的

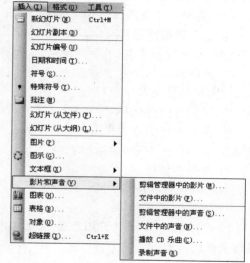

图 5-26 "插入"/"影片和声音"级联菜单

声音，从弹出的菜单中单击"插入剪辑"按钮；在弹出的对话框中选择是否自动播放该声音；单击"是"按钮，自动播放插入的声音；单击"否"按钮，需要单击插入的声音图标时才开始播放。

（2）插入文件中的声音

在普通视图和幻灯片视图中，选择"插入"菜单中的"影片和声音"级联菜单中的"文件中的声音"命令。

（3）插入 CD 音乐

在普通视图或幻灯片视图中，选择"插入"菜单中的"影片和声音"级联菜单中的"播放 CD 乐曲"命令，弹出"插入 CD 乐曲"对话框，完成插入声音的设置后，在被插入的幻灯片上显示出一个 CD 图标。

大学信息技术基础

3）录制旁白

（1）声音旁白的录制

选择"幻灯片放映"菜单中的"录制旁白"命令，打开"录制旁白"对话框，如图 5-27 所示。

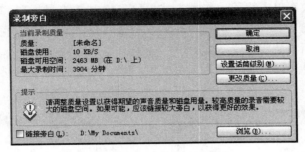

图 5-27　"录制旁白"对话框

旁白录制完成后，每张具有旁白的幻灯片的右下角显示一个声音文件的图标，幻灯片放映时，旁白会随之播放。

（2）暂停记录旁白和删除旁白

① 若希望暂停记录旁白，可以在记录旁白的过程中右击从快捷菜单中选择"暂停旁白"命令，即可暂停录制；若要继续录制，可再次右击从快捷菜单中选择"继续旁白"命令。

② 要删除幻灯片上已录制的旁白，只需用鼠标指向声音旁白标志（即声音文件图标），右击从快捷菜单中选择"删除"命令即可。

（3）插入已录制的声音

① 在普通视图或幻灯片视图中，选择"插入"菜单中的"影片和声音"级联菜单中的"录制声音"命令，打开"录音"对话框，如图 5-28 所示。

② 在对话框中，依次排列有"播放"/"停止"/"记录"三个按钮，在"名称"文本框内为已录制的声音文件命名。

5. 演示文稿中动作按钮的制作

（1）动作按钮的输入

① 在需要输入动作按钮的幻灯片上，选择"幻灯片放映"菜单中的"动作按钮"命令，右拉出现按钮选项列表，如图 5-29 所示。

图 5-28　"录音"对话框　　　　图 5-29　"动作按钮"级联菜单

② 从列表中选择一种按钮,在幻灯片要插入的位置单击(或按住鼠标左键拖动),即可插入一个默认大小(或自定义大小)的动作按钮,并打开"动作设置"对话框,如图 5-30 所示。

③ 如果希望采用单击执行动作的方式,可以单击"单击鼠标"标签,在"单击鼠标"选项卡上设置;如果希望采用鼠标移过执行动作的方式,可以单击"鼠标移过"标签,在"鼠标移过"选项卡中进行设置。

④ 在"单击鼠标时的动作"组合选项框里,单击"超链接到"单选按钮,并打开其下边文本框的下拉列表,选择"超链接"的目标选项,如图 5-31 所示。

图 5-30 "动作设置"对话框

图 5-31 选择超链接到的位置

⑤ 若在"超链接到"下拉列表中选择"幻灯片"选项,就会弹出"超链接到幻灯片"对话框,如图 5-32 所示。

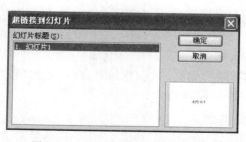
图 5-32 "超链接到幻灯片"对话框

⑥ 若在"超链接到"下拉列表中选择 URL 选项,就会弹出"超链接到 URL"对话框,如图 5-33 所示,在 URL 文本框内输入 URL 地址,单击"确定"按钮。

⑦ 若在"超链接到"下拉列表中选择"其他 PowerPoint 演示文稿"选项,会弹出"超链接到其他 PowerPoint 演示文稿"对话框,选择其他 PowerPoint 演示文稿的路径和文件名,单击"确定"按钮。

⑧ 若该演示文稿有多张幻灯片,立即弹出"超链接到幻灯片"对话框,如图 5-34 所

示,在其上选择要超链接的目标幻灯片,单击"确定"按钮。

图 5-33　"超链接到 URL"对话框

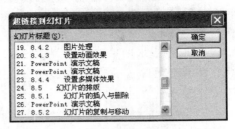

图 5-34　"超链接到幻灯片"对话框

⑨ 在"动作设置"对话框中,单击"运行程序"单选框中的"浏览"按钮,打开"选择一个要运行的程序"对话框,如图 5-35 所示。

图 5-35　"选择一个要运行的程序"对话框

⑩ 在对话框中选择一个程序后,单击"确定"按钮,即可建立一个用来运行外部程序的动作按钮。

⑪ 单击"播放声音"复选框,在其下拉列表中,设置单击动作按钮时的声音效果,如图 5-36 所示,若选择"其他声音"选项,就会弹出"添加声音"文件的对话框,设置完毕后,单击"确定"按钮,完成了动作按钮的制作。

(2) 动作按钮格式的设置

动作按钮是一种具有超链接功能的特殊的图形,可利用图形格式设置的方法来设置动作按钮的格式:

① 选中要设置格式的动作按钮,其四周会出现控制点(尺寸柄)。

② 鼠标指向控制点,并拖动控制点,调整该动作按钮的大小及位置;拖动动作按钮左上角黄色控制三角箭头,可调整动作按钮的厚度。

③ 右击动作按钮,弹出快捷菜单,如图 5-37 所示,选择"添加文本"命令,可以为动作按钮添加文字。选择"设置自选图形格式"命令,弹出"设置自选图形格式"对话框,可以设置动作按钮的"颜色和线条"、"尺寸"、"位置"和"文本框"等参数。

图 5-36　"播放声音"下拉列表　　　　　　图 5-37　快捷菜单

④ 选择"超链接"中的"编辑超链接"/"删除超链接"命令,可对动作按钮的超链接功能进行编辑或取消。

5.2.5　演示文稿的保存、打开

1. 演示文稿的保存

(1) 新建演示文稿的保存

① 选择"文件"菜单中的"保存"命令,打开"另存为"对话框。

② 在"文件名"文本框中输入演示文稿的文件名。

③ 在"保存类型"下拉列表框中,选择保存类型,"演示文稿"是默认的保存类型。

④ 在"保存位置"下拉列表框中,选择保存路径。

⑤ 单击"保存"按钮,完成演示文稿保存操作。

(2) 已建立的演示文稿的保存

单击"常用"工具栏中的"保存"按钮,或选择"文件"菜单中的"保存"命令,即可完成对已建立的演示文稿的保存。

2. 演示文稿的打开

操作方法与 Word 类似,选择"文件"菜单中的"打开"命令,在弹出的对话框中选中目标即可。

5.3　美化演示文稿

对演示文稿的美化工作是整个演示准备工作的核心任务之一,PowerPoint 的一大特点就是可以使演示文稿的所有幻灯片具有一致的精美外观。设置演示文稿统一的外观,

方法有以下几种：使用母版、设计模板的应用、配色方案的选择及背景的设置。

5.3.1 母版的使用

母版用于设置文稿中每张幻灯片的预设格式，这些格式包括每张幻灯片标题及正文文字的位置和大小、项目符号的样式、背景图案等。PowerPoint 2003 中的母版有 3 种类型：幻灯片母版、讲义母版和备注母版。

1. 幻灯片母版的设置

最常用的母版是幻灯片母版，因为幻灯片母版控制的幻灯片格式包含文本占位符和页脚（如日期、时间和幻灯片编号）占位符。如果要修改多张幻灯片的外观，不必一张张地对幻灯片进行修改，只需在幻灯片母版上做一次修改即可。

选择"视图"菜单中的"母版"级联菜单中的"幻灯片母版"命令，就进入了"幻灯片母版"视图，如图 5-38 所示。它有 5 个占位符：标题、文本、日期、幻灯片编号和页脚，用来确定幻灯片母版的版式。

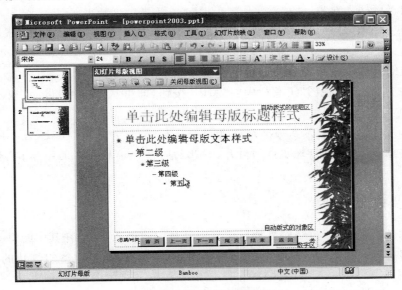

图 5-38　幻灯片母版编辑窗口

（1）更改文本格式

在幻灯片母版中选择对应的占位符，可对其进行文本格式的设置。

（2）设置页眉、页脚和幻灯片编号

在幻灯片母版状态选择"视图"菜单中的"页眉页脚"命令，这时会弹出一个对话框，打开"幻灯片"选项卡，显示如图 5-39 所示。

① 日期和时间的设置分为"自动更新"和"固定"两种。若单击"自动更新"单选按钮，PowerPoint 自动插入当时的日期和时间；若单击"固定"单选按钮，设置的是直接输入的

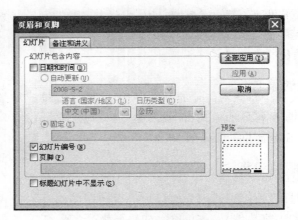

图 5-39 "页眉和页脚"对话框

日期和时间。

② "页脚"选项的文本框是要设置一些注明信息的。

③ 设置完成后,单击"全部应用"按钮,将上述设置信息应用到所有幻灯片上。

（3）向母版插入对象

要使每一张幻灯片都出现某个对象,可以向母版中插入对象,如一张图片、艺术字等。

（4）从幻灯片母版到普通视图的切换

单击"幻灯片母版视图"工具栏中的"关闭"按钮,即可从"幻灯片母版"视图返回到普通视图中。

提示:并非所有幻灯片在每个细节上都必须与"幻灯片母版"一致,若要使幻灯片与母版的某些细节不一致,可选中该幻灯片,在此幻灯片上编辑文本的字体、字形、字号、颜色等。

2. 讲义母版的设置

设置讲义母版,用于控制幻灯片以讲义形式打印的格式,可以在其中的每一张上添加要显示的信息,如含有日期和时间的页眉、页脚、页码等,还可以调整幻灯片的数量,其操作如下。

① 选择"视图"菜单中的"母版"级联菜单中的"讲义母版"命令,弹出讲义母版编辑窗口。

② 在讲义母版编辑窗口弹出的同时,还会出现一个浮动的"讲义母版"工具栏,单击"讲义母版"工具栏上的按钮,可为每张讲义设置幻灯片的数量及位置,每页幻灯片的数量可以设置成 2,3,4,6,9。

③ 单击讲义母版上的"页眉区"、"日期区"、"页脚区"、"数字区",可以对其大小、位置、格式进行设置。

④ 单击讲义母版视图窗格中的母版工具栏中的"关闭"按钮,即可返回到普通视图窗口。

⑤ 选择"文件"菜单中的"打印"命令,打开"打印"对话框,在"打印内容"的下拉列表框中单击"讲义"标签,在"讲义"选项卡中,可以设置每页幻灯片的数量以及幻灯片显示顺序(水平/垂直)等信息。

3. 备注母版的设置

备注母版主要提供演讲者备注使用的空间以及设置备注幻灯片的格式。

① 选择"视图"菜单中的"母版"级联菜单中的"备注母版"命令,弹出备注母版视图编辑窗口。

② 在备注母版上,可以设置幻灯片及备注页的大小、位置。

③ 还可以对备注文本区格式、页眉区格式、日期区格式、页脚区格式及数字区格式进行设置,其设置操作与幻灯片母版操作相同。

④ 单击"备注母版视图"工具栏中的"关闭"按钮,即可返回普通视图。

5.3.2 设计模板的应用

设计模板可使演示文稿所有幻灯片具有统一的外观,PowerPoint 提供了大量的包含统一背景图案和配色方案的幻灯片模板。可以使用这些设计模板轻松地创建完美的幻灯片;若这些设计模板不满足要求,也可以自己创建设计模板。

应用设计模板操作如下:

① 选择"格式"菜单中的"幻灯片设计"命令,弹出"幻灯片设计"任务窗格,并显示"应用设计模板"栏,如图 5-40 所示。

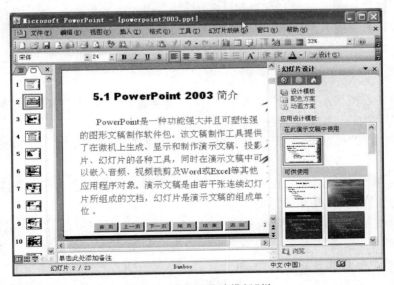

图 5-40 "应用设计模板"栏

② 在"幻灯片设计"任务窗格中的"应用设计模板"栏内包含着大量的设计模板,选择一个合适的模板后关闭此任务窗格,返回幻灯片编辑视图。

5.3.3　配色方案的选择

PowerPoint 中配色方案由幻灯片设计中使用的颜色(用于背景、文本和线条、阴影、标题文本、填充、强调和超链接)组成。应用了一种配套方案后,其颜色对演示文稿中的所有对象都是有效的。PowerPoint 既提供了精心设置的标准配色方案,也允许自己定义配色方案。

配色方案的选用操作如下:

① 在使用标准配色方案的幻灯片中,选择"格式"菜单中的"幻灯片设计"命令,在"幻灯片设计"任务窗格单击"配色方案"选项,此时的任务窗格如图 5-41 所示。

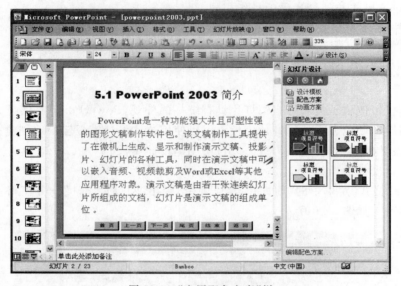

图 5-41　"应用配色方案"栏

② 单击任务窗格左下方的"编辑配色方案"超链接文本,即可打开"编辑配色方案"对话框,如图 5-42 所示,在其中选择一种配色方案。

③ 在"自定义"选项卡中,配色方案颜色共有 8 种基本方案,如图 5-43 所示,它们的作用如下。

"背景":背景色就是幻灯片的底色。幻灯片上的背景色出现在所有对象目标之后,所以它对幻灯片的设计是至关重要的。

"文本和线条":文本和线条就是幻灯片上输入文本和绘制图形时使用的颜色。所有用文本工具建立的文本对象和使用绘图工具绘制的图形都使用文本和线条色,而且文本和线条与背景色要形成强烈的对比。

"阴影":选择使用"阴影"命令来加强物体的显示效果时,此时使用的颜色就是阴影色,在通常情况下,阴影色比背景色还要暗一些,因为这样可以突出阴影的效果。

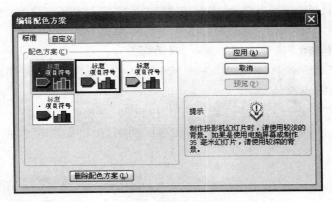

图 5-42　"编辑配色方案"对话框

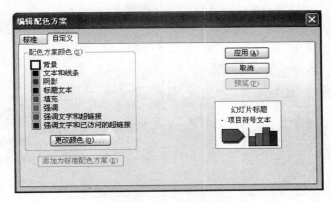

图 5-43　"自定义"选项卡

"标题文本"：为了使幻灯片的标题更加醒目，而且也是为了突出主题，可以在幻灯片的配色方案中设置标题文本色。它主要用于幻灯片的标题颜色，值得注意的是，标题文本不同于文本和线条色。

"填充"：用作填充基本图形目标和其他绘图工具所绘制的图形目标的颜色。

"强调"：加强某些重点或者需要着重指出的文字。

"强调文字和超链接"：突出超链接的一种颜色。

"强调文字和已访问的超链接"：突出已访问超链接的一种颜色。

在幻灯片的设计阶段，应用不同的模板就会产生不同效果的配色方案。

5.3.4　设置幻灯片背景

通过更改幻灯片的颜色、阴影、图案或纹理，改变幻灯片的背景，并且这些更改即可应用于当前幻灯片也可应用于所有幻灯片和幻灯片母版。

① 在普通视图中，选择要更改背景色的幻灯片或切换到幻灯片母版视图上。

② 选择"格式"菜单中的"背景"命令，打开"背景"对话框，如图 5-44 所示。

③ 单击"背景填充"下方的列表框右侧向下按钮,弹出下拉列表,选择需要的背景色。

④ 单击"其他颜色"选项,打开"颜色"对话框。

⑤ 在"颜色"对话框中有"标准"选项卡和"自定义"选项卡,可分别在其上选择颜色,单击"确定"按钮,完成选色。

⑥ 分别单击"预览"、"应用"、"全部应用"按钮,观看效果并应用。

⑦ 单击图 5-44 中下拉列表框的"填充效果"选项,弹出如图 5-45 所示的"填充效果"对话框。

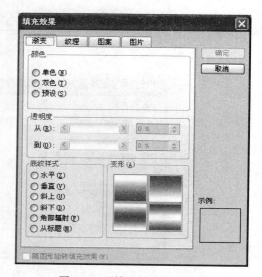

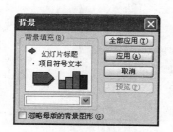

图 5-44　"背景"对话框　　　　　　图 5-45　"填充效果"对话框

⑧ 对话框内含有 4 个标签:"渐变"、"纹理"、"图案"、"图片"。

⑨ 按其提示进行操作,完成填充效果的操作。

5.4　演示文稿的放映及打印

幻灯片的放映是 PowerPoint 成果集中演示的阶段,放映技巧掌握的好坏,对整个 PowerPoint 工作有着最直接的影响。本节主要介绍为幻灯片添加动画设计、如何切换演示文稿中的幻灯片和放映方式的选择及控制。本节最后将讲解如何打印幻灯片。

5.4.1　动画效果的设计

动画效果是针对某一张幻灯片中的内容而言的。根据实际需要,对幻灯片中标题、文本、图表和图片等对象添加特殊的视觉效果和声音,以增强演示文稿的表现力。

1．预设动画方案

选定幻灯片，选择幻灯片放映菜单中的"动画方案"命令，在任务窗格中选择动画方案即可。

2．自定义动画效果的设置

① 在幻灯片视图和普通视图中，选中并显示要设置动画的幻灯片。

② 选择"幻灯片放映"菜单中的"自定义动画"命令，打开如图 5-46 所示的"自定义动画"任务窗格。选择幻灯片上预设动画的对象，根据提示即可从中选择动画效果。当添加完动画后，在"自定义动画"任务窗格中会出现"开始"、"方向"、"速度"3 个下拉列表框，在这 3 个下拉列表框中可以对动画开始播放的时间、方向以及速度进行设置。

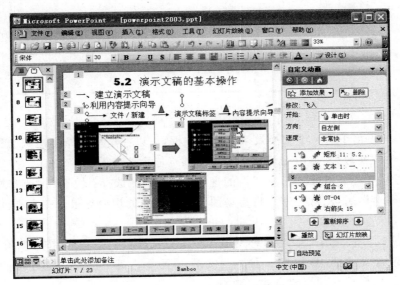

图 5-46 "自定义动画"任务窗格

③ 在自定义动画列表中，按应用的顺序从上到下显示。选中要移动的项目并将其拖到列表中的其他位置即可。也可以通过单击向上、向下按钮来调整动画序列。

④ 删除动画效果：在"自定义动画"任务窗格中，选择要删除的动画效果。单击"删除"按钮，即可删除选定的动画效果。

5.4.2 切换方式的设计

幻灯片的切换是指两张幻灯片之间设置一种过渡效果，虽然切换效果不能与动画相提并论，但是也可以大大地增强幻灯片放映的动感，使幻灯片的切换不过于单调。

① 在幻灯片浏览视图中选择需要设置切换效果的幻灯片或多张幻灯片或全部幻灯片。

② 选择"幻灯片放映"菜单中工具栏上的"幻灯片切换"命令,打开如图 5-47 所示的"幻灯片切换"任务窗格。

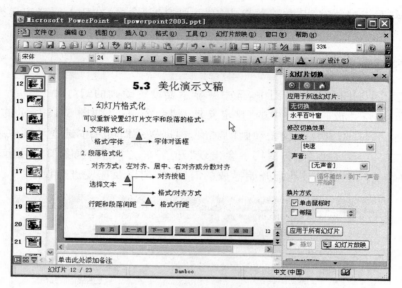

图 5-47 "幻灯片切换"任务窗格

③ 在任务窗格中有一个切换效果下拉列表框,可以在这里选择多达数十种的切换效果。选择一种切换效果,这时幻灯片中会自动预览显示这种效果。

④ 在任务窗格中还可以选择切换的速度,提供三种选择:快速、中速和慢速。同样会在选择某种速度后,幻灯片中也将自动预览这种速度的切换效果。在文本框下方,单击速度单选框,设置切换速度。

⑤ 在"换片方式"选项组中,选择用鼠标单击方式换页还是自动(按时间设置)换页。

⑥ 在"声音"列表框中,选择一种声音效果,并可单击其下的"循环播放到下一声音开始时"复选框,选择声音的播放方式。

⑦ 单击"播放"按钮,设置的切换效果仅应用到当前的幻灯片上;单击"应用于所有幻灯片"按钮,将设置的切换效果应用到所有幻灯片上。

5.4.3 放映方式的设计

1. 播放幻灯片

当制作好了一系列的幻灯片之后,就需要将其进行演示,这时就要启动幻灯片的放映。下面介绍几种启动幻灯片放映的方法。

① 选择"视图"菜单中的"幻灯片放映"命令。

② 单击窗口左下角的"幻灯片放映"按钮。

③ 按键盘上的 F5 键,这是幻灯片的快捷键。

④ 放映 PowerPoint 演示文稿也可以不必事先运行 PowerPoint 2003,方法是:在"我

大学信息技术基础

的电脑"或"资源管理器"中找出要放映的文件,在文件名上右击,在弹出的快捷菜单中选择"显示"命令。

⑤ 打开和播放保存为 PowerPoint 放映(.pps)的幻灯片放映更为简单:在"我的电脑"或"资源管理器"中找出要打开的 PowerPoint 放映文件。

2. 幻灯片的放映方式的设置

(1) 单击"幻灯片放映"菜单上的"设置放映方式"命令,弹出"设置放映方式"对话框,如图 5-48 所示。

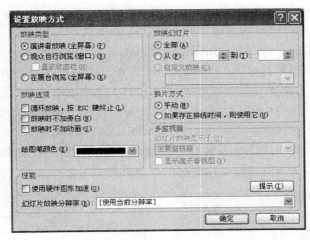

图 5-48 "设置放映方式"对话框

(2) 在"放映类型"选项组中。

① "演讲者放映(全屏幕)":选择此单选按钮,可以全屏幕地播放演示文稿,是最常用的放映方式,演讲者具有完整的控制权,可采用人工及自动放映方式。演讲者可以干预幻灯片的放映流程:如可以将演示文稿暂停、添加会议细节或即席反应,还可以在放映过程中录旁白等。

② "观众自行浏览(窗口)":选择此单选按钮,可以窗口形式播放小规模的演示。演示文稿出现在小型窗口内,在此方式中,可以使用滚动条,在一张张幻灯片之间观看演示,也可以显示 Web 工具栏,右击弹出快捷菜单,可以选择其中的命令项,对幻灯片进行操作。

③ "在展台浏览(全屏幕)":选择此单选按钮,可以自动放映演示文稿,并且每次放映完毕重新启动。如在展览会场或会议中常使用这种放映方式。

(3) 在"放映幻灯片"选项组中。

① 单击"全部"单选按钮,可以从演示文稿的第一张幻灯片播放到最后一张幻灯片。

② 或单击"从……到……"单选按钮,可以指定演示文稿中从第几号幻灯片开始播放,到第几号幻灯片结束。

③ 或单击"自定义放映方式"单选按钮,可从其下拉列表中选择某个自定义放映方式;如果演示文稿中没有自定义放映幻灯片,不能使用此单选项。

（4）在"换片方式"选项组中，指定幻灯片播放是采用"手动"换片还是采用"排练时间"自动换片。

（5）单击"绘图笔颜色"的"▼"按钮，可选择颜色组列表中一种颜色或其他颜色，为演讲稿（幻灯片）作注释。

（6）单击"确定"按钮，可完成幻灯片的放映设置。

3. 实现无环境放映

在很多的情况下，放映幻灯片时所使用的计算机并不一定安装了 PowerPoint，那么就需要在没有 PowerPoint 的情况下可以放映幻灯片。PowerPoint 提供了一种"打包"功能，可以在没有 PowerPoint 的情况下放映幻灯片。

所谓打包，其实就是将幻灯片的播放器连同幻灯片一起制作为一个文件，即打成一个文件包。但是，这样也同时增加了文件的大小，有可能使文件不便于携带。

幻灯片文件打包步骤：首先在 PowerPoint 的工作环境中打开要打包的幻灯片文件，选择"文件"菜单中的"打包成 CD"命令，出现如图 5-49 所示的"打包成 CD"对话框，其次单击"复制到文件夹"按钮，则会弹出如图 5-50 所示的对话框，最后单击"确定"按钮。于是，幻灯片的播放器与幻灯片一起被打包存放到指定的文件中。如果单击"复制到 CD"按钮，那么幻灯片的播放器与幻灯片被打包并刻录到 CD 盘上。

图 5-49　"打包成 CD"对话框

图 5-50　"复制到文件夹"对话框

打包后的演示文稿文件类型并没有变，只是在文件夹中包含了 PowerPoint 播放器及所需库文件。AUTORUN.INF 是使打包的文件夹具有自动运行功能的脚本，需要放映时双击该文件夹的图标即可自动启动 Windows 中的播放器放映幻灯片；也可直接双击play.bat 批处理文件直接播放打包的演示文档。

5.4.4　幻灯片放映中的控制

1. 幻灯片的启动/退出

（1）幻灯片放映的启动

① 选择"幻灯片放映"菜单中的"观看放映"命令。

② 选择"视图"菜单中的"幻灯片放映"命令。

③ 单击视图窗口左下角"幻灯片放映"按钮。

④ 直接按 F5 键。

（2）幻灯片放映的退出

① 在幻灯片放映时，右击从弹出的快捷菜单上选择"结束放映"命令，如图5-51所示。

② 直接按 Esc 键。

图 5-51 控制幻灯片放映的快捷菜单

2. 控制幻灯片的前进/后退

（1）控制幻灯片的前进

① 在幻灯片的放映过程中，右击在弹出的快捷菜单上（如图5-51所示），选择"下一张"命令。

② 在幻灯片的放映过程中，单击或按空格键或 Enter 键或 Page Down 键或"↓"键或"→"键，均可以控制幻灯片的前进。

（2）控制幻灯片的后退

① 在幻灯片的放映过程中，右击在弹出的快捷菜单上，选择"上一张"命令。

② 在幻灯片的放映过程中，按 Back Space 键或 Page Up 或"↑"键或"←"键，均可控制幻灯片的后退。

3. 控制幻灯片的定位

① 在幻灯片放映过程中，右击在弹出的快捷菜单上，选择"定位至幻灯片"命令，右拉出现级联菜单，如图5-52所示。

② 在图5-52所示的级联菜单上，选择要切换到的目标幻灯片。

4. 隐藏或显示鼠标指针

在幻灯片放映时，可以根据需要，将鼠标指针隐藏或显示。

① 在幻灯片的放映过程中，右击弹出快捷菜单，选择"指针选项"命令，如图5-53所

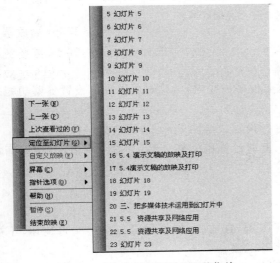

图 5-52 "定位至幻灯片"级联菜单

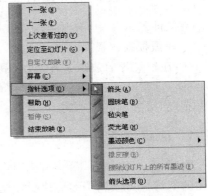

图 5-53 "指针选项"级联菜单

示,右拉出现级联菜单。

② 若要隐藏鼠标指针,可以选择级联菜单上的"永远隐藏"命令。

③ 若要显示鼠标指针,可以选择级联菜单上的"箭头"命令。

④ 若在隐藏鼠标指针后,再选择级联菜单上的"自动"命令,可以使鼠标指针显示,并在休止状态 3 秒后自动隐藏,移动鼠标时,指针将再次显示。

5. 添加墨迹注释

在幻灯片放映时,可以使用鼠标指针作为粉笔,在幻灯片上做墨迹注释。

① 在幻灯片的放映过程中,右击弹出快捷菜单,选择"指针选项"中的"圆珠笔"或"毡尖笔"或"荧光笔"命令,使鼠标指针变成画笔的形状。

② 若要更改墨迹的颜色,可在图 5-54 所示"墨迹颜色"的级联菜单中,选择"墨迹颜色"进行设置。

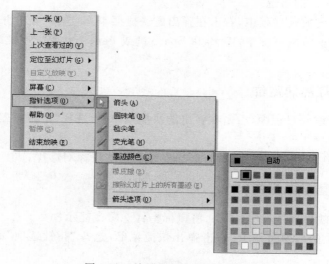

图 5-54　绘图笔颜色级联列表

6. 幻灯片放映中屏幕的控制

在放映幻灯片中,有时可能要在屏幕上板书一些内容,这时可以利用设置屏幕功能来模拟一块黑板或白板。

① 在幻灯片的放映过程中,将鼠标指针设置成绘图笔形式,并选择一种颜色。

② 选择"屏幕"菜单中的"黑屏"命令,此时计算机屏幕全黑,类似一块黑板;按鼠标左键并拖动,可在屏幕上书写。

7. 隐藏幻灯片

有时,在制作演示文稿时,会多做几张备用,在放映时,根据需要决定是否使用,不被使用的幻灯片可以利用幻灯片隐藏功能将其隐藏。

① 选中要隐藏的幻灯片,如 6 号幻灯片。

② 选择"幻灯片放映"菜单中的"隐藏幻灯片"命令。

③ 在"幻灯片浏览视图"中,第 6 号幻灯片的编号被作上"划去"的记号。

④ 若要将隐藏的幻灯片重新显示出来,可再重复选择"隐藏幻灯片"命令或右击,从弹出的快捷菜单上,选择"隐藏幻灯片"命令。

5.4.5　打印幻灯片

PowerPoint 2003 既可用彩色、灰度或纯黑白打印整个演示文稿的幻灯片、大纲、备注和观众讲义,也可打印特定的幻灯片、讲义、备注页或大纲页。

大多数演示文稿设计为彩色显示,而幻灯片和讲义通常使用黑白或灰色阴影(灰度)打印。选择打印时,PowerPoint 在演示文稿中设置颜色以匹配所选打印机的功能。例如,如果选择的是黑白打印机,演示文稿将自动设置为灰度打印。使用打印预览,可以查看幻灯片、备注和讲义用纯黑白或灰度显示的效果,并可以在打印前调整对象的外观。

1. 页面设置

在打印幻灯片文件之前,首先要进行幻灯片文件页面的设置。其中包括设置幻灯片的打印尺寸,幻灯片的走向和起始序号等。改变幻灯片页面设置后,PowerPoint 会自动对打印机进行调整,使之与新幻灯片页面的大小和方向相适应。

① 打开需要打印的演示文稿。

② 选择"文件"菜单中的"页面设置"命令,打开"页面设置"对话框,如图 5-55 所示。

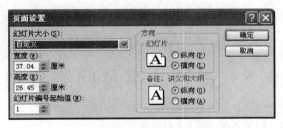

图 5-55　"页面设置"对话框

③ 根据需要,设置"页面设置"对话框中的各项值。如设置幻灯片大小、选择幻灯片的方向、选择打印幻灯片的起始页编号、设置要打印的幻灯片大小等。

④ 设置完成后,单击"确定"按钮,即可完成页面设置的操作。

2. 设置打印参数/打印页面

① 选择"文件"菜单中的"打印"命令,弹出如图 5-56 所示的"打印"对话框。

② 设置"打印"对话框中各选项值,其中包括打印内容、范围、质量要求、顺序、份数和其他一些特殊要求等。

③ 单击"确定"按钮,联机打印。

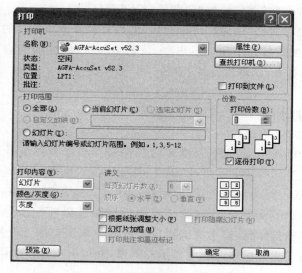

图 5-56 "打印"对话框

3. 打印讲义、备注页和大纲视图

① 打开需要打印的演示文稿。

② 选择"文件"菜单中的"打印"命令，弹出如图 5-56 所示的"打印"对话框。

③ 在"打印内容"下拉菜单中，选中"讲义"选项，或"备注页"选项或"大纲视图"选项。

④ 在讲义列表栏中，设置打印参数值，单击"确定"按钮，联机打印讲义，或备注页或大纲视图。

5.5　资源共享及网络应用

5.5.1　Office 组件间的数据传递

Office 2003 的各个组件之间可以方便的实现资源共享，提高工作效率。在 PowerPoint 2003 中，网络功能也得到了进一步的增强。本节将重点讲解在 PowerPoint 制作的幻灯片中，如何利用其他基于 Windows 的应用程序资源和其他 Office 组件的资源。并介绍在 PowerPoint 2003 中如何设置超文本链接、如何使用 Internet 上的幻灯片资源，以及如何在网上发布等知识点。

1. Word 与 PowerPoint 之间的数据传递

Windows 操作系统提供了一个剪贴板工具。Office 系列软件中的资源共享主要是通过作为中间媒介的剪贴板来实现的。Office 2003 提供了一块可以复制 24 次内容的剪贴板，因为本次复制的内容不会冲掉上一次复制的内容，所以可以在一个工作环境中将所有传输的数据都复制到剪贴板上,然后到另一个工作环境一起粘贴。用这种方式传递的数据对象,在目标文件中会保持源文件格式。例如,在源文件中是文本,在目标文件中也将按文本处理;在源文件中是图片,在目标文件中也将默认为图片。

2. OLE 中的数据交流

OLE 是不同应用程序之间共享数据的基本途径,不仅适用于 Office 软件,也适用于支持这一功能的其他软件,甚至可以通过网络与别的站点之间进行双向数据交流。插入 OLE 对象的方法同 Word 中的操作一样。

3. 演示文稿与 Excel 的信息共享

① 同时打开 PowerPoint 2003 的演示文稿和 Excel 工作簿,右击任务栏,在弹出的快捷菜单中选择"纵向平铺窗口"命令,使两个应用程序窗口同时出现在屏幕上。

② 选择要移动的幻灯片,用鼠标右键拖幻灯片到 Excel 工作簿中,松开鼠标右键后,显示出快捷菜单。

③ 在快捷菜单中选择需要的命令项,如:"复制到此位置"命令项,将所选幻灯片复制到 Excel 工作簿中。

5.5.2　链接外部程序

在 PowerPoint 2003 中通过设置某个对象的动作,使其可以直接启动其他的基于 Windows 的应用程序。这实质上也是一种链接的方式。

下面对幻灯片中的图像对象进行动作设置如图 5-57 所示。

图 5-57　幻灯片中的"图像对象"

① 选中图像对象,选择"幻灯片放映"菜单中的"动作设置"命令,打开"动作设置"对

话框。

　　② 在该对话框中,单击"运行程序"单选按钮,如图 5-58 所示,单击"浏览"按钮,通过查找得到链接的程序。在这里,选择链接一个想打开的游戏程序,单击"确定"按钮完成设置。但演示文稿放映到这张幻灯片时,系统就会自动启动所选择的游戏程序。

图 5-58　"动作设置"对话框

5.5.3　网上的幻灯片

　　在网络遍及世界各地的今天,真正优秀的幻灯片只有发表在网络上才能充分发挥它的作用,以充分展示作品的效果,并与他人进行充分的交流。在这里将主要介绍如何在Internet 上发表幻灯片,以及如何在 Internet 上浏览幻灯片。

1. 使用内容提示向导制作用于 Web 的演示文稿

　　在前面介绍了如何利用内容提示向导制作一个简单的幻灯片的过程。在选择输出类型的时候,如果单击"Web 演示文稿"单选按钮,那么所编辑的演示文稿将被保存为"Web文档"类型。保存后的 Web 演示文稿以 . hmt 命名,可以用链接的方式将其链接到网页上,当进行网页浏览时,单击该链接,即可在浏览器中浏览演示文稿。

2. 将演示文稿保存为 Web 页

　　"另存为网页"命令是 PowerPoint 2003 "文件"菜单中一个命令,可以使用该命令将幻灯片转换为 HTML 格式的文件,这样幻灯片被转变成适合在网上浏览的格式。

　　(1)"另存为网页"对话框

　　选择"文件"菜单中的"另存为网页"命令,打开如图 5-59 所示的"另存为"对话框。这个对话框有两个特别的按钮,一个是"发布"按钮,另一个是"更改标题"按钮。

图 5-59　"另存为"对话框

（2）"发布为网页"对话框

在如图 5-59 所示的"另存为"对话框中单击"发布"按钮，将打开一个"发布为网页"对话框，如图 5-60 所示。

图 5-60　"发布为网页"对话框

"发布内容"：设置是否发布幻灯片的全部内容，亦或只发布其中的几张幻灯片，以及是否一同显示演讲者备注的内容等。

"浏览器支持"：设置浏览器的类型，其中包括三个选项，越靠后的选项意味着所支持的浏览器越多，但是这时保存的文件也将很大。

"发布一个副本为"：单击"更改"按钮可以设置页面的标题，也可以设置发布文件的路径和名称。如果还不存在这个转换为页面格式的文件，系统将自动完成幻灯片的转换工作。

"在浏览器中打开已发布的网页"复选框：选中这个复选框，将在发布文件的同时在浏览器中打开这个文件，以观察发布后的幻灯片效果。

"Web 选项"按钮：单击这个按钮将打开一个"Web 选项"对话框，可以对页面进行编辑和设置。

"发布"按钮：单击这个按钮即可将选定的文件发布到指定的路径下面。

（3）"更改"对话框

在如图 5-59 所示的对话框中，单击"更改标题"按钮将打开一个如图 5-61 所示的"设置页标题"对话框。在这个对话框中，可以改变标题的名字，而此页的标题将显示在浏览器的标题栏中。

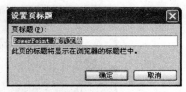

图 5-61 "设置页标题"对话框

3. 在网上发表幻灯片

在 Internet 上发表幻灯片的工作有两个步骤：第一步是生成可以在网上浏览的文件，第二步是将生成的文件复制到 Internet 服务器上。

4. 在网络上浏览幻灯片

通过使用矢量标示语言可以加快下载网页的速度。

① 选择"工具"菜单中的"选项"命令，打开"选项"选项卡。

② 打开"常规"选项卡，再单击"Web 选项"按钮，打开"Web 选项"对话框。

③ 单击其中的"浏览器"标签页。

④ 在"选项"列表框中，选中"利用 VML 在浏览器中显示图形"复选框。

在创建网页时，可以指定 Web 浏览器将用来显示该页面的编码：

① 选择"工具"菜单中的"选项"命令，打开"选项"选项卡。

② 打开"常规"选项卡，再单击"Web 选项"按钮。

③ 在"Web 选项"对话框中，打开"编码"选项卡。

④ 若要指定在页面未以正确的语言编码显示时，Office 应用程序用来显示该页的语言代码，选择"重新加载当前文档"列表中所需的语言。如果无法确定语言编码，则在加载后面的页时也将使用此设置。若要指定用于保存页面的语言代码，选择"将此文档另存为"列表中所需的语言。

5.5.4　幻灯片中的超链接

PowerPoint 2003 为幻灯片中的每个对象（包括文档、图形、图像图表及录像等）提供了可以进行超链接的功能。利用超链接功能，可以实现网络中读取数据、更新幻灯片。

1. 创建超链接

PowerPoint 2003 提供了三种创建超链接的方法。其中，使用动作按钮创建超链接的功能前面介绍过，下面介绍另两种方法——利用插入超链接和动作设置功能。

（1）插入超链接

这种方法对幻灯片中的几乎所有对象都适用。它通过选择"插入"菜单中的"超链接"

命令来完成。

　① 在当前的幻灯片视图中，选择要作为超链接的文本或图形。

　② 选择"插入"菜单中的"超链接"命令，或右击作为超链接的文本或图形，弹出快捷菜单，选择"超链接"命令，打开"插入超链接"对话框，如图 5-62 所示。

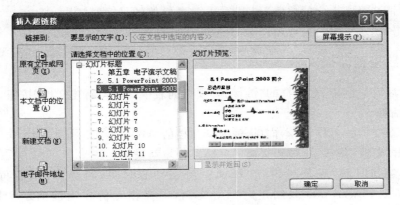

图 5-62　"插入超链接"对话框

　③ 在"链接到"项目列表中，单击"原有文件或 Web 页"按钮。

　④ 如果要使鼠标指向超链接时能够提示信息，可单击"屏幕提示"按钮，在随即弹出的"设置超链接屏幕提示"对话框的文本框内输入提示文字。

　⑤ 指定超链接的目标的方法。

　方法一：在"插入超链接"对话框的"请输入文件名称或 Web 页名称"文本框中，输入超链接目标文件地址（即从演示文稿跳转的目的地地址）。

　方法二：单击"插入超链接"对话框的"文件"按钮，打开"链接到文件"对话框，在该对话框的"文件名"文本框内输入跳转的目的地文件名。

　方法三：单击"插入超链接"对话框的 Web 页按钮，启动 Internet Explorer 浏览器，找到要跳转的 Web 页。

　方法四：单击"插入超链接"对话框的"近期文件"按钮，从右侧的列表框中选取近期保存过的文件中的一个文件作为跳转的目的文件。

　方法五：单击"浏览过的页"按钮，可从近期浏览过的且保存在 Internet 临时文件夹中的 Web 页中，选择一个 Web 页作为跳转的目的文件。

　方法六：单击"插入链接"按钮，可从最近访问过的超链接中选一个目标。

　⑥ 单击"确定"按钮，关闭"插入超链接"对话框，完成超链接的创建。

　在幻灯片放映过程中将鼠标移到超链接上时，指针变成手形，并显示超链接的路径。

　（2）利用动作设置功能

　这里其实就是借助于以前提过的"动作设置"对话框。但与前面的方法不同的是，这个对话框对所有幻灯片中的对象都适用，并且可以设置以两种方式激活超链接，一种是单击鼠标，另一种是将鼠标移过超文本链接。

2. 超链接到当前演示文稿的幻灯片上

① 在"插入超链接"对话框中，单击"链接到"选项组中的"本文档中的位置"按钮，弹出"插入超链接"对话框。

② 在"请选择文档中的位置"列表框中，选择链接的目标幻灯片。

③ 单击"确定"按钮，完成超链接的创建。

3. 超链接到新建文档

① 在"插入超链接"对话框的"链接到"项目列表中，单击"新建文档"按钮，弹出"插入超链接"对话框。

② 在"新文档的名称"文本框里，输入新文档的名称。

③ 单击"更改"按钮，可对新文档的完整路径重新设置。

④ 在"编辑时间"选项组中，选择编辑新文档的时间，若选择"以后再编辑新文档"单选框，则 PowerPoint 只创建一个新文档，但操作点仍在当前演示文稿中；若选择"开始编辑新文档"单选框，PowerPoint 在创建一个新文档的同时，将操作点转到新文档中。

⑤ 单击"确定"按钮，完成超链接。

4. 超链接到电子邮件地址

① 在"插入超链接"对话框中，单击"电子邮件地址"按钮，弹出"插入超链接"对话框。

② 在"电子邮件地址"文本框中，输入电子邮件地址。

③ 在"主题"文本框中，输入电子邮件主题。

④ 单击"确定"按钮，完成超链接的创建。

5.5.5 内联网中的幻灯片

PowerPoint 2003 也提供了有关 Intranet 的功能，不但可以在 Intranet 上发布幻灯片，同时还可以在 Intranet 上召开网络会议。

1. 在内联网上发表幻灯片

在 Intranet 上发表幻灯片，可以使用与在 Internet 上发表幻灯片同样的方法。另外，PowerPoint 的设计者们还提供三种特殊的发表方式，分别是 E-mail 方式、传送方式和使用 Exchange 公用文件夹方式。

2. 在内联网中召开网络会议

使用 PowerPoint 2003 可以很容易地通过局域网来召开网络会议。这样，既可以免去组织会议的时间和准备，又可以在短时间内完成会议，从而大大提高了工作的效率。另外在网络上召开会议，可以进行备份而不必进行会议记录。

大学信息技术基础

5.6 习 题

5.6.1 选择题

1. PowerPoint 演示文稿的默认扩展名是（　　）。
   A. PTT   B. DOC   C. XLS   D. PPT

2. 在 PowerPoint 2003 中"新建演示文稿"任务窗格提供了一系列创建演示文稿的方法，其中有（　　）。
   A. 空演示文稿   B. 根据现有演示文稿
   C. 网站上的模板   D. 根据设计模板

3. 在 PowerPoint 中可以在（　　）模式下输入文本。
   A. 大纲视图   B. 幻灯片视图
   C. 幻灯片放映视图   D. 幻灯片浏览视图

4. 在编辑演示文稿中的幻灯片的内容时，最常用的视图方式是（　　）。
   A. 普通视图   B. 备注页视图
   C. 幻灯片浏览视图   D. 幻灯片放映视图

5. 在 PowerPoint 演示文稿中，可以嵌入的表格格式有（　　）。
   A. Microsoft Excel 工作表   B. Microsoft Access 表格
   C. MySQL 数据库

6. 如果要从第 3 张幻灯片跳到第 7 张幻灯片，应选择"幻灯片放映"菜单中的（　　）命令。
   A. 预设动画   B. 动作设置   C. 录制旁白   D. 幻灯片切换

7. 下列有关幻灯片配色方案的叙述中，正确的是（　　）。
   A. 应用配色方案后，系统会根据配色方案自动设置文本、背景等内容的颜色
   B. 同一个演示文稿中的幻灯片只能应用同一种配色方案
   C. 配色方案以文件的形式单独存储在系统文件夹中
   D. 在同一个演示文稿中可以添加任意多个配色方案

8. 以下有关组合图形的叙述中，正确的是（　　）。
   A. 组合后的图形可以整体移动，但不能整体调整大小
   B. 可以单独设置组合图形中的某个图形的线条或填充色
   C. 可以调整组合图形中某个图形的大小
   D. 组合的图形不能再与其他图形组合

9. 在不同程序间的共享主要是通过（　　）作为一个中间媒介来实现的。用这种方式传递的数据对象，在目标文件中会保持其源文件格式。
   A. 剪贴板   B. 内存   C. 外存   D. 磁盘缓存

10. 当选择输出类型为"Web 演示文稿"单选按钮后，所编辑的演示文稿将被保存为"Web 文档"。保存后的 Web 演示文稿以（　　）命名。
    A. .mnt   B. .htm   C. .css   D. .exe

5.6.2 填空题

1. PowerPoint 2003 有_____、_____、_____、_____ 4 种最常用的视图。
2. PowerPoint 2003 有_____、_____、_____、_____ 4 种母版类型。
3. _____是 PowerPoint 对幻灯片各种对象预设的动画效果。
4. _____是 PowerPoint 提供的带有预设动作的按钮对象。
5. PowerPoint 2003 有_____、_____、_____ 3 种常见的放映方式。
6. 在 PowerPoint 中,要插入新幻灯片,可按键盘上的_____组合键。
7. 在浏览 Web 页文件或放映幻灯片的同时使用超链接其实非常简单,只需在创建了超链接的对象上单击即可。当然,由于创建超链接的方式不同,在打开链接时会略有差异。即链接的激发方式是_____还是_____,这由在创建超链接时设置。
8. 在 PowerPoint 2003 中通过设置某个对象的动作,使其可以直接启动其他的基于 Windows 的应用程序,这实质上也是一种_____方式。

5.6.3 操作题

请按下列要求创建一空白演示文稿:(将演示文稿存为 pptex)

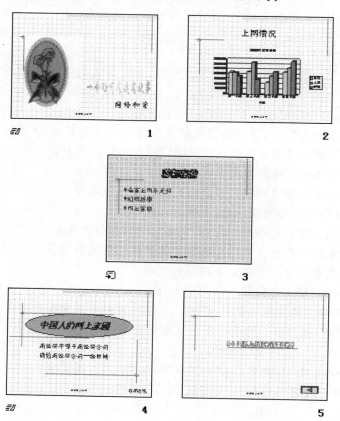

1. 将第一张幻灯片的版式设为：空白；插入艺术字"一个动听迷离的故事"；插入任意图片；插入文本框，内容为"网络和您"。

2. 将第二张幻灯片的版式设为：标题和文本；添加标题："首都在线"，字体为华文彩云44号字、倾斜、有阴影且居中对齐；正文文本，字体为华文新魏24号字；将幻灯片的背景纹理设为：画布。

3. 将第三张幻灯片的版式设为：标题幻灯片；插入自选图形：椭圆，并将叠放次序设为"置于底层"；插入文本框，内容为"首都在线"。

4. 在第二、第三张幻灯片之间插入一张新幻灯片，版式设为：标题和图表；添加标题："上网情况"，字体为宋体44号字且居中对齐；图表标题："2005年最新统计"，图表横坐标为"季度"，分别将"东部、西部、北部"改为北京、上海、安徽，数值自行设计。

5. 将第一张幻灯片中的艺术字对象"一个动听迷离的故事"动画效果设置为"飞入"，"自左侧"；图片对象的动画效果设置为"向内溶解"。

6. 设置第四张幻灯片标题框在前一事件3秒后自动播放。

7. 将第二张幻灯片的切换效果设计为"阶梯状向左下展开"，"中速"，声音设置为"打字机"。

8. 在最后添加一张"空白"版式的幻灯片；插入一个文本框，文本框内容"263将上网进行到底！"，字体为华文彩云36号字；给"263将上网进行到底！"加上链接，链接到：http://www.263.com；在幻灯片中插入任意一个声音；在适当位置插入一个动作按钮，链接到第二张幻灯片（"首都在线"）。

9. 将第二张幻灯片和第三张幻灯片位置交换。

10. 为演示文稿选择一标准配色方案或自定义配色方案。

11. 将演示文稿应用设计模板。

12. 为整个演示文稿添加页脚：安徽农业大学。

第 6 章 计算机网络基础与应用

6.1 计算机网络基础知识

计算机网络技术是 20 世纪对人类社会产生最深远影响的科技成就之一。随着 Internet(因特网)技术的迅速发展和现代信息基础设施的逐步完善,计算机网络技术正在改变着人们的学习、工作和生活方式。"Internet 网络技术是当代计算机领域最为重要的基础知识之一"已成为当今世界人们的共识。因此,学习网络的基本知识,掌握 Internet 的基本使用方法成为当前计算机知识学习中的一个必需的重要方面。本章将带领大家初步认识计算机网络基础知识,了解并掌握一些常用的网络应用技术。

6.1.1 计算机网络的形成与发展

网络的形成和发展始于 20 世纪 50 年代,这一时期的相关领域的研究人员尝试把通信和计算机这两种独立发展的技术联系起来,建立了一些基础的理论性的概念,同时为今后的计算机网络的出现在技术上做好了准备。20 世纪 50 年代,计算机技术正处于第一代电子管计算机向第二代晶体管计算机过渡期。第一代计算机的特点是操作指令是为特定任务而编制的,每种机器有各自不同的机器语言,功能受到限制,速度也慢。另一个明显特征是使用真空电子管和磁鼓储存数据。第二代计算机用晶体管代替电子管,还有现代计算机的一些部件:如打印机、磁带、磁盘、内存、操作系统等。计算机中存储的程序使得计算机有很好的适应性,可以更有效地用于商业用途。在这一时期出现了更高级的 COBOL(Common Business-Oriented Language)和 FORTRAN(Formula Translator)等语言,以单词、语句和数学公式代替了二进制机器码,使计算机编程更容易。这个时候的通信技术经过几十年的发展已经初具雏形,正是这些技术奠定了以后网络发展的基础,为网络的出现做好了前期的准备。

第一阶段的理论基础之后,到 20 世纪的 60 年代,网络发展进入第二个阶段。正值冷战时期,美国为了防止其军事指挥中心被苏联摧毁后,军事指挥出现瘫痪,于是开始设计一个由许多指挥点组成的分散指挥系统,以保证当其中一个指挥点被摧毁后,不至于出现全面瘫痪的现象,并把几个分散的指挥点通过某种通信网连接起来成为一个整体。终于在 1969 年，美国国防部高级研究计划管理局（ARPA——Advanced Research Projects Agency）把 4 台军事及研究用计算机主机联接起来，于是 ARPANET 网络诞生了。可以说 ARPANET 是计算机网络发展中的一个最为重要的里程碑之一，是当前 Internet 的雏形和鼻祖。刚开始的时候，ARPANET 所使用的技术还不具备大规模推广的条件，因此，初期的网络仅仅是用于军事。在某种意义上讲，是冷战促使了网络的诞生。分组交换技术是随着网络的出现而诞生的一种新的通信技术，它是随网络需要计算机实现网络通信而产生的。该技术是将传输的数据加以分块，并在每块数据的前面加上一个信息发送目的地的地址标识，从而实现信息数据传递的一种通信技术。分组交换技术也是 20 世纪 60 年代网络发展第二个阶段的重要标志之一。

20 世纪 70 年代中期至 80 年代是网络发展的第三个阶段。在这一时期，随着计算机技术的快速发展，出现了个人计算机。各种局域网以及广域网技术迅速地发展起来，尤其是各大计算机生产厂商也开始发展自己的计算机网络系统。网络最为重要的协议 TCP/IP 协议，就是在 1974 年由 ARPA 的鲍勃·凯恩和斯坦福的温登·泽夫合作所提出的。

20 世纪 80 年代至 90 年代可以说是网络发展中非常重要的十年。首先是 1983 年产生了适用于异构网络的 TCP/IP 协议，TCP/IP 协议逐步得到了认可，并作为 BSD UNIX 操作系统的一部分，渐渐流行起来，于是真正意义上的 Internet 诞生了。1984 年，日本建成了 JUNet 网络（Japan Unix Network）。1985 年，美国科学家基金会（NSF）组建 NSFNet，美国的许多大学、政府资助的研究机构，甚至一些私营的研究机构，纷纷把自己的局域网并入 NSFNet 中，使得其迅速扩大，1986 年 NSFNet 网络奠定了其成为以后 Internet 主干网的基础地位，当时其速度是 56Kbps。三年之后的 1989 年，Internet 的速度已经提升为 1.54Mbps，也出现了最早的 Internet 服务提供商（ISP），并伴随着 WWW（World Wide Web）全球广域网的出现，诞生了世界上第一个超文本浏览器/编辑器。

1991 年，Internet 开始用于商业用途，商业化成为 Internet 发展的一个重要推进剂，使得它以空前的速度迅速发展，连入网络的计算机数目的增多以及主干网速度的大幅提升，都为互联网的商业发展提供了广阔的空间，同时商业的发展也促进了网络的发展。

如今随着网络技术的成熟，高速局域网技术迅速发展，传输速率为 100/1000Mbps 的 Ethernet 的广泛应用，IP 电话服务，更高性能的下一代互联网的发展，使得网络已经渗入到了商业、金融、政府、医疗、科研、教育等各个社会部门，使得网络成为了当今人类社会中不可缺失的一个重要部分。

6.1.2　计算机网络的定义和功能

1．计算机网络的定义

计算机网络发展至今，相关领域的研究者提出了网络的多种定义，其中认可度较高的一个定义是：计算机网络是指以共享资源和信息交换目的、通过通信线路和设备互连起来的功能独立的计算机及相关设备的软硬件系统集合，简称为计算机网络系统。

2. 计算机网络的功能

一般我们认为计算机网络系统是由通信子网和资源子网组成的，而网络硬件系统和网络软件系统是网络系统赖以存在的基础。在计算机网络系统中，硬件是网络互联的重要基础，而网络软件则是充分展示网络潜力的工具。计算机网络发展到现在，拥有很多作用，其中最重要的三个功能是：数据通信、资源共享、分布处理。

数据通信

数据通信是计算机网络最基本的功能。此功能实现网络设备之间、网络上的计算机与计算机之间的各类信息数据传递，这里的信息数据包含音视频信息、多媒体信息、文本信息、二进制数据等。利用这一特点，可实现将分散在各地的单位或部门用计算机网络联系起来，进行统一的调配、控制和管理。

资源共享

这里的所谓"资源"是指网络中所有的软件、硬件和数据资源。"共享"指的是网络中的用户都能够部分或全部地享受这些资源。例如，某些地区或单位的数据库（如火车车票、宾馆客房等）可供全网使用；某些单位设计的软件可供需要的地方有偿调用或办理一定手续后调用；一些外部设备如打印机，可面向多用户，使不具有这些设备的地方也能使用这些硬件设备。如果不能实现资源共享，各地都需要有完整的一套软、硬及数据资源，则将大大地增加全系统的投资费用。

分布处理

当某台计算机资源有限，负担过重时，或该计算机正在处理某项工作时，网络可将新任务转交由空闲的计算机来完成，这样处理能均衡各计算机的负载，提高问题处理的及时性。对大型综合性问题，可通过网络将问题各部分分别交给不同的计算机分头处理，充分利用网络资源，扩大计算机的处理能力，即增强实用性。对解决复杂问题来讲，多台计算机联合使用并构成高性能的计算机体系，进行协同工作、并行处理要比单独购置高性能的大型计算机便宜得多。

6.1.3 计算机网络的分类

计算机网络分类有多种方法，可以从计算机网络的地理区域、拓扑结构、信息交换技术、使用范围等不同的角度，对计算机网络进行分类。

1. 按地域划分

按照网络覆盖的地域来划分，可将计算机网络分为局域网、广域网和城域网三类。

1）局域网

局域网（Local Area Network，LAN）是最常见并且应用最广泛的一种网络。局域网一般位于一栋建筑物或一个单位内，一般不存在寻径问题，甚至不包括网络层的应用。这一类网络的特点是连接范围小、用户数少、配置容易、并且连接速率高。

2）城域网

这种网络一般来说是覆盖一个城市，不在一个地理小区内的计算机可以互联。城域网（Metropolitan Area Network，MAN）所有主机（工作站点）分布在同一城区内，覆盖范围大约在 10～100km。

3）广域网

广域网（Wide Area Network，WAN）也称远程网，分布范围通常为几百千米到几千千米或更远，可跨越城市和地区，甚至一个国家、一个大洲、全球范围。其目的是为了让分布较远的各种网络互联。平常讲的 Internet 实际上就是最大、最典型的广域网。

2. 按资源共享方式划分

1）对等网

对等型网络是指在网络中不需要专门的服务器，网络中的各工作站之间是平等的关系，连入网络的计算机既可以作为服务器，也可以作为工作站。在网络运行过程中，网络中的计算机既可以使用其他计算机上的共享资源，也可以作为服务器为其他计算机提供资源共享服务。在其他计算机访问某计算机的共享资源时，该计算机可被认为是服务器，在其访问其他计算机时则可被认为是工作站。作为最简单的一种网络，对等网较为适合家庭、校园和小型办公室。

2）客户/服务器网络

如果网络所需要连接的计算机数量较大，例如，10 台以上且共享资源较多时，往往就需要专门设立一个专用的计算机，用以提供资源共享服务，这台计算机一般被称为文件服务器，网络上的其他计算机被称为工作站。工作站里的资源一般不需要进行共享，如果想与某计算机共享一份文件，就必须先把文件从工作站传到文件服务器上，或者一开始就把文件安装在服务器上，这样其他工作站上的用户就能访问到这份文件了。这种网络架构称为客户/服务器（Client/Server）网络。

3. 按网络拓扑结构划分

网络拓扑结构是指网络中的线路和节点的几何或逻辑排列关系，它反映了网络的整体结构及各模块间的关系。网络拓扑结构有网络逻辑拓扑结构与物理拓扑结构之分。**逻辑拓扑结构**是指局域网的节点与介质访问控制之间的冲突关系。**物理拓扑结构**是指局域网外部线路连接的几何形状。拓扑结构表明了网络中各个站点相互连接的方法和形式。它是建设计算机网络的第一步，也是实现网络协议的基础。它对网络的性能、系统可靠性以及通信费用都有着重大的影响。构成网络的拓扑结构有很多种，主要有总线型拓扑、星型拓扑、环型拓扑、树型拓扑和网型拓扑。

1）总线型网络

如图 6-1 所示，在总线拓扑结构中作为骨干传输介质的仅仅是一根传输线路，网络上所有站点都必须通过一定的接口连接到作为总线的这一根传输线路上。网络上的任何一点出现故障，都会导致整个网络的故障甚至是瘫痪。在任一时刻点上，只允许一个节点发送信息,其他节点处于接收状态,并且都能接收到数据包。

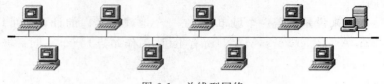

图 6-1   总线型网络

2) 星型网络

如图 6-2 所示,星型网络是由中央节点和通过点—点链路连接到中央节点的各站点组成,站点间的通信必须通过中央节点进行。星型结构具有维护和管理方便的特点,但架构该类型结构的网络需要消耗较多的通信线材,连网成本相对也较高。星型拓扑的中心节点是网络中心,采用集中式通信控制策略,因此整个网络对中心节点的依赖程度高,而其他各站点的通信处理负担都很小。显然,星型网络中心节点是整个网络的瓶颈,作为中心节点的转发设备出故障会引起全网故障甚至是瘫痪。

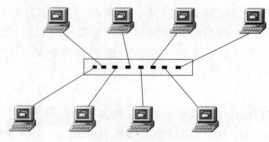

图 6-2   星型网络

3) 环型网络

如图 6-3 所示,环型网络拓扑结构中各节点是直接通过一根电缆串行连接起来的,最后形成一个闭环,整个网络发送的信息就是在这个环中传递,通常把这类网络称之为“令牌环网”。这种结构的网络形式主要应用于令牌网中,其缺点是某个节点出故障会造成全网瘫痪。

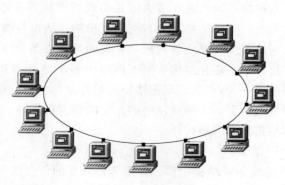

图 6-3   环型网络

大学信息技术基础

4）树型网络

树型网络是星型网络的一种变体。像星型网络一样，网络节点都连接到控制网络的中央节点上。但并不是所有的设备都直接接入中央节点，绝大多数节点是先连接到次级中央节点上再连到中央节点上，其结构如图 6-4 所示。

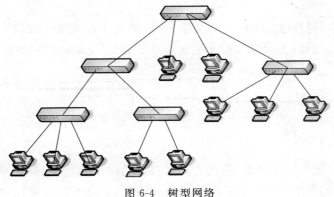

图 6-4　树型网络

5）网型网络

这种结构网络中的每一个节点都与其他节点有一条专业线路相连，网络结构复杂。网型拓扑广泛用于广域网中，Internet 就是一个典型的网型网络。

6.1.4　计算机网络的组成

由计算机网络的定义可知，计算机网络系统由通信子网和资源子网组成。

（1）资源子网：指的是网络是信息资源的提供者，网上各站点具有访问网络信息资源和处理数据的能力。资源子网由计算机系统、终端控制器和连网设备等组成。

（2）通信子网：指的是网络具有数据通信的功能。通信子网由网络节点、通信链路和信号变换设备等组成。一般通信子网由国家电信部门统一组建与管理，用户单位无权干涉。网络硬件系统和网络软件系统是网络系统赖以存在的基础，在网络系统中，硬件对网络的运行通畅起着重要的物质基础作用，而软件则是保证网络正常的服务工具。

1. 网络硬件

计算机网络的硬件说指的是网络设备、传输介质和资源设备。它主要包括为网络上其他计算机提供服务的功能强大的计算机即服务器、连接到网络结点上的工作站以及网络中提供通信的数据通信系统如网络适配器、集线器（HUB）、路由器、交换机、同轴电缆、双绞线、光缆等。利用这些基本的网络设备可以方便灵活地组建各种结构的网络。了解这些设备的用途，对进一步认识计算机网络大有帮助。下面介绍一些常见的网络设备。

1）网络传输介质

常见的网络传输介质有：同轴电缆、双绞线、光纤以及在无线局域网（WLAN）中使用的无线通信信道。在网络发展的早期,人们曾经较为普遍地使用同轴电缆作为网络传输介质。随着通信技术的发展,双绞线与光纤迅速普及应用并逐渐替代了同轴电缆。目前,在局域网范围内,或者中、高速近距离传输数据时通常使用双绞线,而远距离传输通常使用光纤。

同轴电缆

如图 6-5 所示,同轴电缆由内导体铜质芯线(单股实芯线或多股绞合线)、绝缘层、网状编织的外导体屏蔽层(也可以是护套绝缘层单股的)以及塑料保护外套组成。

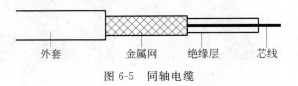

外套　　　金属网　　　绝缘层　　　芯线

图 6-5　同轴电缆

同轴电缆有一层外导体屏蔽层,因此具有很好的抗干扰特性,是一种高带宽、低误码率、性能价格比高的传输介质。CATV 有线电视电缆是典型的宽带同轴电缆应用实例,它既可传输模拟信号,也可传输数字信号。宽带同轴电缆传输模拟信号时,传输距离可达100km。在传输数字信号时,需将其转换成模拟信号,通常一条带宽为 300MHz 的电缆可以支持 150Mbps 的速率。采用宽带同轴电缆作为传输介质的宽带局域网,可以实现数字信号、语音信号和视频图像等综合信息数据的同时传输,其理论上的传输距离可达数十千米。

双绞线

如图 6-6 所示,双绞线是由八根四对,每对为两根 22～26 号绝缘铜导线相互缠绕而成,每根线加绝缘层并由色标来标记。把两根绝缘的铜导线按一定密度互相绞在一起,每一根导线在传输中辐射的电波也会被另一根线上发出的电波抵消,可降低信号干扰的程度。如果把四对双绞线放在一个绝缘套管中便成了双绞线电缆。通常,在几千米范围内,双绞线的数据传输率可达 100MB/s。双绞线可分为非屏蔽双绞线(Unshielded Twisted Pair,UTP)和屏蔽双绞线(Shielded Twisted Pair,STP)两种。虽然双绞线与其他传输介质相比,在传输距离、信道宽度和数据传输速度等方面均受到一定的限制,但价格较为低廉,且其不良限制在一般快速以太网中影响不大,所以目前双绞线仍是局域网中首选的传输介质。

光缆

如图 6-7 所示,光纤和同轴电缆相似,它由缆芯、包层、吸收外壳和保护层 4 部分组成,只是没有网状屏蔽层。光纤中心是光传播的玻璃芯。光纤可分为单模光纤(Single Mode Fiber)和多模光纤(Multiple Mode Fiber)两类。在多模光纤中,芯的直径是15mm～50mm,大致与人的头发的粗细相当。而单模光纤芯的直径为 8mm～10mm。芯外面包围着一层折射率比芯低的玻璃封套,使光纤保持在芯内。再外面的是一层薄的塑料外套,用来保护封套。光纤通常被扎成束,外面有外壳保护。纤芯通常是由石英玻璃制成的横截面积很小的双层同心圆柱体,它质地脆,易断裂,因此需要外加一保护层。与其

　　　　　　　　大学信息技术基础

他传输介质相比,光缆的电磁绝缘性能好,信号衰变小,频带较宽,传输距离大,是网络传输介质中性能最好、应用前途最广泛的一种介质。

 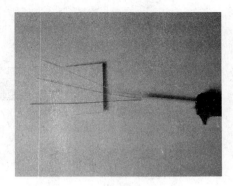

图 6-6　双绞线　　　　　　　　　　　　图 6-7　光纤

无线信道

同轴电缆、双绞线及光纤都属于有线传输介质,都需要一根有形的物理线缆连接计算机,这对于难以布线的场合或远程通信是不方便的。无线信道不使用电子或光学导体,大多数情况下地球的大气便是数据的物理性通路。目前常用的无线信道有微波、卫星信道、红外线、激光信道和毫米波等。

2) 网络连接设备

网络适配器

网络适配器又称网卡或网络接口卡(Network Interface Card,NIC),它是计算机联网的常用设备之一,通常插在计算机主板插槽中,负责将用户要传递的数据转换为网络上其他设备能够识别的格式。按网卡所支持带宽的不同可分为 10Mbps 网卡、100Mbps 网卡、10/100Mbps 自适应网卡、1000Mbps 网卡和 100/1000Mbps 自适应网卡几种。

中继器

中继器是一种比较简单的网络设备,有两个或两个以上的接口,工作在物理层。中继器可以将信号放大和整形还原,它在网络中的主要功能是在保证内容质量的基础上,将数据从一条链路上,以同样的速度转送到另一条链路上。中继器的优点是安装简单容易、造价低廉,可延长传输介质通信距离,缺点是不能互连不同类型的网络。

集线器

从某种意义上来说,集线器(HUB)是一种多端口的中继器,主要用于构造共享式的网络。使用 HUB 可实现结构化布线,成为物理上的星型结构。HUB 是一种共享设备,HUB 本身不能识别目的地址,当 A 主机给 B 主机传输数据时,数据包在以 HUB 为架构的网络上是以广播方式传输的,由每一台终端通过验证数据包头的地址信息来确定是否接收。也就是说,在这种工作方式下,同一时刻网络上只能传输一组数据帧的通信,如果发生碰撞还得重试。这种方式就是共享网络带宽(如图 6-8 所示)。

交换机

交换(Switching)是按照通信两端传输信息的需要,用人工或设备把要传输的信息送

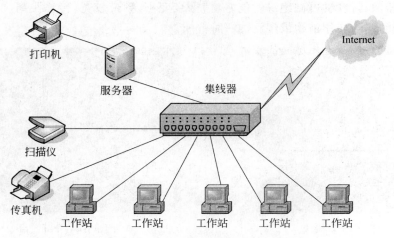

图 6-8　HUB 为中心的星型连接网络

到符合要求的相应路径上的技术统称。广义的交换机（Switch）就是一种在通信系统中完成信息交换功能的设备。交换机在同一时刻可进行多个端口之间的数据传输。每一端口都可视为独立的网段，连接在这个端口上的网络设备独自享有全部的带宽，无须同其他设备竞争使用。当节点 A 向节点 D 发送数据时，节点 B 可同时向节点 C 发送数据，而且这两个传输都享有网络的全部带宽，都有着自己的虚拟连接。交换机的主要功能包括物理编址、网络拓扑结构、错误校验、帧序列以及流控。目前交换机还具备了一些新的功能，如对 VLAN（虚拟局域网）的支持、对链路汇聚的支持，甚至有的还具有防火墙的功能。

路由器

路由：是指把数据从一个地方传送到另一个地方的行为和动作。而路由器（Router），正是执行这种数据转发任务的网络设备。一般来说路由器主要是用于连接多个逻辑上分开的网络。所谓逻辑网络是代表一个单独的网络或者一个子网。当数据从一个子网传输到另一个子网时，可通过路由器来完成。因此，路由器具有判断网络地址和选择路径的功能，它能在多网络互联环境中，建立灵活的连接，可用完全不同的数据分组和介质访问方法连接各种子网，路由器只接受源站或其他路由器的信息，属于网络层的一种互联设备。它不关心各子网使用的硬件设备，但要求运行的网络层协议相一致。路由器分本地路由器和远程路由器，本地路由器是用来连接网络传输介质的，如光纤、同轴电缆、双绞线；远程路由器是用来连接远程传输介质的，并要求有相应的设备，如电话线要配调制解调器，无线要通过无线接收机、发射机。一般说来，异种网络互联与多个子网互联都应采用路由器来完成。

路由器主要有以下几种功能：一是网络互连，支持各种局域网和广域网接口，主要用于互连局域网和广域网，实现不同网络相互通信；二是数据处理，提供包括分组过滤、分组转发、优先级、复用、加密、压缩等功能；三是网络管理，提供包括配置管理、性能管理、容错管理和流量控制等功能。一定程度上路由器可以被认为是互联网上最为重要的互联设

　　大学信息技术基础

备。路由器像其他网络设备一样，也存在它的优缺点。它的优点主要是适用于大规模的网络、复杂的网络拓扑结构、负载共享和最优路径、能更好地处理多媒体、安全性高、隔离不需要的通信量、节省局域网的带宽、减少主机负担等。它的缺点主要是不支持非路由协议、安装复杂、价格高等。路由器构成的网络如图6-9所示。

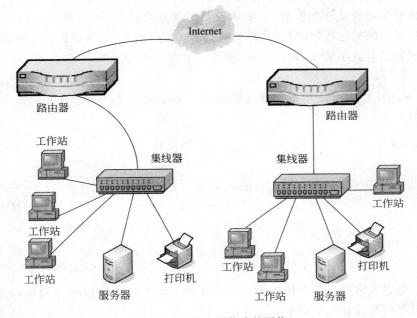

图 6-9　由路由器构成的网络

2. 网络软件

从某种意义上来说，网络软件可以被认为是网络的组织管理者，是向网络用户提供各种服务，实现网络功能不可缺少的一环。这里所说的网络软件包括：网络操作系统（如 Novell 公司的 Netware、微软公司的 Windows NT Server/Windows 2000 Server/Windows 2003、Linux、UNIX）、网络协议（如 TCP/IP 协议、FTP 协议等）、网络服务软件、网络管理软件、网络工具软件等。

6.2　数据通信基础

6.2.1　数据通信基本知识

作为计算机网络必不可少的部分，数据通信系统是连接网络中计算机系统的通道，它提供各种信息数据交换技术和网络互联技术，供通信双方进行数据的传输。

1. 数据与信号

1）数据

通信的目的是传输语言、文字、数码、符号和图像等信息。而数据（Data）是传递信息的实体，数据分两种：模拟数据和数字数据。

模拟数据反映的是连续消息，一般来说是时间连续函数，如气温、压力、语音和图像等。数字数据反映的是离散消息，是时间的离散函数。因此，反映在取值上是离散的二进制或符号的数据是数字数据，如自然数（整数）、字符 ASCII 码等。

2）信号

信号（Signal）是数据的电编码或电磁编码。如图 6-10 所示，它分为两种：模拟信号和数字信号。

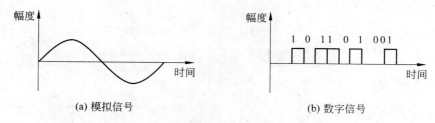

(a) 模拟信号   (b) 数字信号

图 6-10　数字信号与模拟信号

模拟信号是在各种介质上传送的一种随时间连续变化的电流、电压或电磁波，可以利用适当的参量信号在通信线路上传送。

数字信号是在介质上传送的一系列离散的脉冲电平或光脉冲，是一种离散信号。模拟信号和数字信号可以相互转换。数据的传输实际上是数据以电信号或光信号的形式从一端传送到另一端。

2. 模拟传输和数字传输

1）模拟传输

模拟传输是传输模拟信号的，与这些信号是代表模拟数据或数字数据无关，它们可以代表模拟数据，如声音；也可以代表数字数据，如通过调制解调器变换了的二进制数据。模拟信号传送一定距离后，会因为幅度衰减而失真变形，所以在长距离传送时，需在沿途加若干放大器将信号放大。但放大器在放大信号的同时，也放大了噪声，引起了误差，且误差是逐步累加的。对于声音数据，有一点误差，还可识别，但对数字数据，误差是不允许出现的。

2）数字传输

数字传输是以数字信号形式传输的。它可以直接传输二进制数据或编码的二进制数据。数字信号在传输过程中，也会由于信号幅度衰减而失真，但由于数字信号只包含有限个电平值，如二进制数字信号就只有二个电平值，分别为 0 和 1，故只要在数字信号衰减到可能无法辨认是原电平之前，在沿途适当地方（一般为 50km）加一中继器将该信号恢复原值,即可继续传输。中继器具有对数字信号整形、放大的功能,比较简单,它的引入不会产生积累误差,这也是现在采用数字传输方法传输模拟数据的原因。

模拟数据和数字数据两者均可由模拟信号或数字信号表示和传输,如声音数据,可以通过一个变换器 Coder(称作编码/译码器)进行数字化。同样,数字数据可以由数字信号直接表示,也可以通过一个变换器 Modem(称作调制解调器),由模拟信号来表示。

3. 带宽

所谓带宽是指各种信号传输时所要占据的一定频率范围。例如,人能听见的声音的频率范围主要在 $300\sim3400\mathrm{Hz}$,故电话线一条话路的带宽是 $300\sim3400\mathrm{Hz}$,又如一条电缆,可传送 $5\mathrm{MHz}$ 频率范围的信号,故称该电缆的带宽为 $5\mathrm{MHz}$。

4. 数据传输速率

数据传输速率也叫数据率,即每秒钟传输多少位二进制数据,单位为位/秒,记作 bps,如 3600bps,指在一秒内可传输 3600 位二进制数据。

5. 波特率

波特率也称码元速率,或调制速率。码元指的是网络中所传输的每一位二进制数字。调制速率是脉冲信号在调制过程中信号状态变化的次数,或者说是信号经过调制后的传输速率,单位是波特(Baud),通常用于表示调制解调器之间传输信号的速率。

6. 误码率

误码率是衡量数据通信系统或通信信道传输可靠性的一个参数。通常指的是二进制位(码元)在传输中被传错的概率。若传输总位(码元)数为 N,传错的位(码元)数为 Ne,则误码率 P 表示为 P=Ne/N。在计算机网络中,误码率要求低于 10^{-6},即平均每传输 1 百万位(码元),才允许错 1 位(码元)。

7. 延迟

延迟表示在网络中从发送第一位数据起,到最后一位数据被接收所经历的时间。该参数反映网络响应速度,延迟越少,响应越快,性能越好。影响延迟的因素主要有传输延迟、传播延迟等。

6.2.2　数据通信的工作方式

按照数据在线路上的传输方向,计算机之间的数据通信方式可分为:单工、半双工和全双工三种通信方式。

1. 单工

数据在通信的双方间只能在一个指定的方向上进行传输,一个数据站 S 固定作为只能发信号的数据源,而另一个站 P 固定作为数据接收点只能接收信号,通信是单向的,如无线电广播和电视广播都是单工通信。

2. 半双工

半双工通信允许数据在两个方向上传输,但在同一时刻,只允许数据在一个方向上传输,它实际上是一种可切换方向的单工通信。典型的半双工电信系统有双向无线电,如 CB 无线,在该方式下,一次只能有一方能进行传输,任一方在结束谈话时必须发送"结束"信号。这种方式一般用于计算机网络的非主干线路中。

3. 全双工

全双工(Full Duplex Communication)是指在通信的任意时间点,线路上存在 A 到 B 和 B 到 A 的双向信号传输。全双工通信允许数据同时在两个方向上传输,又称为双向同时通信,即通信的双方可以同时发送和接收数据。在全双工方式下,通信系统的每一端都拥有发送设备和接收设备,能控制数据同时在两个方向上传送。全双工方式无须进行方向的切换,因此,不存在因切换操作而产生的时间延迟。典型的全双工网络应用是电话系统。通话过程中,双方可以同时说话,并且任意一方可同时听到另一方的说话。

6.2.3　数据传输方式

1. 并行传输与串行传输

并行传输指的是数据以成组的方式,在多条并行信道上同时进行传输。常用的就是将构成一个字符代码的几位二进制码,分别在几个并行信道上进行传输。例如,采用 16 位代码的字符,可以用 16 个信道并行传输。一次传送一个字符,因此收、发双方不存在字符的同步问题,不需要另加"起"、"止"信号或其他同步信号来实现收、发双方的字符同步,这是并行传输的一个主要优点。但是,并行传输需要设备上有并行信道,实际应用会受到设备的限制。

串行传输指的是数据流以串行方式,在一条信道上传输。一个字符的 16 位二进制代码,由高位到低位顺序排列,再接下一个字符的 16 位二进制码,这样串接起来形成串行数据流传输。由于串行传输只需要一条传输信道,易于实现,是目前采用较为普遍的一种传输方式。但是串行传输需要保持码组或字符同步,数据发送接收同步问题不解决,将会导致接收方不能正确地区分所接收到的数据流中的一个个的字符,因而导致传输失败。目前,世界上已经有了解决保持码组或字符同步问题的两种方法,即异步传输方式和同步传输方式。

2. 异步传输与同步传输

异步传输一般以字符为单位,不论所采用的字符代码长度为多少位,在发送每一字符代码时,前面均加上一个"起"信号,字符代码后面均加上一个"止"信号,加上起、止信号的作用就是为了实现串行传输收、发双方字符的同步。这种传输方式的特点是同步实现简单,收发双方的时钟信号不需要严格同步。但由于对每一个字符都需要添加"起、止"码元,使传输效率降低,因此,通常在一些低速数据传输的场合使用。

同步传输是以同步的时钟节拍来发送数据信号的,因此在一个串行的数据流中,各信号码元之间的相对位置都是固定的(即同步的)。接收端为了从收到的数据流中正确地区分出一个个信号码元,首先必须建立准确的时钟信号。数据的发送一般以组(或称帧)为单位,一组数据包含多个字符收发之间的码组或帧同步,是通过传输特定的传输控制字符或同步序列来完成的,传输效率较高。

6.3　网络通信协议与标准

6.3.1　网络通信协议

计算机在网络上交换信息,从某种角度看,就像人类交流而使用某种语言一样,连接在网络上的计算机之间实际上也存在一种"语言",即网络通信协议。如同人类语言交流,具有一定的语法规则一样,计算机之间的通信,也需要有统一规范,否则数据信息将会不可理解,甚至计算机之间根本不能互联。通信协议实际上是一组规定和约定的集合,也是计算机之间通信的前提和基础。两台计算机在通信时必须约定好本次通信的内容,是进行文件传输,还是文件共享;通信的程序,也需约定好通信的时间等。因此,通信双方要遵从相互可以接受的规则(相同或兼容的协议)才能进行通信,如目前 Internet 上使用的 TCP/IP 协议等,任何计算机连入网络后需要在运行 TCP/IP 协议的基础上,才可以访问因特网。

协议的三要素是语法、语义和时序。

(1) 语法

语法是指数据的结构或格式,指数据表示的顺序。例如,一个简单的协议可以定义数据的头部(前 4 个比特)是接收者地址,中部(紧接着的 4 个比特)是发送者的地址,而后才是数据的本身。

(2) 语义

语义是指比特流每一部分的含义。一个特定的比特模式该如何理解?基于这样的理解该采取何种动作?例如,一个地址指的是要经过的网关还是消息的目的地址?这些都是通过语义进行定义的。

(3) 时序

时序是指数据何时发送以及以多快的速率发送。例如,如果发送方以 1Mbps(兆位每秒)速率发送数据而接收方能处理 100Mbps 速率的数据,这样的传输会使接收者空闲,并导致传输效率低下,此时便需要通过时序来协调。

6.3.2　OSI 参考模型

由于计算机网络涉及的对象众多,如计算机、网络设备、传输介质和操作系统等。实现这些众多不同的设备相互通信是非常复杂的,因此一个功能完备的计算机网络需要制定一整套复杂的网络协议集合。对于结构复杂的网络协议,人们采用了"层次分解"的方法,提出了网络层次结构模型。层次方式是指在制定协议时,把复杂的网络协议按层次进行分解,然后再将它们综合起来的方法。网络协议中每一层协议都是建立在前一层基础之上的,协议层的名称、数量、每层的内涵及各层功能都根据具体的网络不同而有所区别,这就是结构化思想的体现。通过分层而将错综复杂的网络协议结构分解成相对简单的多个层次的网络协议,从而将复杂的问题简单化。这种网络层次模型和每一层网络协议的集合即通常所说的网络体系结构。而计算机网络层次结构模型和各层次协议的集合即计算机网络体系结构。

1. 采用层次协议结构的计算机网络的优点

(1) 各层之间相互独立

高一层的协议仅需要知道低层的接口所提供的服务即可,而不需要知道低层的这些功能的具体实现部分。

(2) 灵活性好

在保证层间接口不变的前提下,任何一层进行层内部变化时,不会对该层的上层或者下层造成影响。

(3) 层次技术独立

每个层都可以采用相应的最合适的技术来实现,各层实现技术的改变不影响其他层。

(4) 易于实现和维护

因为整个系统已被分解成若干个部分,从而使一个庞大而复杂的系统实现和维护变得容易控制。

(5) 有利于标准化

层次结构一个特点之一就是每一层的功能和所提供的服务都做了相应的统一规定,因而有利于标准化。

网络体系结构历史最早可以追溯到 1974 年由 IBM 公司提出并命名的"系统网络体系结构",即 SNA(System Network Architecture)。在这之后,其他公司纷纷提出了各自的网络体系结构。这些网络体系结构都采用了分层技术,但层次的划分、功能的分配以及所采用的技术术语均不相同。随着信息技术的发展,各种计算机系统联网和各种计算机网络互连成为人们迫切需要解决的问题,开放系统互连参考模型就是在这一背景下提出的。

为简化计算机网络设计的复杂程度,在 1977 年,国际标准化组织 ISO(International Organization for Standardization)提出了开放式系统互连参考模型 OSI(Open System Interconnection),如图 6-11 所示。该网络系统模型具有充分的灵活性及可扩充性,1982 年 4 月正式形成了国际标准化草案。

图 6-11 ISO/OSI 计算机网络参考模型

OSI 七层模型中,网络功能被分为七层,每层完成确定的功能。每一层可以再划分出若干子层。OSI 模型被广泛地作为计算机网络发展的模型参照标准,为开放式网络系统结构提供了理论上和功能上的主体框架,但并不是网络系统互连的实质上的标准。

2. OSI 参考模型的主要功能

（1）物理层

物理层（Physical）处于整个 OSI 参考模型的最底层,其主要功能是利用传输介质提供物理连接,传送比特信息流。所以,物理层是建立在物理介质上,它提供电气和机械接口。主要包括线缆、物理接口模块和附属设备,如双绞线、光纤、接线设备（如网卡等）、RJ-45 接口、串口和并口等。

（2）数据链路层

数据链路层（Data Link）是建立在物理层的传输功能基础之上的,主要任务是以帧为单位传输数据。

（3）网络层

网络层（Network）的主要任务是通过路由算法,为网络中任何两个节点找到相通的连接路径。例如,一个计算机有一个网络地址 172.16.10.12（若它使用的是 TCP/IP 协议）和一个物理地址 0070865D78E5。网络层会通过综合考虑发送优先权、网络拥塞程度、服务质量以及可选路由的代价来决定从一个网络中节点 A 到另一个网络中节点 B 的最佳路径。

（4）传输层

传输层（Transport）的功能主要是向用户提供可靠的端到端的服务,负责确保数据可靠、有序、无错地从 A 点传输到 B 点,包括对数据包的排序、整理和控制等。进行流量控制也是传输层的一项重要工作,此外,传输层还需要按照网络能处理的最大尺寸将较长的数据包进行强制分割。例如,广泛应用于局域网的以太网协议不能处理接收大于 1500B 的数据包,发送方节点的传输层会将数据分割成较小的数据片,同时对每一数据片安排一个序列号,以便数据到达接收方节点的传输层时,能以正确的顺序重组。

（5）会话层

会话层（Session）的功能主要是组织两个会话进程之间的通信,统一管理数据的传送过程。

（6）表示层

表示层（Presentation）主要用于统一两个通信系统中信息的表示方式,完成数据格式变换、数据加密与解密、数据压缩与恢复等功能。

（7）应用层

应用层（Application）是 OSI 的最高层,它负责进程之间的数据共享,为终端用户提供业务服务。例如,如果在网络上运行 Microsoft Word,并选择打开一个文件,你的请求将由应用层传输到网络。

6.3.3 TCP/IP 参考模型

国际标准化组织提出 OSI 参考模型的初衷是希望为计算机网络的发展提供一种国际标准,但是 OSI 参考模型由于在实现时过于复杂而没有得到实际的推广应用。在计算机网络的飞速发展过程中,美国国防部高级研究计划局(Advanced Research Projects Agency,ARPA)研究开发的 TCP/IP 协议在 Internet 上得到广泛应用,成为当前 Internet 事实上的协议标准。TCP/IP 协议实际上是一个协议集,TCP/IP 协议不是一个简单的协议,其名字来自其中最重要的两个协议:TCP(传输控制协议)和 IP(网际协议)。此外,它还包括一组小的、专业化协议,如 SMTP(简单邮件传送协议)、ARP(地址解析协议)、FTP(文件传输协议)、ICMP(网际控制报文协议)、IGMP(网际组报文协议)等。虽然 TCP 协议和 IP 协议都不是 ISO 标准,但它们是目前使用最为广泛的商业协议,并被公认为是当前工业标准或"事实上的标准"。Internet 采用的就是 TCP/IP 协议簇,它包含许多子协议。下面我们对 TCP/IP 协议做一下简单介绍。

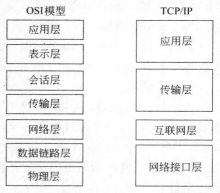

图 6-12 TCP/IP 参考模型与 OSI 参考模型的层次对应关系

如图 6-12 所示为 TCP/IP 参考模型与 OSI 参考模型的层次对应关系图,TCP/IP 模型也采用分层结构,对应于 OSI 模型的七层结构,自下而上共分为四层:网络接口层、互联网层、传输层和应用层。

应用层

该层主要对应于 OSI 模型的应用层和表示层,许多应用程序通过该层协议访问网络,如 Winsock API、FTP(文件传输协议)、TFTP(普通文件传输协议)、HTTP(超文本传输协议)、SMTP(简单邮件传输协议)及 DHCP(动态主机配置协议)等都在应用层。

传输层

该层相当于 OSI 模型的会话层和传输层,包括核心传输协议 TCP 和 UDP,这些协议负责提供流控制、错误校验和排序服务。所有的服务请求都使用这些协议。

互联网层

该层相当于 OSI 模型的网络层,包括 IP、ICMP、IGMP 以及 ARP。这些协议处理数据传输的路由以及主机地址的解析。

网络接口层

该层相当于 OSI 模型的数据链路层和物理层。该层主要进行数据的格式化以及将数据传输到网络电缆等工作。

TCP/IP 协议具有四个特点:

(1) 开放的协议标准,独立于特定的计算机硬件与操作系统。

（2）独立于特定的网络硬件，可以运行在局域网、广域网中，更适用于网络互联。

（3）统一的网络地址分配方案，使得网络中的每台主机在网络中都具有唯一的地址。

（4）标准化的高层协议，可以提供多种可靠的用户服务。

6.4 Internet 基础知识

自 20 世纪 60 年代网络问世后，在计算机网络技术的形成和发展过程中，先后出现过以各种各样不同的网络技术组建起来的局域网和广域网。在这些组网的方法和技术中，采用 TCP/IP 为基本协议的 Internet 无疑被事实所证明是最成功的，Internet 也是目前全球范围内应用最广泛、用户数最多、资源最丰富、联网技术最为成熟的网络。本节将叙述 Internet 的一些基本概念和应用。

6.4.1 Internet 定义与特点

1. 什么是 Internet

Internet 即国际计算机互联网，目前在中国中文译名没有统一，有国际互联网、全球互联网、互联网、因特网、万维网等名称。Internet 是当今世界上最大的计算机信息网络，一般认为，Internet 是由各种不同类型和规模的独立运行和管理的计算机网络组成的全球范围的计算机网络，组成 Internet 的计算机网络包括局域网、城域网以及大规模的广域网等。这些网络通过普通电话线、高速率专用线路、卫星、微波和光缆等通信线路把世界各地不同国家的政府、公司、科研机构以及军事和大学等组织机构的网络连接起来。Internet 是全世界最大的信息资源库，它是为人们提供了海量的并且还在不断增长的信息资源和服务的工具宝库，用户可以利用 Internet 提供的各种工具去获取 Internet 上丰富的信息资源，任意一个 Internet 用户可以从互联网上任意一个节点从 Internet 中获得任意方面的信息，如政治、历史、自然、社会、科技、教育、卫生、娱乐、金融、宗教、商业和天气预报等。

从网络通信技术的观点来看，Internet 是一个以 TCP/IP（传输控制协议/互联协议，协议就是通信双方在通信时共同遵守的约定）通信协议连接各个国家、各个部门、各个机构计算机网络的数据通信网。从信息资源的观点来看，Internet 是一个集各个领域、各个学科的各种信息资源为一体的供网上用户共享的数据资源网。这个规模宏大的网络，将分布在世界各地的成千上万的网络和计算机连接在一起，它包括专用网、公用网、由政府及工业部门主办的网，它们的操作员一起协作共同维护网络的基础结构。Internet 的实用性主要在于它的信息资源，Internet 在全球范围内提供极为丰富的信息资源。现在 Internet 的应用范围早已不仅局限在教育和科研部门，而已被政府、医疗保健、团体、公司、军事、出版等各个领域采用，并已进入千家万户，它对社会生活的影响越来越大。其实，要给 Internet 下一个严格的定义是非常困难的，因为它的发展相当迅速，很难限定它的范围;再说,它的发展基本上可以说是自由的,国外有关人士说 Internet 是一个没有国家、没有法律、没有警察、没有领袖的网络空间,有人称之为"赛柏空间",即受计算机控制的空间。现在,Internet 正在以令人难以想象的速度飞速地发展着,它拥有极其广阔的发展空间,愈来愈快的技术更新也使它的扩充能力极大地满足了世界各地广大用户日益增长的需求。我们有理由相信未来会有更多的国家和地区陆续走到 Internet 大家庭中来,因此,网上的资源和应用必会日益更新。

2. Internet 的特点

与大多数现有的商业计算机网络不同,Internet 不是为某些专用的服务而设计的。Internet 能够适应计算机、网络和服务的各种变化,提供多种信息服务,因此成为一种全球信息基础设施。它主要的功能是在全球范围内提供信息资源共享,进行广泛的信息传递和交流,提供给人们一种崭新的网络工作生活方式。Internet 采用的是网络互连的方法,它把通信从网络技术的细节中分离出来,对用户隐蔽了低层连接细节。对于用户来说,Internet 是一个单独的虚拟网络,所有的计算机都与它相连,不必考虑它是由多个网络构成的网络,也不必考虑网络间的物理连接。Internet 具有以下的特点:

（1）标准性

TCP/IP 协议是网络互联的基础,没有 TCP/IP 协议的支持,整个网络就不能统一运作。形象地说,TCP/IP 协议就像是电话网的指令系统。TCP/IP 的地位相当重要,凡是遵守 TCP/IP 标准的计算机网络按一定规则都可以连入 Internet。

（2）透明性

Internet 上的计算机网络是千差万别的,各国的公用通信网也不尽相同,因此用户并不知道它是怎么和另一台计算机联系上的。用户不用了解整个网络的结构及其工作的过程,它的这种透明性特征让用户在使用时十分方便。

（3）自由、开放性

Internet 是一个没有中心的自主式的开放组织,Internet 中网络用户自己自主管理各自的计算机网络和计算机终端,目前 Internet 还不存在网络通信的统一管理的机构。Internet 网上的功能、服务都是开放的,可以任意地由用户开发、经营、管理。因特网的成员可以自由地"接入"和"退出"因特网,没有任何限制。

正是由于 Internet 具有上述的优点,才使得 Internet 如此受到人们的欢迎,并且能够一直稳步地蓬勃发展。

6.4.2　Internet 服务

由于 Internet 能提供丰富多样化的信息和服务来满足当今人们生活和工作的实际需求,所以 Internet 受到全球人们的极大欢迎,现在用户数以每月高达 $10\%\sim15\%$ 的速率递增。

如图 6-13 所示,根据 2008 年中国互联网中心最新统计报告中所提供的数据显示,目前网民每周平均上网时间达到了 16.2 小时/周,这充分说明互联网已经成为网民生活中不可或缺的一个重要组成部分。网民上网通常都做些什么事情呢？图 6-14 所示为中国互联网中心不完全调查数据,显然,公众对互联网的正面作用评价很高,认为互联网对工作、学习有很大帮助的网民占 93.1%,尤其是娱乐方面,认为互联网丰富了网民的娱乐生活的比例高达 94.2%。

图 6-13　上网时长

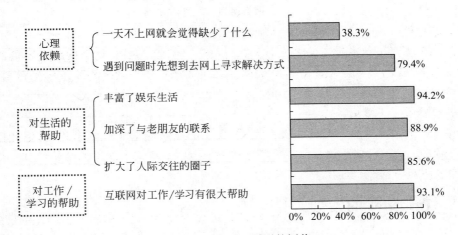

图 6-14　网民对互联网的评价

　　Internet 究竟给网民提供了哪些服务呢？表 6-1 所示为 Internet 网络主要服务使用率统计表。由表不难看出,当前 Internet 网络所提供的主要服务包括有:网络音乐、即时通信、搜索引擎、网络游戏、网络影视、网络新闻、电子邮件。其中体现互联网娱乐作用的网络影视、网络音乐、网络游戏等排名靠前,中国互联网市场娱乐功能占主体地位;即时通信高居第二位,体现了中国互联网鲜明的本土特色;网络新闻的排名依旧很高,博客/个人空间比例迅速提高,互联网新媒体的地位也日益增强。

　　对于互联网第一应用,即网民上网后通常所进行的第一件事,即时通信聊天的比例居于首位占 39.7%,查阅新闻的比例为 20% 位于第二位。通信工具和网络新闻两者的应用占了网民上网第一应用的 60%,当之无愧地成为互联网第一落脚点。

表 6-1　Internet 网络主要功能使用率

功　能		使　用　率
网络媒体	网络新闻	78.5%
信息检索	搜索引擎	68.0%
	网络招聘	18.6%
网络通信	电子邮件	56.8%
	即时通信	75.3%
网络社区	拥有博客	54.3%
	论坛/BBS	30.7%
	交友网站	19.3%
网络娱乐	网络音乐	83.7%
	网络视频	67.7%
	网络游戏	62.8%
电子商务	网络购物	24.8%
	网上卖东西	3.7%
	网上支付	17.6%
	旅行预订	5.6%
其他	网上银行	19.3%
	网络炒股	11.4%
	网上教育	16.5%

6.4.3　Internet 的发展

1. Internet 的起源和发展

随着"信息高速公路"这一全新名词在各大新闻媒体的宣传和介绍,人们或多或少地都会接触一些有关 Internet 的报道,对 Internet 这一外来词不会陌生,但若想深层次的认识它,就必须了解它的起源和发展。

20 世纪 60 年代末,由美国国防部资助,美国国防部研究工程局(DARPA)承建,用一个网络把美国的几个军事及研究的计算机主机连接起来,这就是 Internet 的前身 ARPANET 网。1983 年美国加利福尼亚大学伯克利分校把 TCP/IP 软件集成到该校研制的 BSD UNIX 中,使计算机的操作系统具有了 TCP/IP 网络通信功能,不需要什么额外的投资,运行 BSD UNIX 的计算机就可以方便地互联起来,这样就诞生了真正的 Internet,ARPANET 成了 Internet 的骨干网。20 世纪 80 年代中期,美国国家科学基金会(NSF)意识到 Internet 对科学研究的重要性,决定资助 Internet 的发展和 TCP/IP 技术,开始建设使用 TCP/IP 协议的 NSFNET。由于美国国家科学基金会的资助和鼓励,很多大学、政府科研机构甚至私营的科研机构都纷纷将自己的局域网并入 NSFNET,最终 NSFNET 取代了 ARPANET 成为 Internet 骨干网。随着用户数的飞速增加,NSFNET 的通信能力很快地饱和。因此,NSFNET 不得不再次考虑采用更新的网络技术来适应发展的需要。

这一时期 Internet 以百分之百的速度迅速向世界各国蔓延,法国、欧洲、日本相继建成自己的网络。在中国,中国科学院等一些单位通过长途电话拨号方式进行国际联机,进行数据库检索,这也是我国 Internet 的开始。

随着 Internet 的迅速发展,美国的私人企业开始建立自己的网络,在一定程度上绕开了美国国家科学基金会出资的 Internet 骨干网 NSFNET,向用户提供 Internet 商业的联网服务。1991 年这些企业组成了"商用 Internet 协会",纷纷宣布自己开发的子网可用于各种商业用途。商界的介入,进一步发挥了 Internet 在通信、资料检索、客户服务等方面的巨大潜力,世界各地无数的企业和个人纷纷涌入 Internet,给 Internet 带来了一个新的飞跃。到 1994 年底为止,Internet 已联通了世界上的 150 多个国家和地区,连接 3 万多个 Internet 的子网、320 多万台计算机主机。它的发展如此迅速,以致无法统计出网上用户的准确数量来。

作为 Internet 发展的一个重要时期,1994 年被人们称为 Internet 的商业年。而1997 年则被人们称为网络年,这一年许多公司已在 Internet 上开始了联机商业服务。Internet 在原来的教育科研领域的应用上从原来的信息查询走向更加广阔的领域,应用的层次也从原来的大专院校发展到中小学。

Internet 连接着世界范围的计算机,通常要跨越国界,穿洋过海,这种远距离的连接使用局域网技术是行不通的。Internet 各主机之间连接的方式,要根据距离和地理环境的特点,分别采用光缆、微波、卫星信道等传送方式。

2. Internet 在中国的发展

国际上,Internet 从 20 世纪 90 年代初开始进入了全盛的发展时期,其中欧美是发展最快的地区,其次是亚太地区。Internet 在我国起步较晚,但发展也是很迅速的。大致可分为以下三个阶段:

电子邮件——第一阶段(1987—1994 年),这一阶段我国主要是通过拨号与国外联通电子邮件,实现与北美等开通 Internet 地区的 E-mail 通信功能。我国于 1990 年开通CHINAPAC 分组数据交换网,然而这种网络速率很低,远远满足不了计算机通信及数据交换的需求。因此,中科院高能所于 1991 年 6 月租用国际卫星信道建立了与美国 SLAC国家实验室的 64Kbps 专线。一年半后,即 1993 年 3 月 2 日,由北京高能所至美国斯坦福直线加速器中心的计算机通信专线正式开通,该网通过运行 DECnet 协议与各地连通。此后,高能所又获得了 CISCO 路由器进口权,这样就可以运行 TCP/IP 协议并联入了Internet。这标志了我国 Internet 进入了第二个发展阶段。

教育科研网——第二阶段(1994—1995 年)。这一阶段是我国教育科研网发展阶段,这期间通过 TCP/IP 协议的应用,我国接入 Internet 并实现了它的全部功能。到了 1995 年初,高能所改用海底电缆,通过日本进入 Internet,改变了使用卫星专线的历史。同时,由中科院(中关村地区)及北京大学、清华大学的校园网组成的 NCFC 网(The National Computing and Networking Facility of China)以高速光缆和路由器实现了主干网的连接,于 1994 年 4 月,正式开通了与国际 Internet 的 64Kbps 专线连接,并设立了中国最高域名(CN)服务器。从某种意义上说,这时我国才算是真正加入了国际 Internet 大家庭中。在这之后,我国又建成中国教育与科研网(China Education and Research Network,CERNet),该网通过 128Kbps 专线实现了与美国的连接。此外,北京化工大学也在前期开通了一条通过日本进入 Internet 的 64Kbps 专线。百所联网与百校联网成为我国教育界和学术界联网的高潮。到 1995 年 5 月,邮电部开通了中国公用 Internet,即 CHINANET,作为公共商用网向公众提供 Internet 服务。

至此,中国 Internet 发展进入第三阶段,即商用阶段。

商业应用——第三阶段(1995 年至今)。这一期间的中国可以说已经较全面地融入了国际 Internet 大家族。自进入商业应用阶段以来,Internet 这一新生事物以其强大的生命力和强大的优势迅速在中国大地蔓延开来。CHINANET 在北京、上海设立了两个枢纽站点与 Internet 相连,并在全国范围建造 CHINANET 的骨干网。目前,CHINANET 已在大部分县市开通业务,1996 年 9 月,电子部 ChinaGBN 开通。各地 ISP(Internet 服务供应商)亦纷纷崛起,据统计,到 1996 年底,仅北京就有 30 多家 ISP 开始或准备营业,如国联、中网、世纪互联、飞梭、讯业、东方网景等,它们的投资规模甚至超过了一些官方机构。

3. 我国 Internet 的现状

真正意义上的 Internet 的普及在我国国内仅有 6～7 年的时间,但是随着国内从早期四大互联网络到现在的八大互联网的相继建成和不断扩展壮大,越来越多的企业、单位和个人已经意识到 Internet 在科技、传媒、商业等领域的巨大潜力。自 1994 年以来,我国与 Internet 连上后,发展速度惊人,特别是进入 1996 年,更是以势不可挡的劲头变化着,从单位到个人都在积极地申请联网,据估计全国有近 20 万用户联上了 Internet,目前全国有 8 个骨干网在运行,即中国公用计算机互联网(CHINANET)、宽带中国 CHINA169 网、中国科技网(CSTNET)、中国教育和科研计算机网(CERNET)、中国移动互联网(CMNET)、中国联通互联网(UNINET)、中国铁通互联网(CRNET)以及中国国际经济贸易互联网(CIETNET)。上网已经成为我国居民工作和生活不可或缺的一件事情。下面从网民数量、IP 地址、域名、网站、网页和国际出口带宽几个方面说明我国当前互联网的发展现状。

网民数量

依据创新扩散理论,当其普及率在 10% 以上时,规模及普及率的增长将更迅速。美国和韩国的互联网网民普及率的增长趋势符合这一理论,例如,由 NCA 和韩国互联网络信息中心(KRNIC)的数据显示,韩国 1999 年的互联网普及率是 22.4%,2000 年则跃升至 33%,网民规模从 943 万快速增加至 1393 万;美国 1998 年的互联网普及率是 18.6%,

1999 年即快速增长到 26.2%。中国网民数连续多年增长迅速,继 2008 年 6 月中国网民规模超过美国,成为全球第一之后,截至 2008 年 12 月,中国网民规模达到 2.98 亿人(如图 6-15 所示),较 2007 年增长 41.9%。互联网普及率由 2007 年的 16% 增长为 2008 年的 22.6%,略高于全球平均水平(21.9%)。中国的互联网普及率达到甚至是超过了全球平均水平,但与互联网发达国家冰岛、美国等差距很大。邻国日本、韩国和俄罗斯的互联网普及率均高于中国(如图 6-16 所示)。

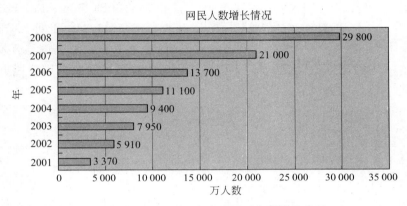

图 6-15   2000—2008 年中国网民人数增长情况

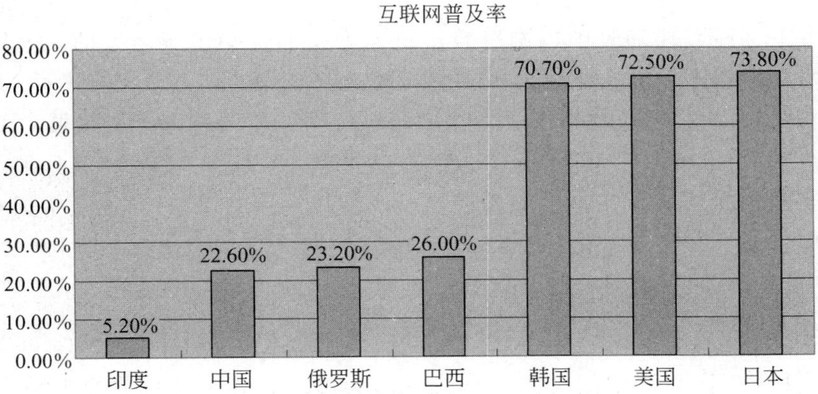

图 6-16   2008 年部分国家互联网普及率对比

IP 地址

　　IP 地址作为互联网最为重要的资源之一,它的分配和使用情况反映了互联网使用的最为重要的指标之一。在 IPv4 地址资源上,发达国家占优势地位,59.7% 的 IPv4 地址资源都集中在美国。尽管 IPv4 资源较为紧缺,由于我国的互联网发展迅速,在各 IP 地址分配单位的努力下,中国的 IPv4 地址量增长一直比较迅速,尤其是 2006 年以来,在中国互联网络信息中心(CNNIC)等机构的大力推动下,呈现较快的增长势头,2008 年达到 181 273 344 个,较 2007 年增长 34%,如图 6-17 所示。尽管我国 IPv4 地址保持较快的增长速度,但是依然赶不上我国网民的增速,加上服务器、路由器等其他互联网设备上的对

IP 地址的占用，IPv4 地址在我国的紧缺局面非常严峻。

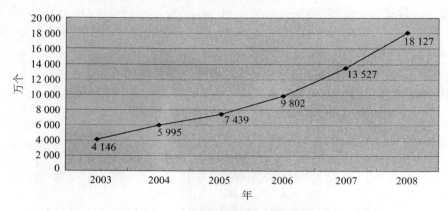

图 6-17   中国 IPv4 地址数量增长情况

作为中国国家 IP 地址分配管理机构，中国互联网络信息中心（CNNIC）的 IP 地址分配窗口已经上升到/14(4B)，成为世界最大的国家 IP 地址分配窗口。早在"2004 年中国互联网大会"上，信息产业部领导就建议广大的 ISP 及企事业单位通过中国互联网络信息中心（CNNIC）集中进行规模化、专业化的 IPv4 地址申请，以达到提高我国 IP 地址资源数量、降低 IP 地址资源申请成本的目的。

域名

如图 6-18 所示，伴随着中国网民数量快速增长的是中国域名数的飞速增长。截至 2008 年底，中国域名总数达到 16 826 198 个，较 2007 年 1 193 万个增长了近 41％，依然保持快速增长之势。这些域名中，居于主流域名地位的是中国的国家顶级域名 CN，约占到中国域名总数的 80.66％。其次是 COM 域名，占到 16.28％。CN 域名是国际互联网上代表"中国"的顶级域名，CN 域名数量的增长及使用比例的增加，对加强中国互联网络网络安全和信息安全有重要意义（见表 6-2）。中国政府一直致力于推动中国 CN 域名的发展。目前中国 CN 域名数量已达 13 572 326，近几年的年增长率达到 399.2％，在过去一年中平均每天增加 CN 域名 2 万个，增长势头迅猛。与其他国家顶级域名相比，目前中国

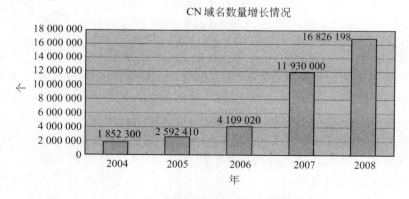

图 6-18   CN 域名数量增长情况

大学信息技术基础

仅次于德国的国家顶级域名 DE(1128 万个)，位于世界第二。CN 域名中，以.CN 结尾的二级域名比例最高，其次是.COM.CN，2008 年与 2007 年同期相比，二级域名.CN 增长了约两个百分点，而.COM.CN 略显下降。目前万人拥有量已经达到 91 个。

表 6-2   中国分类域名数

	数量（万个）	占域名总数比例
CN	13 572 326	80.66%
COM	2 739 130	16.28%
NET	419 220	2.49%
ORG	93 913	0.56%
其他	1 609	0.01%
合计	16 826 198	100.0%

网站

截至 2008 年底，中国网站数量已达 287.8 万个，比 2006 年同期增长了 203.5 万个，增长率达到 241%，如图 6-19 所示。之所以网站增长的如此迅猛，博客/个人空间等众多网络应用需求、创建网站技术简易化等是最为主要的因素。

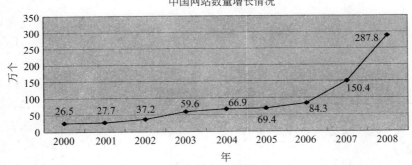

图 6-19   中国网站数量增长情况

这些网站中，增长最快的是.CN 域名的网站数，2008 年数量已经达到 100.6 万个，.CN 域名网站首次超过百万，占到中国网站数的 66.9%，CN 域名成为我国网站使用的主流域名（见表 6-3）。

网页

截止到 2008 年底网页总数已达 160.8 亿多个，年增长率达到 89.4% 以上，网上各种信息资源在以惊人的速度增长，如图 6-20 所示。这些信息资源主要分为动态网页和静态网页，总体上静态网页居多，但动态网页的比重在逐年增高，动静态的比例为 0.92：1。从网页的容量上看，网站总容量数已经达到 198 348GB 字节，网页的平均字节数为 23.4KB，与 2007 年相比有所降低。从网页内容上看，文本内容的居多，占到网页总数的 87.8%，其次是图像，音频和视频网页数量，相对比例仍旧不高（见表 6-4）。

表 6-3　中国分类网站数

	数量（万个）	占网站总数比例
.CN	100.6	66.9％
.COM	42.7	28.4％
.NET	6.1	4.1％
.ORG	0.9	0.6％
合计	150.4	100.0％

2002—2008年中国网页规模变化

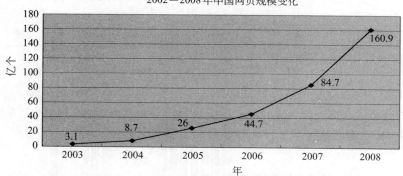

图 6-20　中国网页数量增长情况

表 6-4　中国网页数

网页总数	个	16 086 370 233
静态网页	个	7 891 388 272
	占网页总数比例	49.06％
动态网页	个	8 194 981 961
	占网页总数比例	50.94％
静态/动态网页的比例		0.96：1
网页长度（总字节数）	KB	460 217 386 099
平均每个网站的网页数	个	5 588
平均每个网页的字节数	KB	28.6

国际出口带宽

中国国际出口带宽衡量的是中国与其他国家或地区互联网连接的能力。在目前网民网络应用日趋丰富,在线多媒体业务发展迅速的情况下,我国网络带宽的增长率应该高于网民数、网站和网页数等其他网络资源的增长,才能保障互联网的服务质量水平。

2008 年中国网络国际出口带宽达到 640 286.67Mbps,较 2007 年增长 73.6%,增速超过了网民增速,年增长率达到 48.7%,如图 6-21 所示。

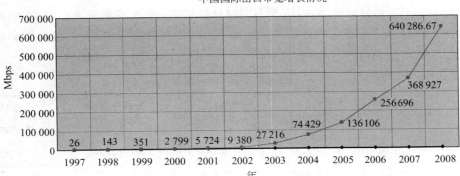

图 6-21　中国国际出口带宽增长情况

6.5　IP 地址与域名系统

　　TCP/IP 协议是目前 Internet 上通用的通信协议。正确地标识网络上的每台机器是保证信息数据能正确地传输的前提,在 TCP/IP 协议里是通过为机器分配唯一的一个 IP 地址来实现的。需要强调指出的是,这里的机器是指网络上的一个结点,不仅仅指的是一台计算机,同时也包括各种网络通信设备,如路由器和交换机等。这样确保可以在 Internet 上正确地将数据信息传送到目的地,从而保证 Internet 成为向全球开放互联的数据通信系统。在 Internet 中,标识每一台主机既可以通过域名也可以通过 IP 地址。下面介绍 IP 地址和域名这两个概念。

6.5.1　IP 地址

1. IPv4

　　IP 地址有两种表达格式,二进制格式和十进制格式。二进制格式 IPv4 地址为 32 位,分为 4 个 8 位二进制数。十进制格式的 IPv4 地址是由 4 组十进制数字表示,这样便于用户和网络管理人员使用和掌握。一般以 4 个字节表示,每 8 位二进制数用 1 个十进制数表示(即每个字节的数的范围是 0～255),并以小圆点分隔,且每个数字之间用点隔开,例如:222.196.151.22。这种记录方法称为"点—分"十进制记号法。在 Internet 中,根据 IP 地址可以找到连接到 Internet 上的任何一台主机,IP 地址唯一地标识出主机所在的网络和网络中位置的编号。IP 地址的结构如下所示。

网络类型＋网络 ID＋主机 ID

按照 IPv4 地址的结构和其分配原则，在 Internet 上寻址时，先按 IP 地址中的网络标识号找到相应的网络，再在这个网络上利用主机 ID 找到相应的机器。由此可看出 IP 地址并不仅仅用来标识某一台主机，而且还隐含着网络间的路径信息。

为了充分利用 IP 地址空间，Internet 委员会定义了 5 种 IPv4 地址类型，按照网络规模的大小，IPv4 地址分为 5 类，以适合不同容量的网络，即 A 类至 E 类。其中 A，B，C 三类由 Internet 信息中心在全球范围内统一分配，D，E 类为特殊地址，它的分类和应用见表 6-5。

表 6-5　五类 IPv4 地址

类型	地址结构（二进制）	网络数	网络号范围	主机数
A	0＋7 位网络号＋24 位主机号	126	1～126	16 777 214
B	10＋14 位网络号＋16 位主机号	16 382	128.1～191.254	65 534
C	110＋21 位网络号＋16 位主机号	2 097 150	192.0.1～223.225.254	254
D	1110＋广播地址（28 位）			
E	11110（系统保留/）			

计算机在连入网络之前都需要正确配置相应的 IP 地址，配置的内容包括 IP 地址、子网掩码、网关、DNS 服务器。以 Windows XP 操作系统为例，用户可以选择"开始"→"连接到"→"显示所有连接"→"本地连接"→"TCP/IP 属性"，然后在如图 6-22 所示的界面进行设置。子网掩码和 IP 地址一样，也是一个 32 位地址，它用于区别 IP 地址的网络 ID 和主机 ID。其中 A 类主机的子网掩码是 255.0.0.0；B 类主机的子网掩码是 255.255.0.0；C 类主机的子网掩码是 255.255.255.0。网络传输设备通过将 IP 地址和子网掩码进行"与"运算，从而得出该地址是在本局域网还是在远程网。IP 地址的配置如图 6-22 所示。

在 IPv4 地址资源上，发达国家占优势地位，59.7％的 IPv4 地址资源都集中在美国。2007 年底，中国拥有的 IPv4 数量是 1.35 亿个，占全球 IPv4 地址数量的 4％，仍排在美国、

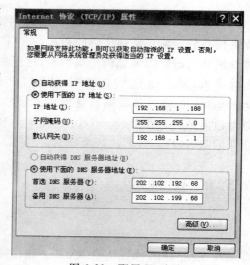

图 6-22　配置 IP 地址

日本之后，位居世界第三。如图 6-15 所示，在中国互联网络信息中心（CNNIC）等机构的积极推动下，中国的 IPv4 地址数量保持了较好的增长态势。

2. IPv6

IPv6 是 Internet Protocol Version 6 的缩写，它是由 IETF 设计的，用来替代现行的 IPv4 协议的一种新的 IP 协议，也被称作下一代互联网协议。

————————————　大学信息技术基础

现在的互联网大多数应用的是 IPv4 协议，IPv4 协议已经使用了 20 多年，在这 20 多年的应用中，IPv4 获得了巨大的成功，同时随着应用范围的扩大，它也面临着越来越不容忽视的危机，例如地址匮乏等。根据 IPv4 地址的剩余数量状况，有权威部门预计到 2020 年，全球 IPv4 地址将会完全耗尽。

IPv6 是为了解决 IPv4 所存在的一些问题和不足而提出的，同时它还在许多方面提出了改进，例如路由方面、自动配置方面。据权威部门预测，经过一个较长的 IPv4 和 IPv6 共存的时期，IPv6 最终会完全取代 IPv4 在互联网上占据统治地位。从 IPv4 到 IPv6 最显著的变化就是网络地址的长度。RFC2373 和 RFC2374 定义的 IPv6 地址，有 128 位长。IPv6 地址的表达形式一般采用 32 个十六进制数。IPv6 中可能的地址有 $21^{28} \approx 3.4 \times 10^{38}$ 个。按保守方法估算 IPv6 实际可分配的地址，整个地球每平方米面积上可分配 1 000 多个地址。在 IPv6 的设计过程中除了一劳永逸地解决地址短缺问题以外，还考虑了在 IPv4 中解决不好的其他问题。IPv6 的主要优势体现在以下几方面：地址空间扩大、网络整体吞吐量的提高、服务质量（QoS）的改善、更好地多播功能、更好的安全性保证、即插即用和移动性的支持等。显然，IPv6 的优势能够直接或间接地应对上述挑战。其中最突出的是 IPv6 大大地扩大了地址空间，恢复了原来因地址受限而失去的端到端连接功能，为互联网的普及与深化发展提供了基本条件。当然，IPv6 并非完美，不可能一次解决所有问题。IPv6 只能在发展中不断完善，也不可能在短时间内完成，过渡需要时间和成本，但从长远看，IPv6 有利于互联网的持续和长久发展。

目前，世界各国都在积极地推进 IPv4 到 IPv6 的过渡工作，就长远的计算机网络发展来看，IPv4 地址存在着发展的局限问题：首先，IPv4 的地址资源有限，已经不能适用于国际互联网的发展需要；其次，美国控制大多数地址资源，其他国家的发展受到严重制约。相比之下，IPv6 地址数量巨大，安全性能高，拥有很大的发展前景。所以向 IPv6 过渡对于中国互联网络的发展是有利的。

目前，IPv6 地址还处于局部试验应用阶段。与 IPv4 相比，IPv6 优势突出，可以极大地满足互联网地址资源的需求。在中国地区共分得 IPv6 地址 27 块/32，处于全球第十五位。前五位则为德国、法国、日本、韩国和意大利。但是与此同时，由于 IPv6 在国内利用率较低，向 IPv6 过渡仍然在技术和商用方面存在一定问题。中国的许多科研院所和大专院校的相关领域研究人员已经针对这些问题开展了研究。

在 IPv6 没有完全商用之前，IPv4 地址仍旧是互联网基础。因此，我国广大 ISP 及企事业单位应通过中国互联网络信息中心（CNNIC）集中进行规模化、专业化的 IPv4 地址申请，以达到提高我国 IP 地址资源数量、降低 IP 地址资源申请成本的目的。加速申请以扩大中国 IPv4 地址资源的数量，是中国尤其需要重视的问题。

6.5.2　域名

IP 地址可以唯一地标识 Internet 上的一台主机，但是，对用户来说，要记住和直接使用 IP 地址数字是一件非常困难的事。为了使用和记忆方便，也为了便于网络地址的分层管理和分配,Internet 从 1984 年开始采用域名管理系统(Domain Name System,DNS)。采用域名系统的网络中,连接入网的每台主机都可以有一个类似下面的域名。

主机名. 网络名. 机构名. 顶层域名

域名采用分层次方法命名,每一层都有一个子域名。子域名之间用点号分隔,从右至左分别为顶层域名、机构名、网络名、主机名。例如,kjc. ustc. edu. cn,其中 cn 为顶层域名表示中国,edu 表示中国教育科研网,ustc 表示中国科学技术大学,kjc 表示主机名。域名中最右边的部分叫顶层域,一般分为两类:代表机构的机构性顶层域和代表国家和地区的地理性顶层。因为 Internet 发源于美国,因此最开始的顶层域名只有机构域,如 com 表示商业机构,edu 表示教育机构,另外还有 gov 表示政府,int 表示国际机构,mil 表示军队,net 表示网络机构,org 表示非盈利性机构。用上述顶层域名的主机一般属于美国各种机构,或美国某些机构的驻外机构。随着 Internet 在全球的发展,顶层域增加了地理域,如前面提到的 cn 表示中国,hk 表示中国香港。

对用户来说,记住并使用域名比使用 IP 地址相对容易很多,但对于 Internet 网络内部系统来说,进行数据传输所使用的还是 IP 地址。因此,需要进行域名到 IP 地址的转换,而 DNS 就是用来解决这一问题的。DNS 把网络中域名按树型结构分成域(Domain)和子域(Subdomain),子域名或主机名在上级域名结构中必须是唯一的。每一个子域都有域名服务器,它管理着本域的域名转换,各级服务器构成一棵树。这样,当用户使用域名时,应用程序先向本地域名服务器请求,本地域名服务器首先在自己的域名库中进行查找,如果找到该域名,则返回该域名所对应的 IP 地址;如果未找到,则对该域名进行解析,然后向本域名服务器的上级域名服务器或下级域名服务器发出查询请求;这样传递下去,直至有一个域名服务器找到该域名,返回其 IP 地址。如果最终没有域名服务器能查询到该域名,则认为该域名不存在。

在 Internet 中,既可以通过域名也可以通过 IP 地址来连接每一台主机,显然 IP 地址与域名具有某种相同作用,是一一对应的映射关系。实际上,可以认为是由于 IP 地址难于记忆,所以用域名代替 IP 地址。例如中央电视台主页的 IP 地址为 122. 224. 185. 6,域名为 www. cctv. com。

6.6　Internet 接入方式

用户计算机与 Internet 的连接方式,也就是接入方式。电话拨号接入、ISDN、ADSL、有线电视电缆接入、DDN 专线、局域网接入和无线接入等是常见的几种 Internet 的接入方式。本节将介绍这些接入方式。

6.6.1 基于传统电信网的有线接入

1. PSTN 公共电话网电话线拨号接入

公用电话交换网（Published Switched Telephone Network，PSTN）技术是利用 PSTN，通过调制解调器拨号实现用户接入的方式。这种接入方式是最为常见的接入方式之一，最高的速率为 56Kbps，已经达到香农定理确定的信道容量极限，就现在的使用情况来说，这种速率远远不能够满足宽带多媒体信息的传输需求；但由于电话网普及率很高，用户终端设备 Modem 相对较为便宜，而且使用方法简单，如图 6-23 所示为 PSTN 接入方式。通常只要家里开通了电话，把电话线接入连接了计算机的 Modem 就可以拨通 Internet 了。因此，PSTN 拨号接入方式比较经济，曾经在历史上相当长的一段时期内是网络接入的主要手段。随着宽带的发展和普及，这种接入方式将被淘汰。

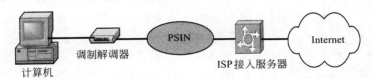

图 6-23　普通电话线拨号接入

2. ISDN 拨号接入

ISDN 俗称"一线通"，是综合业务数据网（Integrated Services Digital Network）的简称。ISDN 仍然使用普通电话线作为通信传输介质，但是 ISDN 的 Modem 和普通电话线接入使用的 Modem 不同，ISDN 接入与普通电话线接入最大的区别就在于它是数字的。由于 ISDN 能够直接传递数字信号，所以它能够提供比普通电话更加丰富、容量更大的服务。国内常用的 ISDN 提供 2B+D 信道（两个 B 信道和一个 D 信道，其都在一条电话线上传输），其中每个 B 信道都可以提供 64KB 的带宽来传输数字化语音或数据，D 信道主要用来传输控制信号（带宽 16Kbps）。用户可以在一个 B 信道上打电话，同时使用另一个 B 信道上网，ISDN 的带宽可达 128Kbps。

ISDN 接入技术与电话线接入类似，区别只是 ISDN 接入需要的是 ISDN Modem。ISDN 的极限带宽为 128Kbps，各种测试数据表明，双线上网速度提高有限。从现在的发展趋势来看，窄带 ISDN 因带宽过低不能满足需求量极大的多媒体网络应用而将被淘汰。

3. XDSL 接入

数字用户线路（Digital Subscriber Line，DSL）是以铜电话线为传输介质的点对点传输技术，它包括 HDSL、SDSL、VDSL、ADSL 和 RADSL 等，一般称之为 XDSL。它们主要的区别就是体现在信号传输速度和距离的不同以及上行速率和下行速率对称性的不同这两个方面。其中 ADSL 是非对称数字用户线路（Asymmetric Digital Subscriber Line）

的简称,俗称"网络快车",ADSL 是最具竞争力和使用较为广泛的一种。目前,在中国,ADSL 接入技术是一种通过普通电话线提供宽带数据业务的技术,已基本取代了 ISDN,是目前发展势头较好的一种接入技术。ADSL 连接时需要使用 ASDL Modem,它理论上可以提供 8Mbps 的下行速率和 1Mbps 的上行速率,如图 6-24 所示。在中国,电信 ADSL 提供给个人用户的 ADSL 传输速率一般为 1Mbps~4Mbps。

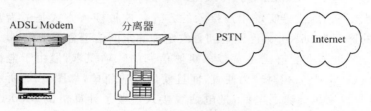

图 6-24　ADSL 接入示意图

此外,还有一种基于以太网方式的 VDSL,这种接入技术使用 QAM 调制方式,它的传输介质也是一对铜线,在 1.5 千米的范围之内能够达到双向对称的 10Mbps 传输,即达到以太网的速率。这种技术用于宽带运营商社区的接入,可以大大降低成本。基于以太网的 VDSL 接入,方案是在机房端增加 VDSL 交换机,在用户端放置用户端 CPE,二者之间通过室外 5 类线连接,每栋楼只放置一个 CPE。这样做的原因是为了节省接入设备和提高端口利用率。但 VDSL 技术仍处于发展初期,长距离应用仍需测试,端点设备的普及也需要时间。

6.6.2　局域网接入

局域网接入方式是利用以太网技术,采用光缆＋双绞线的方式接入 Internet。具体实施方案是:从机房铺设光缆至用户单元楼,楼内布线采用超 5 类双绞线铺设至用户家中,双绞线总长度一般不超过 100 米,用户家里的计算机通过超 5 类双绞线接入墙上的 5 类模块就可以实现上网。机房的出口是通过光缆或其他介质接入城域网。采用 LAN 方式接入可以充分利用局域网的资源优势,为用户提供 10MB 以上的共享带宽,这比现在拨号上网的速度快 180 多倍,并可根据用户的需求升级到 100MB 或 1000MB。

局域网接入所采用的以太网技术成熟,成本低,结构简单,稳定性、可扩充性好,便于网络升级,同时可实现实时监控、智能化物业管理、小区/大楼/家庭保安、家庭自动化(如远程遥控家电、可视门铃等)、远程抄表等,可提供智能化、信息化的办公与家居环境,满足不同层次的人们对信息化的需求。根据统计,住户小区采用局域网接入方式,每户的线路成本可以控制在100~280 元之间;而对于终端接入用户来说,开户费仅为 100 元左右,每月的网络使用费一般在 50~100 元之间,相比其他入网方式要方便经济。

6.6.3　专线接入

DDN(Digital Data Network)即数字数据网,是利用数字信道提供永久性电路,以传输数据信号为主的数字传输网络,其中包括了数据通信、数字通信、数字传输、数字交叉连接、计算机、带宽管理等技术,可以为客户提供专用的数字数据传输通道,为客户建立自己的专用数据网提供条件。可提供速率为 $N\times64Kbps(N=1,2,3,\cdots,31)$ 和 $N\times2Mbps$ 的国际、国内高速数据专线业务。可提供的数据业务接口:V.35、RS-232、RS-449、RS-530、X.21、G.703、X.50 等。DDN 的主干网传输媒介有光纤、数字微波、卫星信道等,用户端多使用普通电缆和双绞线。DDN 将数字通信技术、计算机技术、光纤通信技术以及数字交叉连接技术有机地结合在一起,提供了高速度、高质量的通信环境,可以向用户提供点对点、点对多点透明传输的数据专线出租电路,为用户传输数据、图像、声音等信息。DDN 按照不同的速率和带宽收费也不同,由于 DDN 的租用费较贵,因此,DDN 主要面向集团公司等需要综合运用的单位。DDN 具有以下 4 个特点。

(1) 是一种连续传输数据信号的透明传输网;

(2) 可支持多种数据类型传输业务,如数据、图像、音频和视频等;

(3) 网络时延小、传输速率高、可靠性高;

(4) 抗噪声和减小失真的能力较强,差错率低。

6.6.4 基于有线电视网接人

1. Cable Modem 方式

Cable Modem(线缆调制解调器)是近年开始使用的一种超高速 Modem,它利用现有的有线电视(CATV)网的线缆进行数据传输。用户的计算机通过 Cable Modem 连接到家中的有线电视线路上即可上网,速率可达 10MB 以上。随着有线电视网的不断普及和人们生活水平的不断提高,通过利用有线电视网线缆通过 Cable Modem 访问 Internet 已成为越来越受相关领域关注的一种接入方式。由于有线电视网的数据传输采用的是模拟方式,因此需要通过 Modem 来协助完成数字数据的转化。Cable Modem 与以往的Modem 在原理上相同,都是将数据进行调制后在 Cable(电缆)的一个频率范围内传输,接收时进行解调,传输机理与普通 Modem 相同。不同之处在于它是通过有线电视 CATV的某个传输频带进行调制解调的。

Cable Modem 上网的缺点是:由于 Cable Modem 模式采用的是相对落后的总线型网络结构,带宽是共享的。此外,Cable Modem 初装费成本相对较高,这些方面都是Cable Modem 接入方式普及的障碍。

2. WebTV 方式

WebTV 是指通过一个被称为机顶盒的设备在电视机上浏览 Web。这种方式下,用户使用一个类似于遥控器的设备就可以在收看电视节目的同时浏览 Web。

6.6.5 无线网接人

无线上网是近几年出现的一种新兴的接入方式,常见的无线接入方式可以分为手持设备无线上网和无线局域网两类。手持设备主要是手机、PDA 等，通过 GSM、CDMA1X 或 GPRS 技术接入 Internet。无线局域网则是在笔记本、台式电脑等计算机上加装无线网卡与无线路由器或无线交换机相连以组成网络，再通过有线网络接入 Internet。无线局域网由于不受电缆束缚，可移动，能解决因有线网布线困难等带来的问题，因而具有广泛的应用前景。利用无线上网，用户可以在机场、火车上、餐桌上收发邮件、搜索信息、处理业务。下面简单地介绍一些当前国内外主流无线接入技术。

1. GSM 接入技术

GSM(Global System for Mobile Communication，全球移动通信系统)是第二代移动通信技术。该技术是目前个人通信的一种常见技术代表，已成为欧洲和亚洲实际上的标准。GSM 数字网具有较强的保密性和抗干扰性，音质清晰，通话稳定，并具备容量大、频率资源利用率高、接口开放及功能强大等优点。利用 GSM 接入 Internet，可以在 GSM 覆盖的任何地方实现较为方便的连接。

2. CDMA 接入技术

CDMA(Code-Division Multiple Access)，即"码分多址分组数据传输技术"，被称为第 2.5 代移动通信技术。采用 CDMA 技术的手机通话时，话音清晰、不易掉线。CDMA 技术发射功率只有 GSM 手机发射功率的 1/60，被称为"绿色手机"。此外，基于宽带技术的 CDMA 使得移动通信中视频应用成为可能。因此，CDMA 数字网具有以下几个优势：高效的频带利用率和更大的网络容量、简化的网络规划、通话质量高、保密性及信号覆盖好、不易掉线等。

3. GPRS 接入技术

GPRS(General Packet Radio Service，通用分组无线服务)相对原来 GSM 的拨号方式的电路交换数据传送方式，GPRS 是分组交换技术。由于使用了"分组"的技术，用户上网可以免受断线的痛苦，其情形大概就跟使用了下载软件 Flashget 差不多。此外，使用 GPRS 上网的方法与 WAP 并不同，用 WAP 上网就如在家中上网，先"拨号连接"，而上网后便不能同时使用该电话线。但 GPRS 就较为优越，下载资料和通话是可以同时进行的。从技术上来说，如果单纯进行语音通话，不妨继续使用 GSM，但如果有数据传送需求时，最好使用 GPRS，它把移动电话的应用提升到一个更高的层次。同时，发展 GPRS 技术也十分"经济"，因为它只需对现有的 GSM 网络进行升级即可。GPRS 的用途十分广泛，包括通过手机发送及接收电子邮件，在互联网上浏览等。GPRS 的最大优势在于：它的数据传输速度远远高于 WAP。目前的 GSM 移动通信网的数据传输速度只有 9.6Kbps，而 GPRS 可以达到 115Kbps，这个速度甚至是 56k 调制解调器理论最高速率的 2 倍还多。除了速度上的优势，GPRS 还有"永远在线"的特点，即用户随时与网络保持联系。

4. CDPD 接入技术

CDPD(Cellular Digital Packet Data，蜂窝数字式分组交换)接入技术最大的特点就是传输速度快,最高的通信速度可以达到 19.2Kbps。另外,在数据的安全性方面,由于采用了 40 位密钥加密技术,所以安全性相对较高。正反向信道各不相同,密钥由交换中心掌握,移动终端登录一次,交换中心自动核对旧密钥更换新的密钥一次,实行动态管理。此外,由于 CDPD 系统是基于 TCP/IP 的开放系统,因此可以很方便地接入 Internet,所有基于 TCP/IP 协议的应用软件都可以无须修改直接使用,应用软件开发简便,移动终端通信编号直接使用 IP 地址。CDPD 系统还支持用户越区切换和全网漫游、广播和群呼,支持移动速度达 100km/h 的数据用户,可与公用有线数据网络互联互通。

5. 固定无线宽带接入技术

LMDS 的英文全称叫 Local Multipoint Distribution Services,中文含义为本地多点分配业务。这是一种微波的宽带技术,由于工作在较高的频段(24GHz~39GHz),因此可提供很宽的带宽(达 1GHz 以上),又被喻为"无线光纤"技术。它可在较近的距离实现双向传输话音、数据图像、视频以及会议电视等宽带业务,并支持 ATM、TCP/IP 和 MPEG2 等标准。LMDS 采用一种类似蜂窝的服务区结构,将一个需要提供业务的地区划分为若干服务区,每个服务区内设基站,基站设备经点到多点无线链路与服务区内的用户端通信。每个服务区覆盖范围为几千米至十几千米,并可相互重叠。由于 LMDS 具有更高带宽和双向数据传输的特点,可提供多种宽带交互式数据及多媒体业务,克服传统的本地环路的瓶颈,满足用户对高速数据和图像通信日益增长的需求,因此是解决通信网接入问题的利器。

6. DBS 卫星接入技术

DBS(Direct Broadcasting Satellife Service)技术也叫数字直播卫星接入技术,该技术利用位于地球同步轨道的通信卫星将高速广播数据送到用户的接收天线,所以也称为高轨卫星通信。其特点是通信距离远、费用与距离无关、覆盖面积大且不受地理条件限制、频带宽、容量大,适用于多业务传输,可为全球用户提供大跨度、大范围、远距离的漫游和机动灵活的移动通信服务。在 DBS 系统中,大量的数据通过频分或时分调制后,利用卫星主站的高速上行通道和卫星转发器进行广播,用户通过卫星天线和卫星接收 Modem 接收数据。由于数字卫星系统具有高可靠性,不像 PSTN 网络中采用双绞线的模拟电话需要较多的信号纠错,因此可使下载速率达到 400Kbps,而实际的 DBS 广播速率最高可达到 12Mbps。目前,美国已经可以提供 DBS 服务,主要用于互联网接入,其中最大的 DBS 网络是休斯网络系统公司的 DirectPC。DirectPC 的数据传输是不对称的,在接入互联网时,下载速率为 400Kbps,上行速率为 33.6Kbps,这一速率虽然比普通拨号 Modem 提高不少,但与 DSL 及 Cable Modem 技术仍有较大差距。

7. 蓝牙技术

蓝牙(Bluetooth)实际上是一种多种设备之间实现无线连接的协议。通过这种协议能使包括电话、掌上电脑、笔记本电脑、相关外设和家庭众多设备之间进行信息交换。蓝牙应用于手机与计算机的相连,可节省手机费用,实现数据共享、互联网接入、无线免提、同步资料以及影像传递等。虽然蓝牙在多向性传输方面具有较大的优势,但若是设备众多,识别方法和速度也会出现问题;蓝牙具有一对多点的数据交换能力,故它需要安全系统来防止未经授权的访问;蓝牙的通信速度为 750Kbps～4Mbps,16Mbps 的扩展技术正在发展进程中。

8. HomeRF 技术

HomeRF 主要为家庭网络设计,旨在降低语音数据成本。为了实现对数据包的高效传输,HomeRF 采用了 IEEE802.11 标准中的 CSMA/CD 模式,它与 CSMA/CD 类似,以竞争的方式来获取对信道的控制权,在一个时间点上只能有一个接入点在网络中传输数据。不像其他的协议,HomeRF 提供了对流业务(Stream Media)的真正意义上的支持。由于对流业务规定了高级别的优先权并采用了带有优先权的重发机制,这样就确保了实时性流业务所需的带宽和低干扰、低误码。HomeRF 工作在 2.4GHz 频段,它采用数字跳频扩频技术,速率为每秒 50 跳,共有 75 个带宽为 1MHz 跳频信道。调制方式为恒定包络的 FSK 调制,分为 2FSK 与 4FSK 两种。采用调频调制可以有效地抑制无线环境下的干扰和衰落。在 2FSK 方式下,最大数据的传输速率为 1Mbps;在 4FSK 方式下,速率可达 2Mbps。最新版 HomeRF 2.x 中,采用了 WBFH(WideBank Frequency Hopping)技术来增加跳频带宽,从原来的 1MHz 增加到 3MHz、5MHz,跳频的速率也增加到 75 跳/s,其数据峰值也高达 10Mbps,接近 IEEE802.11b 标准的 11Mbps,基本能满足未来的家庭宽带通信。

9. WCDMA 接入技术

WCDMA 技术为用户带来了最高 2Mbps 的数据传输速率,在这样的条件下,现在计算机中应用的任何媒体都能通过无线网络轻松地传递。WCDMA 的优势在于拥有较高的码片速率,有效地利用了频率选择性分集以及空间的接收和发射分集,全覆盖和移动速率为 144Kbps,室外静止或步行时速率为 384Kbps,而室内为 2Mbps。但这些要求并不意味着用户可用速率就可以达到 2Mbps,因为室内速率还将依赖于建筑物内详细的频率规划以及组织与运营商协作的紧密程度。然而,由于无线 LAN 一类的高速业务的速率已可达 54Mbps,在 3G 网络全面铺开时,人们很难预测 2Mbps 业务的市场需求将会如何。

10. 无线局域网

无线局域网(Wireless LAN,WLAN)是计算机网络与无线通信技术相结合的产物。因其可移动性而不受电缆束缚,可克服因有线网布线困难等带来的问题。无线网具有组网灵活、扩容方便,与多种网络标准兼容以及应用广泛等优点。WLAN 既可满足各类便携机的入网要求,也可实现计算机局域网远端接入、图文传真以及电子邮件等多种功能。

11. 无线红外光系统

无线红外光传输系统是光通信与无线通信的结合,以空气为载体而不是以光纤为载体来传输光信号。这一技术既可以提供类似光纤的速率,又不需要频谱这样的稀有资源。

主要特点是：传输速率高，可以 2Mbps～622Mbps 的速率进行高速数据传输；传输距离为 200m～6km；由于工作在红外光波段，对其他传输系统不会产生干扰，安全性强；信号发射和接收通过光仪器，无须天馈线系统，设备体积较小。

6.6.6　光纤接入技术

根据接入网室外传输设施中是否含有源设备，光纤接入网分为无源光网络（PON：Passive Optical Network）和有源光网络（AON：Active Optical Network）。AON（有源光网络）是指从局端设备到用户分配单元之间采用有源光纤传输设备，即光电转换设备、有源光器件以及光纤等；PON（无源光网络）技术是一种点对多点的光纤传输和接入技术，下行采用广播方式，上行采用时分多址方式，可以灵活地组成树型、星型、总线型等拓扑结构，在光分支点不需要节点设备，只需要安装一个简单的光分支器即可，具有节省光缆资源、带宽资源共享、节省机房投资、设备安全性高、建网速度快、综合建网成本低等特点。目前光纤接入网几乎都采用 PON 结构，PON 成为光纤接入网的发展趋势。

6.7　WWW 服务

6.7.1　WWW 基本知识

Internet 的高速发展，为 Web 资源提供了通信平台，超文本、多媒体技术的普及应用，使越来越多的终端用户能够轻松操作多媒体信息，尤其是 Web 浏览器的强大功能，为 Web 的迅速发展普及奠定了基础。Web 已成为 Internet 最核心的技术之一。

1. WWW

WWW 是 World Wide Web 的简称，译为万维网或全球网，是指在因特网上以超文本为基础形成的信息网。它为用户提供了一个可以轻松驾驭的图形化界面，用户通过它可以查阅 Internet 上的信息资源。WWW 是通过互联网获取信息的一种应用，通常所浏览的网站就是 WWW 的具体表现形式，但其本身并不是互联网，只是互联网的组成部分之一。

2. 超文本

作为一种信息描述技术，使用超文本（hypertext）可以使得信息按信息之间关系非线性地存储、组织、管理和浏览。利用超文本存储信息，文本中所选择的词在任何时候都能够被"扩展"，以提供有关这个词的其他信息。这些词可以连到其他文档，而这些文档可能是文本、图片或者其他任何文档。

3. 超链接

超链接(Hyperlink)是网页最为重要的元素之一,它提供了一个网页同其他网页或站点之间进行链接的功能。超链接以特殊编码的文本或图形的形式来实现,如果单击该链接,则相当于操作浏览器移至同一网页内的某个位置,或打开一个新的网页,或打开某一个新的WWW网站中的网页。

使用超链接可以使顺序存放的文件具有一定程度上的随机访问能力。从用户的角度来看,超链接是网页的纽带,也是万维网最吸引人的特点之一,可以说,如果没有超链接,就没有万维网。

4. WWW 浏览器

WWW浏览需要浏览器,浏览器是一种专门用于定位和访问Web信息,获取用户所需要得到的资源的应用程序。

5. Web 页和 HTML

Web页又称网页,是浏览器中所显示的信息,分为静态网页和动态网页。

HTML是超文本标记语言(Hypertext Markup Language)的缩写,它是Web页的标记语言。HTML实际上是一种简单的数据格式,用来描述Web页的逻辑结构和属性,用于为Web超文本提供简单的标记语言。HTML可被用于表示各种超文本文档。通常基于HTML的网页是静态网页文档。

6. HTTP

HTTP是超文本传输协议(HyperText Transfer Protocol)的缩写,它是浏览器访问网页资源时所使用的协议。HTTP是一个使用请求/响应模式的客户机/服务器协议,一个HTTP客户机或用户代理(通常是一个Web浏览器)通过使用URL与一个HTTP服务器相连接并请求访问资源,例如一个HTML文档。

7. URL

URL是统一资源定位符(Uniform Resource Locator)的缩写,俗称"网址",是一个网络资源的地址。URL和文件名类似,但它还包括了服务器和资源使用的网络协议种类方面的信息。有时,URL还包括用户名信息和协议指定的参数及选项。

URL的格式为

协议://主机名/路径/文件名

例如 http://www.ahau.edu.cn/chinese/index.htm。

其中,http是协议名称;//表明后面是Internet站点的主机名;主机名后面的/chinese/index.htm是具有UNIX操作系统风格的路径和文件名。

URL并不仅仅描述HTTP协议,对其他各种不同的常见协议URL都能描述。例如以下两种 URL 的使用。

文件传输协议(FTP)的 URL：ftp://ftp. ahau. edu. cn/pub/doc/test. doc。

远程登录协议(Telnet)的 URL：telnet://bbs. ustc. edu. cn。

6.7.2 浏览器

浏览网站上的各种内容需要使用浏览器(Browser)，浏览器已经成为现在上网用户的必备软件之一。目前用户量极大的 Windows 系列操作系统中已经预先安装好了 IE 浏览器(Internet Explorer)，因此，对于安装 Windows 系列操作系统的计算机，在系统正常的情况下可以通过浏览器上网获取信息。除了 IE 浏览器之外，还有其他种类网页浏览器，如网景浏览器(Netscape Navigator)、腾讯 TT 浏览器、遨游浏览器(Maxthon Browser)、Mosaic、Opera，以及近年发展迅猛的火狐浏览器(FireFox)等。

那么浏览器到底是什么呢？一般认为浏览器实际上是一个软件程序，用于与 WWW 服务建立连接，并与之进行通信。它可以在 WWW 系统中根据链接确定信息资源的位置，并将用户需要的信息资源取回来，对 HTML 文件进行解释，然后将文字、图像甚至是多媒体信息还原，并在用户的浏览器中呈现出来。

通常说的浏览器一般是指网页浏览器，也就是浏览网页信息的工具，除了网页浏览器之外，还有一些专用浏览器用于阅读特定格式的文件，如 RSS 浏览器(也称 RSS 阅读器)、PDF 浏览器(PDF 文件浏览器)、超星浏览器(用于阅读超星电子书)、caj 浏览器(阅读 caj 格式文件)。此外也有一些是专门用来浏览图片的图像浏览器，如 ACDsee、google picasa 等。

IE 浏览器是微软公司推出的浏览器(全称为 Internet Explorer)，最新版本是 IE 8.0。IE 浏览器最大的好处在于，它是直接绑定在微软的 Windows 操作系统中，当用户电脑安装了 Windows 操作系统之后，无须专门下载安装浏览器即可利用 IE 浏览器实现网页浏览。不过，其他版本的浏览器因为有各自的特点而获得部分用户的欢迎。下面以 IE 为例进行介绍。

1. Internet Explorer 的启动

启动 Internet Explorer 的方法通常有以下 4 种。

(1) 直接双击桌面上的 Internet Explorer 图标。

(2) 直接单击任务栏快速启动区中的"启动 Internet Explorer 浏览器"按钮。

(3) 单击"开始"按钮，然后指向"程序"，再选择弹出子菜单中的"Internet Explorer"。

(4) 在"Windows 资源管理器"或"我的电脑"中双击 IEXPLORE 应用程序。

2. Internet Explorer 窗口组成

如图 6-25 所示为 Internet Explorer 窗口，由如下几部分组成。

(1) 标题栏：位于窗口的最上方，通常用于显示当前所打开的文档标题。

(2) 菜单栏：位于标题栏下方，以菜单方式为用户提供所有可使用的 IE 命令(提供

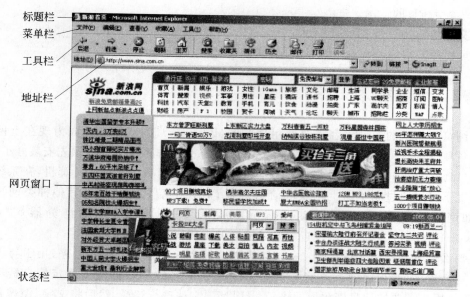

图 6-25　Internet Explorer 窗口组成

浏览器的所有功能)。

(3) 工具栏:一般位于菜单栏下方,通常提供使用频率较高的菜单中的某些功能命令的快速访问方式,使用户的操作更加方便。用户可以打开"查看"菜单,选择"工具栏"项将工具栏设置成显示或隐藏。

(4) 地址栏:用来输入将要访问的 URL 地址。

(5) 主窗口:用来显示当前正在访问的网页(Web 页)内容的窗口。单击"文件"菜单,选择"新建"菜单项目的级联菜单中的"窗口"项,可以打开新的窗口。在"窗口"项里重复此操作,可打开多个文档窗口,并在每个窗口中独立操作。例如,可在一个窗口中阅读某服务器的文档,而在其他窗口下载另一个服务器的文件,这样能提高传输线路和本地计算机的利用率。

可以单击某窗口的任意部分并把它调到前台显示,称为激活此窗口。被激活的窗口标题栏为蓝底色。其他后台的窗口标题栏为灰底色,它仍继续工作。也可用 Alt＋Tab键切换窗口。在 Windows 任务栏中可显示已最小化窗口的图标,单击最小化图标可激活此窗口。

(6) 状态栏:窗口的左下角是任务状态栏,它显示浏览器正执行什么命令及进展情况。

3. 使用 Internet Explorer 浏览 Web 信息

若用户想快速打开某个 Web 站点,可单击地址栏右侧的下拉箭头,在其下拉列表中选择该 Web 站点地址即可。或选择"收藏"菜单命令,在弹出的 Web 站点地址列表中选择需要打开的 Web 站点即可。如果已经知道某个网站的网址或 IP 地址,就可以在 IE 地址栏中直接输入该网址或 IP 地址,然后按回车键打开该主页。例如,在 URL 地址栏中输入 http://www.google.com 或 http://64.233.189.147 并按回车键或单击"转到"按钮,即可打开"Google 谷歌"的主页,如图 6-26 所示。

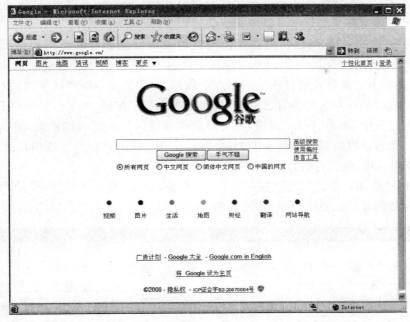

图 6-26　输入网址或 IP 地址浏览 Web 页

在打开的 Web 网页中,常常会有一些文字、图片、标题等,将鼠标放到其上面,鼠标指针会变成手形,这表明此处是一个超链接。单击该超链接,即可进入其所指向的新的 Web 页。

4. 浏览器主要工具按钮

IE 工具栏中设置了许多常用工具按钮,其作用与相应菜单中的菜单命令是一样的。下面介绍几个常用的按钮的使用方法。

(1) 选择访问页面按钮

① "后退"按钮。如果通过直接输入地址或单击超链接切换访问了很多页面,则单击"后退"按钮就重新显示刚才看过的上一个页面;利用后退按钮可以一直退到最初的页面。

② "前进"按钮。如果已经退到以前看过的页面,则单击"前进"按钮可返回到刚才看过的页面,直到最近看过的页面。

③ "主页"按钮。WWW 的第一个页面文件称为主页,浏览器定义了一个默认的站点主页地址,无论何时单击此按钮都转向访问默认主页。

如果在从网上下载网页的过程中使用以上 3 个按钮,则自动断开已有的链接且不保存已下载的那部分信息。

(2) 停止与重新链接按钮

① "停止"按钮。当在地址栏中输入要访问的 URL 地址并按回车后,即开始下载网

页文件并在文档显示窗口里逐步显示网页信息。在下载过程中,窗口右上角的地球图标将转动。如果此时需要终止正在下载文件的过程,即断开链接,可以单击"停止"按钮。不论什么情况下单击停止按钮都可以停止下载过程。

②"刷新"按钮。IE浏览器把曾经访问过的页面信息都存放在内存储器和硬盘的"\Windows\Temporary Internet Files"临时文件缓冲区中,当用前进或后退命令改变显示页面时,并没有重新物理链接相应的站点下载信息,而是显示缓冲区里的站点页面映像内容。如果此时站点页面的内容已改变,利用单击"刷新"按钮,可更新缓冲区的内容。在下载信息的过程中,单击"刷新"按钮,可重新定向与访问站点之间的链路,重新开始下载信息。使用此方法可以避开已链接的拥挤链路,达到加快下载信息速度的目的。

(3)查阅与标记已访问过的页面

①"历史"按钮。单击"历史"按钮,可在文档窗口里增加一个历史记录窗口,此窗口显示最近曾访问过的站点和页面,如图6-27所示。

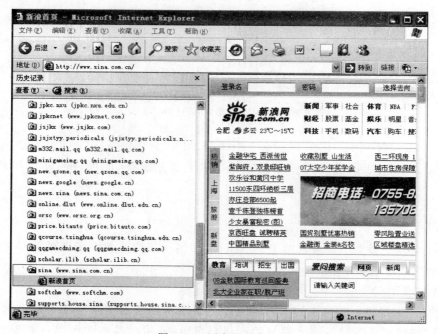

图6-27 历史记录窗口

在历史记录窗口中记录了今天或在其他时间曾访问过的站点及页面,可用鼠标单击展开层叠式菜单。

单击时间以及站点名,可显示出访问过的此站点的所有页面名称。

在脱机状态下单击页面名称,则显示缓冲区中的页面信息;联机(上网)状态下单击页面名称,可重新链接站点,下载页面信息。单击历史记录中的"×"按钮,可隐藏此窗口。历史记录文件存于"\Window\History"目录中,删除其中的"今天"及一周内的记录文件可清除历史记录窗口的内容。

②"收藏"按钮。在浏览过程中,可能会看到一些精彩页面,这时可利用收藏命令把

—————— 大学信息技术基础

它们专门收藏起来，以便脱机后仔细阅读。IE专门设置了收藏夹记录这些文件名。单击"收藏"按钮，可显示收藏夹目录结构，如图6-28所示。

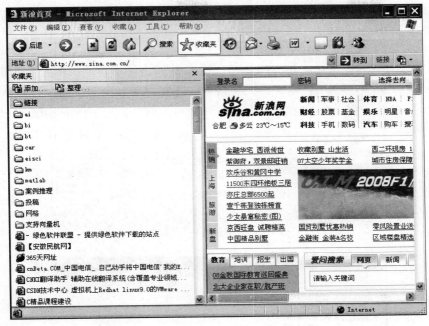

图6-28 展开层叠式菜单

5. 保存Web页

在Internet上浏览实际上是一个动态交换信息的过程，浏览新网页时，旧的网页将被新内容"淘汰"出去。对于一些有用的信息，可以将其保存下来，也可以只保存网页中的部分内容，将当前Web页保存到本地磁盘的具体方法如下：在浏览器窗口中单击"文件"菜单，选择"另存为"命令，就会弹出"保存Web页"对话框，如图6-29所示。在"文件名"框中输入要保存的文件名，然后单击"保存"按钮。

注意：在Internet Explorer 6.0以上版本中，用这种方法保存含有图片的Web页生成一个文件和一个文件夹。其中文件夹是用来存放图片文件的，如图6-30所示。

在保存当前Web页时还可以单击"保存类型"下拉列表框，选择保存的类型（见图6-30），有以下4种类型供用户选择。

- 网页，全部：默认保存类型，保存当前Web页的所有信息。
- Web档案，单一文件：将当前所正在访问的网页的全部信息保存为一个扩展名为".mht"的单一文件。
- 网页，仅HTML：只保存当前所正在访问的网页的文字内容，保存为一个扩展名为".htm"的文件。
- 文本文件：将当前所正在访问的网页的文字内容保存为一个扩展名为".txt"文本文件。

图 6-29   "保存网页"对话框

图 6-30   选择保存类型

6. Internet Explorer 的常用设置

（1）设置起始主页

启动 Internet Explorer 时，将自动打开主页即为起始主页。如果要改变起始主页，在浏览器窗口中单击"工具"菜单，选择"Internet 选项"命令，弹出"Internet 属性"对话框，在"主页"栏的地址文本框中输入起始主页网址，例如：http://www.sina.com.cn，单击"确定"按钮，如图 6-31 所示。

（2）设置历史记录

在"Internet 属性"对话框的"历史记录"选项区域中设置历史记录，将网页保存在历史记

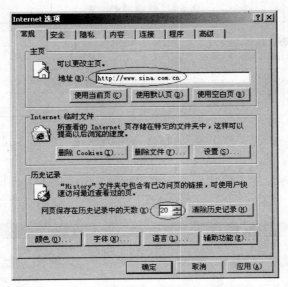

图 6-31　"Internet 选项"对话框

录中的天数默认设置为 20 天。单击"清除历史记录"按钮,则可清除所有的历史记录。

（3）设置 Internet 临时文件

Internet 临时文件中记录了以前访问过的网页内容,访问临时文件中存放的网页,速度会加快许多倍。可以根据实际情况调整存放临时文件的磁盘空间大小。

在"Internet 选项"对话框的"Internet 临时文件"选项区域中,单击"设置"按钮,弹出"设置"对话框,在该对话框中,可以拖动滑动块调整"使用的磁盘空间"。

6.7.3　搜索引擎的使用

对于广大网民来说,Internet 是一个浩瀚的信息海洋,用户可能完全不知道自己所要获取的信息资料的具体位置,这种情况下,可以通过拥有强大查找功能的搜索引擎来解决问题。那什么是搜索引擎呢？ 一般是指在 Internet 中主要从事信息搜索的专门站点,这些站点会在 Internet 中主动搜索各大 Web 服务器中的信息,然后将搜到的信息建立索引,并将索引内容存储到可供查询的大型数据库中。当用户通过搜索引擎查询信息时,搜索引擎会向用户返回包含该关键词信息的网站和网页地址,并提供具体的链接。搜索引擎定期在 Internet 中漫游,搜索新的信息资源,并更新自己的索引数据库。目前,搜索引擎技术较为成熟,搜索引擎的使用也十分方便,用户可以利用各种搜索引擎来查找各种数据、信息资料等。目前比较流行的搜索引擎及其链接见表 6-6。

用户使用搜索引擎搜索信息,需要在搜索引擎网站上输入所谓的"关键字",即将要搜索信息的部分特征,搜索引擎会在它所提供的网站中使用模糊查找法去搜索含有关键字的信息,并将搜索到的信息资源进行汇总,然后反馈给用户一张包含关键字的信息资源清单,用户可以自主从清单中选择一项并进行浏览。

表 6-6　常见搜索引擎

搜索引擎名称	网　　址	搜索引擎名称	网　　址
谷歌	http://www.google.com	搜狗	http://www.sogou.com//
百度	http://www.baidu.com	搜搜	http://www.soso.com/
雅虎中国	http://cn.yahoo.com/	爱问	http://iask.com/

下面以在百度中查询"搜索引擎"的地址清单为例说明其操作过程,这里的关键字为"搜索引擎"。

在 IE 浏览器的地址栏中输入百度的网页地址:http://www.baidu.com,出现百度主窗口,如图 6-32 所示。

图 6-32　百度主窗口

在"搜索"文本框中输入"搜索引擎"四个字,单击"搜索"按钮,搜索结果便显示在浏览器窗口中,如图 6-33 所示。

在浏览器窗口中列出了包括关键字"搜索引擎"的网址列表清单,单击用户想要寻找的搜索引擎名称,就能找到用户所需的信息。

此外,如果当前屏幕中没有用户所需的信息,可单击下一页或"下 20 个符合检索条件网址"链接;如果本次搜索没有搜索到用户所需的信息,可以试试将检索站点设为"所有站点";如果还是没有找到,可以试试将检索关键字改变一下;如果还是没有找到,则表明当前选择的搜索引擎没有用户所需的信息,可选择其他搜索引擎。

如果用户在使用搜索引擎时,选择的关键词不当,那么搜索到的结果就不如意,这时

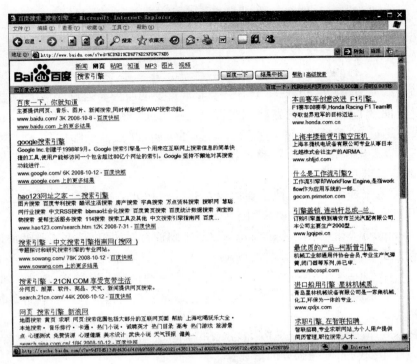

图 6-33　搜索结果

用户可以参考别人是怎么设置关键字进行搜索的,来获得较好的搜索结果。目前搜索引擎能够提供与用户原搜索相关的搜索词。这些相关的搜索词是根据过去搜索引擎所有用户的搜索习惯和搜索热门度排序而产生出来的,一般比原搜索词更常用,并且更可能产生相关的结果。

相关搜索排布在搜索结果页的下方,只需单击相关搜索的关键词,就会得到这个词的结果页,更快地找到更有价值的结果。

下面介绍一些著名搜索引擎。

http://www.yahoo.com（雅虎）

全球最著名也是最古老的"元老"级搜索引擎,拥有十分广泛的拥趸。

http://www.infoseek.com

该搜索引擎站点在美国,是美国最老牌搜索引擎之一。

http://www.excite.com

该搜索引擎因具有智能查找技术而著名。

http://www.sohu.com（搜狐）

该网站是中国最热门的中文搜索引擎门户网站之一,主要提供网络导航服务。

http://www.sowang.com/beidatianwang.htm（源于北大天网）

http://www.sina.com.cn（新浪网）

http://www.163.com/yeah/index.html（网易 yeah 搜索）

http://www.goyoyo.com.cn（悠游）

http://www.beijixing.com.cn(北极星)

6.7.4 电子邮件

电子邮件(E-Mail)是 Internet 上另一个非常重要的服务。通过网络上的电子邮件服务器,可以向世界上任何一个角落的网络用户发送邮件。和传统的邮件相比,电子邮件使用简易、投递迅速、收费低廉、易于保存、全球畅通无阻,并且电子邮件除了可以邮寄文字信息外,还可以处理图像、声音、视频等各种类型的信息,因而被广泛地应用,成为目前人们最重要的信息交互方式之一。

电子邮件系统通常使用 4 种主要协议:SMTP、POP3、IMAP4 和 MIME。其中,前 3 种协议用于邮件传输,第 4 种协议用于邮件编码。

SMTP(Simple Mail Transfer Protocol,简单邮件传输协议)是电子邮件协议的先辈,相当简单但是非常可靠和有效。通过 SMTP 协议,只能传递纯文本内容。

POP3(Post Office Protocol,邮局协议)定义了一种机制。通过它,POP3 邮件客户程序可以与 POP3 服务器联系,然后将收到的所有邮件下载到客户程序所在计算机,实现邮件的脱机浏览。

IMAP(Internet Mail Access Protocol,Internet 邮件访问协议)满足了经常在不同的邮件客户程序中阅读和发送邮件的需要。

MIME(Multipurpose Internet Mail Extensions,多目的 Internet 邮件扩充协议)使邮件可以包括图形、声音、视频等多媒体内容。

电子邮件有以下几个方面的优势。

第一,传输速度快,通常是在几秒钟到数分钟之间就送达至收件人的信箱之中。例如,发送一封国际电子邮件只需要几秒钟,而邮寄一封信件需要花上一周的时间。

第二,非常便捷,与电话通信不同,收件人不必同时在线,超越了时间和空间上的限制,给网民提供了更大的自由空间。

第三,价格低廉,用户可以以非常低廉的代价,甚至免费的发送其他通信方式无法担负的信息,如文字、图片、录像、声音、动画,等等。而且电子邮件的内容编辑更改方式更加便捷,收件人可以在线享受邮件的优质服务。

电子邮件的收发过程类似于普通邮局的收发信件。邮件并不是从发送者的计算机直接发送到收信者的计算机,而是通过收信者的邮件服务器收到该邮件,将其存放在收件人的电子信箱内。ISP(网络服务供应商)的主机负责电子邮件的接收和发送工作,此主机就是上面所说的服务器。通常收件者的服务器在其主机硬盘上为每人开辟一定容量的磁盘空间作为"电子信箱",当有新邮件到来时,就将其暂存在电子信箱中供用户查收、阅读。电子信箱容量通常有一定的额度,所以用户应注意定期对电子信箱中的信件进行清理,否则邮箱一旦满了,就无法接收新邮件了。

要使用电子邮件,首先要向某个电子邮件服务提供商申请一个账户。也就是说使用 E-mail 的用户都必须有一个 E-mail 地址。用户可以通过向 Internet 服务商提出申请 Internet 账号,这样 Internet 服务商就会为该用户在其邮件服务器上设立一个信箱,这个

大学信息技术基础

信箱是私有的,其 E-mail 地址是唯一的,只有信箱的主人才可打开信箱。在申请 Internet 账号时,用户需要提供用户名以及定义自己的用户密码,申请结束后,用户根据自己的用户名和密码来打开邮箱,进行收发邮件。现在,一些公司内部建立了内部网,公司为每一位员工都注册了邮箱,这样在工作中可以利用电子邮件进行有效的沟通,保证工作的顺利进行。

Internet 上所有电子邮件用户的 E-mail 地址都采用同样的格式:用户名@主机名,用户名代表用户信箱名,主机名为邮件服务器的域名地址,中间用@符号分割,比如作者的一个 E-mail 地址为 uufo@163.net。目前 Internet 上有很多服务商提供免费的电子邮件账户。账户申请完毕,就获得了一个全球唯一的电子邮件地址,在电子邮件系统中,发信人和收信人都是用邮件地址来唯一标识的。

目前收发电子邮件有两种方式:一是通过浏览器访问电子邮件系统,经过用户身份认证后进入系统,直接发送和接收电子邮件,操作方式和浏览网页类似。二是通过专门的电子邮件软件完成收发邮件的操作,用户需要在软件中正确配置自己的账户信息、密码和服务提供商的信息,如图 6-34 所示。目前常用的电子邮件软件有 Microsoft Outlook 和 Foxmail。

图 6-34　Outlook 收发邮件

由于通信双方交流的速度加快了,电子邮件比起其他的通信方式,更像直接的交谈,电子邮件的内容也像交谈一样变得越来越简洁。电子邮件也实现了传输图像和动画来表达信息含义。但是电子邮件毕竟不能像人与人面对面交谈那样生动,因为它没有声音、手势和表情,无法体现说话人的思想感情,无法洞察说话的语气。对于有些歧义的邮件,很难让人看出他是生气的还是在开玩笑,是沮丧还是兴奋,是高兴还是悲伤。这就要求电子邮件用一些特殊的文体和符号来表达这些意义,让电子邮件更加生动起来。

要在电子邮件上表达意义明确,要注意以下几个方面。

(1) 主题要清楚、简洁

主题(Subject)直接与邮件的内容有关,是让收件人了解邮件内容的最快捷的方式。

主题要清楚,更要简洁,很多电子邮件系统和软件不支持长主题。有时有些邮件系统也不支持中文主题。

(2) 段落要短小

电子邮件通常是在文件窗口中使用滚动条来阅读的,用滚动条阅读长段落是一件很费劲的事儿,所以每段最好只有两三个句子,这样能方便收件人阅读。

（3）内容要简洁

电子邮件应该简洁,把事情说清楚就可以了,不要写得繁冗拖沓。

（4）可以使用表情符号提供辅助功能

电子邮件无法表现手势和面部表情,可以靠表情符号来表达了。

以下是最常用的表示面部表情的符号:

":-)"、";-)"和":-("——表示笑/哭脸;

"％^P"——表示生病;

">:-<"——表示生气;

":-o"——表示惊讶。

1. 免费电子邮箱的申请

下面介绍免费电子信箱的申请过程。

通常免费信箱所提供的空间为 1MB～2GB、无限等,这取决于 EMAIL 提供商。

下面以在 http://www.126.com/ 中申请免费信箱为例,详细介绍网上免费信箱的申请过程。

（1）进入提供免费电子信箱的网站,其网址为 http://www.126.com/。在浏览器地址栏中输入 http://www.126.com/,出现如图 6-35 所示的界面,根据网页内容的提示,单击页面左部的"注册"进入"申请免费电子信箱"网页。会被要求设置用户名称、出生日期等,如图 6-36 所示,并填写相关表格,然后单击"完成"按钮。

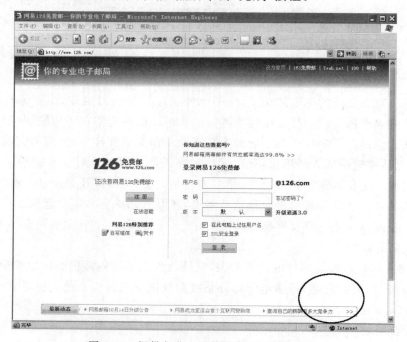

图 6-35　提供免费电子信箱的 126 网站首页

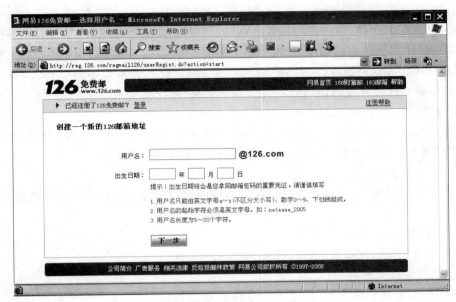

图 6-36　输入免费电子信箱用户名

　　(2) 如果刚才给自己起的名字已经有别的人用过,网站就会通知需要更改名字,这时需要另起一个名字,单击"申请"按钮重新申请。

　　(3) 没有重名后,通过了申请的第一关,这时屏幕会显示该网站的信箱服务条款,只需用鼠标单击"我接受"按钮即可。

　　(4) 当填写完相关信息后,单击"完成"按钮网站会核对信息,并要求再次检查网页显示的信息是否正确。

　　(5) 核对完信息后,没有什么问题了,单击"完成"按钮完成,网站通知信箱申请成功,信箱地址是 xxxx@126.com(xxxx 代表用户名)。

　　回到 http://www.126.com/网站,在用户名栏中填入申请信箱时起的用户名,在"密码"栏中输入在申请时设置的密码,单击"登录"按钮。就进入电子邮箱,可以进行电子邮件的收发。

2. 网上免费电子邮箱使用

1) 收件箱

　　单击界面上方的"收件箱",系统将显示收件箱中所有邮件的列表。可以进行接收、查看、删除和转移邮件等操作。在邮件列表框中显示邮件的寄件人、寄件时间、邮件主题以及此邮件的大小。

　　(1) 阅读邮件

　　在邮件列表中,单击邮件的日期,将看到邮件内容。可以单击"上一封"或"下一封"来查看其他邮件,还可以单击其他链接对当前邮件进行回复、转发、删除和转移。如果邮件包含附件,那么在邮件正文的下面将显示附件文件的链接,只要单击即可显示或下载附件。

（2）回复邮件

对于已阅读的邮件，可以进行回复。在"阅读邮件"页面上单击"回复"链接，系统将自动打开"发邮件"页面，并且填写邮件的发送地址和主题，其中主题为：RE＋原邮件的主题。如果原邮件发送时填写了"抄送［CC］"一栏，并且您收到后希望给寄件人和所有"抄送［CC］"中的其他收件人回信，可以单击"回复全部"进行回复。

（3）转发邮件

对于已阅读的邮件，可以进行转发。在"阅读邮件"页面上单击"转发"链接，系统将自动打开"发邮件"页面，并且填写邮件主题：FWD＋原邮件的主题。

（4）删除当前邮件

在阅读邮件过程中，可以单击"删除"链接删除当前邮件。被删除的邮件将转移到"垃圾桶"中。

2）发邮件

登录邮箱，单击"发邮件"链接，进入"发邮件"界面。

（1）填写收件人地址

在收件（TO）地址输入框内，输入对方的 E-mail 地址（当有多个地址时用逗号或分号分隔）。也可以分别单击每个地址框前的链接打开"地址列表"窗口，选中所需的地址或地址组，单击"确定"按钮，将所选地址添加到输入框。

（2）填写邮件标题

根据需要确定是否填写标题栏的内容。发送时未加入主题，显示为"No Subject"。

邮件标题表示您所发出 E-mail 的主题，它显示在收件人邮件列表的标题区。

（3）填写抄送、暗送地址

根据需要，在抄送（CC）和暗送（BCC）的地址输入框内，选择输入收件人的 E-mail 地址。需要说明的是，收件人可以看到"抄送［CC］"中的地址，但看不到"暗送［BCC］"中的地址。

（4）正文

在文本框的输入区内输入要发送的信件内容，按"回车键"可换行。

（5）保存信件

在文本框中写完信件后，选择"保存在发件箱中"，则发出的邮件将自动保留在发件箱中，以备随时查阅。

3）邮箱设置

（1）个人资料

在这里可以填写个人资料信息，如姓名、地址、生日、联系电话、通信方式等。

（2）修改密码

输入原密码和新密码，并再次输入新密码以确认，最后单击"更改密码"按钮，就完成新密码的设置。建议用户在一段时间内更改一次密码，这样有利于邮件的安全性。

（3）密码修改提示

为了防止忘记密码，可单击"修改密码提示"链接自设与密码有关的问题，自己回答。例如提出的问题是：我的生日是哪一天；回答是：87 年 6 月 24 日。

（4）POP3 收信

允许用户使用 POP3 协议从其他的 E-mail 地址收取信件，这一功能使得用户可以将自己多个邮箱进行有效管理。

（5）定时发信

设置定时发信时间。该功能使得用户可以设置每天的同一时间给某人发送邮件信息，这样对方就可以定时收到邮件。

6.7.5 BBS

电子论坛是 Internet 上最为重要的信息资源之一，通过 BBS 的讨论不仅有利于获取更多的信息，也可以寻求解决疑难问题。电子论坛是网上众多形式和名称各异的通信组的统称。这些通信组实际上是由网上对某一专题有共同兴趣的一组用户组成的，它们之间虽然在形式上有区别，但在本质上均是电子邮件通信进一步演变的结果。一个论坛往往由多个"版块"组成，每个版块对应一类主题，如网络安全、人工智能、人际交往、体坛风云等。而每个版块中又由包含了本类专题的多条信息（称作"帖子"）所组成，一条"帖子"可以拥有若干条回复（称作"回帖"）。用户在论坛中的主要操作有两个：一是发布帖子，针对一个主题提出自己的观点；二是回复别人的帖子，也叫"回帖"，可以对别人的观点提出赞同或反对的意见。通过发帖和回帖，用户在网上实现问题讨论、信息交流和获取知识的目的。

1. BBS 的概念

BBS 是电子公告板（或电子公告牌）服务（Bulletin Board System）的简称，它是 Internet 上的一种电子信息服务系统，是为广大用户提供交流服务的平台。BBS 提供一块公共电子白板，每个用户都可以在上面发布信息或提出看法。大部分 BBS 由教育机构、研究机构或商业机构管理。

BBS 一般按不同的主题分成多个布告栏，布告栏的设立依据是大多数 BBS 使用者的要求和喜好，使用者可以阅读他人关于某个主题的最新看法，也可以将个人的想法放到布告栏中。如果需要独立的交流，则可以将意见直接发到某个人的电子信箱中。如果想与在线的某个人聊天，则可以启动聊天程序，但 BBS 一般不提供音频、视频聊天功能。

2. BBS 的基本操作

（1）BBS 的访问方式

目前，BBS 有 Telnet（远程登录）和 WWW 两种访问方式。两种访问方式在相同的网络连接条件下的访问速度是有较大差距的，Telnet 访问方式传输的是纯文本界面，传输量小，所以速度很快，而 WWW 访问方式中要传输图片等信息，传输量相对大些，速度较慢。

Telnet 访问方式是指通过各种终端软件，直接远程登录到 BBS 服务器去浏览、发表文章，还可以进入聊天室和网友聊天，或者发信息给在线的其他用户。WWW 访问方式是指通过浏览器(如 IE)直接登录 BBS,在浏览器里使用 BBS 参与讨论。这种方式的优点是使用起来比较简单方便,很容易入门。

(2) BBS 的登录方式

要用 WWW 方式访问 BBS 站点,用户必须知道该 BBS 站点的网址,如 BBS 水木清华站的网址为:http://bbs.tsinghua.edu.cn。在 IE 窗口地址栏输入:bbs.tsinghua.edu.cn,按回车键即可打开如图 6-37 所示的 BBS 水木清华站登录窗口。

图 6-37　水木清华 BBS 站登录窗口

在登录窗口,一般 BBS 会提供两种登录方式:一种是输入用户 ID(用户名)和密码方式登录,另一种是按匿名方式登录。按匿名方式登录的用户,只能浏览文章,不能回复也不能发表文章。所以要想能真正使用 BBS,必须注册(申请)一个用户 ID。

用户 ID(即账号)就是用户在 BBS 上的标记,BBS 系统就是靠 ID 来区分各个注册的用户,并提供各种服务。在一个 BBS 里,不能有重复的 ID 出现。ID 一旦注册后用户自己也不能再修改,所以在注册时,一定要慎重,尽量取一个简单易记的 ID。当用户的 ID 通过了注册认证后,用户将会获得各种权利,如发表文章、进聊天室聊天、发送信息给其他网友、收发信件等。

注册 ID 的过程很简单,在图 6-37 所示的窗口中单击"申请"按钮(也可能是"注册"按钮);或先按匿名方式登录,进入如图 6-38 所示的窗口,在此窗口中找到"申请"链接点并单击,在打开的窗口中按提示要求填写一些个人资料之后,单击"申请"按钮或"确定"按钮或"提交"按钮即可。

6.7.6　FTP

1. FTP 的概念

FTP(File Transfer Protocol,文件传输协议)作为 Internet 的传统性服务项目,一直

大学信息技术基础

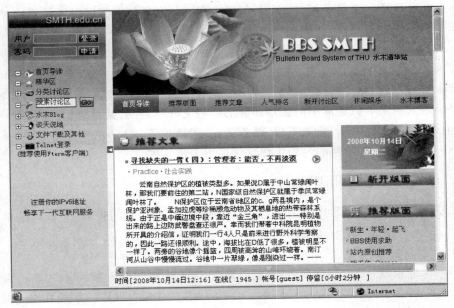

图 6-38　注册 ID

拥有众多的使用者。特别是在科技领域和教育行业中，借助 FTP 服务来传输数据、文献资料，是对外进行合作与交流的重要手段之一。FTP 是 TCP/IP 协议簇中的协议之一，该协议是 Internet 文件传输的基础，以提高文件的共享性为目的。利用 FTP 可以把 Internet 中的各种主机相互联系在一起，然后在本地计算机和远程计算机之间传输文件。FTP 可以在保证文件传输的可靠性的前提下，通过 Internet 将文件从一台 Internet 主机传输（复制）到另一台 Internet 主机。从远程计算机复制文件或文件夹到自己的计算机上，称为"下载（download）文件"；从本地计算机复制文件或文件夹到远程计算机上，则称为"上传（upload）文件"或"上载文件"。

　　通常所说的 FTP 指 FTP 服务器和应用程序，也可以指 FTP 协议。实际上 FTP 是一种采用客户端/服务器结构实时联机的文件传输服务，在进行 FTP 操作时，既需要客户端应用程序，也需要服务器端程序。一般先在远程服务器中执行 FTP 服务器应用程序，在自己的计算机中执行 FTP 客户端应用程序（如 CuteFTP）。用户在自己的计算机中执行客户端应用程序，通过输入用户名和口令与远程 FTP 服务器建立联系。登录成功以后，就可以进行查看服务器上的资源目录、上传或下载文件等操作。通过 FTP 可以传输任何类型的文件，如文本文件、二进制文件等。文本文件包括一系列的字符，通常使用的是 txt 文本文件（ASCII 文件）。二进制文件指非文本文件，如压缩文件（zip）、图形与图像文件、声音文件、程序文件、电影或其他文件等。

　　根据服务器开放程度的不同，FTP 服务器分为两类。一类是普通 FTP 服务器，它同时提供文件上传和下载服务，用户需事先申请用户名和密码（口令），只有通过身份验证后才能使用服务器提供的各种服务。用户名和密码是 FTP 站点授予用户的，如果用户以用户名和密码方式进入，则称为非匿名方式进入。另一类是"不记名"或"匿名"FTP 服务

（Anonymous FTP），这是一种对公众开放的 FTP 服务，任何人都可以登录到这类服务器上获取信息。访问匿名 FTP 服务器通常使用"Anonymous"（FTP 系统管理员为普通用户建立的特殊 ID 的用户名）作为用户名，使用用户自己的电子邮件地址作为口令。匿名 FTP 服务在用户的使用权限方面是有一定限制的，通常只提供文件下载服务，用户不能把自己的文件发送到 FTP 服务器上，即不能上传文件。例如，以"Anonymous"身份登录的用户一般只能获取服务器中向公众开放的那些文件，即在公共目录（为匿名用户设定的目录）中查找和下载文件。普通 FTP 服务器，一般情况下，也只允许合法用户（具有写权限的用户）向预先分配给他的专用工作文件夹中上传文件。

2. 通过浏览器使用 FTP

通过浏览器使用 FTP 比较简单，只是在浏览器地址栏输入符合 FTP 地址格式要求的 FTP 地址，然后像访问一般网站一样访问 FTP 站点。

（1）FTP 地址格式

FTP 地址格式：ftp://用户名:密码@FTPIP 或域名:FTP 命令端口/路径名

上面的格式中必须以"ftp://"开始，而后面的参数中除"FTP 服务器 IP 或域名"为必选项外，其他都是任选项，不是必须要的。在 TCP/IP 协议中，默认 FTP 命令端口号为 21、数据端口号为 20。

例如，以下地址都是有效的 FTP 地址：

ftp://public:public@ftp://210.45.176.68/公共交流（其中 public 为用户名，public 为密码）

ftp://202.206.236.10/soft/photo

ftp://202.208.236.10

（2）访问 FTP 站点

① 在 IE 窗口地址栏输入要访问的 FTP 站点的地址，按回车键即可打开站点开始访问。例如：要访问用户名为"public"、密码为"public"，在弹出的登录界面输入用户名和密码，正常登录 FTP 服务站点后，将显示图 6-39 所示界面。

② 浏览和下载：FTP 站点服务器通过设置相应的权限来控制用户的访问。如果没有相应的访问权限，用户的访问将被服务器予以拒绝。例如，当 FTP 服务站点授予用户的权限为"读取"时，用户只能对该站点中的资源进行浏览和下载操作。浏览方式与在 Windows 资源管理器中浏览文件和文件夹的方式基本相同，如双击即可打开相应的文件夹和文件。下载可以认为就是复制，右击某个对象，并在弹出的快捷菜单中选择"复制"命令，而后打开 Windows 资源管理器，将该文件或文件夹"粘贴"到目标位置即可。

③ 其他操作：当 FTP 站点同时授予用户"读取"和"写入"权限时，用户不仅能够浏览和下载 FTP 站点中的文件夹和文件，而且还可以直接在 IE 窗口进行新文件建立、对文件和文件夹进行重命名或删除，以及文件和文件夹的上传等操作。其操作方法与在 Windows 资源管理器中相应的操作方法相同。需要说明的是，这里的上传就是向 IE 窗口进行复制操作。

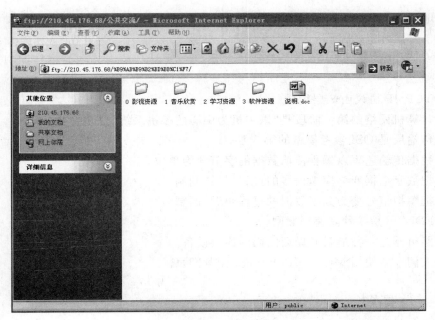

图 6-39　FTP 站点服务器

6.8　习　　题

6.8.1　填空题

1. 计算机网络指的是把分布在不同地理位置上的具有独立功能的多台计算机、_____终端及其附属设备,通过通信设备和线路将其连接起来,由功能完善的网络软件实现、_____和_____资源共享的系统。

2. 按网络覆盖范围的大小,将计算机网络分为_____、_____、_____和互联网。

3. 常见的网络拓扑结构包括_____、_____、_____、树型拓扑和网型拓扑。

4. OSI 参考模型从下到上依次为_____、_____、_____、_____、_____、_____和应用层。

5. 数据可分为_____和_____两类。

6. 数据传输速率也叫数据率,即每秒钟传输多少位数据,单位为_____,记作_____。

7. 数字数据在模拟信道上传输时,常见的调制方法有_____、_____、_____。

8. 一个局域网通常由_____、_____、_____和_____组成。

9. 常见的高速局域网有_____、_____、_____。

10. 国际 Internet 委员会定义了_____、_____、_____、_____、_____、

5 种 IP 地址。

6.8.2 判断题

1. TCP/IP 协议由 7 层组成。 （ ）
2. 计算机网络的第一阶段是"以主机为中心的多机系统"。 （ ）
3. 传输层是 OSI 参考模型的第 3 层。 （ ）
4. 数据传输速率以每秒传输数据的字节数为单位。 （ ）
5. 把数字数据变为模拟信号的过程叫做"调制"。 （ ）
6. 把模拟信号变为数字数据的过程叫做"调制"。 （ ）
7. FDDI 网是一种高速局域网。 （ ）
8. 路由器是一种最新的局域网内的连接设备。 （ ）
9. 人们经常使用 Microsoft Outlook 浏览网页。 （ ）

6.8.3 选择题

1. 在 OSI 参考模型中,数据链路层的上一层是(   )。
   A. 应用层　　　　　B. 传输层　　　　　C. 网络层　　　　　D. 会话层
2. 下面不是网络拓扑结构的是(   )。
   A. 总线型　　　　　B. 令牌环　　　　　C. 星型　　　　　　D. 全互连
3. 下面不是有线传输介质的是(   )。
   A. 双绞线　　　　　B. 红外线　　　　　C. 同轴电缆　　　　D. 光纤
4. 下面不是网络通信设备的是(   )。
   A. 网卡　　　　　　B. HUB　　　　　　C. 路由器　　　　　D. DDN
5. 下列网络结构属于局域网的是(   )。
   A. PSTN　　　　　　B. 帧中继　　　　　C. 令牌环　　　　　D. ATM
6. 下列是高速局域网的是(   )。
   A. FDDI　　　　　　B. ATM　　　　　　C. ISDN　　　　　　D. X.25
7. 采用 C 类 IP 地址,每个网络中最多有(   )台主机。
   A. 255　　　　　　　B. 256　　　　　　　C. 254　　　　　　　D. 不确定
8. 子网掩码是 255.255.255.0,则(   )与 212.235.68.37 在同一个本地网络中。
   A. 211.235.68.37　　　　　　　　　　B. 212.234.68.37
   C. 212.235.67.37　　　　　　　　　　D. 212.235.68.38
9. 下列域名代表中国的是(   )。
   A. http　　　　　　B. www　　　　　　C. cn　　　　　　　D. @
10. 不能用浏览器访问的是(   )。
    A. Web 服务器　　　　　　　　　　　B. 数据库服务器
    C. FTP 服务器　　　　　　　　　　　D. 电子邮件服务器

6.8.4　简答题

1. 简要描述中国的计算机网络的现状。

2. 精确计算一下,可以有多少个 A、B、C 类网络地址存在。

3. 计算 A 类、B 类和 C 类子网中实际可以容纳的主机数。估算一下全国的家庭数量,若给每一个家庭分配一个 IP 地址,可用的 IP 地址足够吗?

4. 简述域名的作用。

5. 思考局域网、广域网和 Internet 三者之间有什么区别和联系。如果有机会的话,观察一下上机机房的网络是怎样的,了解它是怎样与 Internet 相联接的。

6. 计算机网络按拓扑结构可以分为哪几种,按通信距离又可以分为哪几种?

7. 如果你希望在家里通过计算机上网,想一下你将选用哪种联接方式,需要购买一些什么设备?

8. 当发送电子邮件的时候,将分别需要什么应用协议的支持?

9. 当浏览一个网页时,计算机和 WWW 服务器之间用的是什么应用协议?

10. 观察一下学校里的校园网上开设了多少种网络服务,这需要一定的上网时间。找一下对自己的专业学习有帮助的网络资源,并为自己建立一个电子邮件信箱。

11. 查找对自己的专业学习有帮助的网络资源,并为自己建立一个电子邮件信箱。

第 **7** 章 计算机病毒与网络安全

7.1　计算机病毒及其防治

7.1.1　计算机病毒概述

1. 计算机病毒的概念

"病毒"一词来源于生物学,"计算机病毒"最早是由美国计算机病毒研究专家 Fred Cohen 博士正式提出的,因为计算机病毒与生物病毒在很多方面都有着相似之处。

Fred Cohen 博士对计算机病毒的定义是:"计算机病毒是一种靠修改其他程序来插入或进行自身复制,从而感染其他程序的一段程序。"这一定义作为标准被普遍接受。

2. 计算机病毒的特征

计算机病毒具有以下一些特征。

(1) 传染性:是计算机病毒最基本的特征。病毒可通过各种渠道从已被感染的计算机扩散到未被感染的计算机。病毒程序一旦进入计算机并得以执行,它就会寻找符合感染条件的目标,并将其感染,达到自我繁殖的目的。只要一台计算机染上病毒,如不及时处理,那么病毒就会在这台计算机上迅速扩散,其中的大量文件就会被感染,而被感染的文件又成了新的传染源,再与其他计算机进行数据交换或通过网络接触,病毒就会继续进行感染。病毒通过各种可能的渠道,如可移动存储介质(如 U 盘、移动硬盘)、计算机网络去传染其他计算机。由于目前计算机网络日益发达,计算机病毒可以在极短的时间内,通过 Internet 传遍世界。

(2) 隐蔽性:计算机病毒是一种具有很高编程技巧、短小精悍的一段代码,躲在合法程序中。如果不经过代码分析,病毒程序与正常程序是不容易区分开来的,这是计算机病毒的隐蔽性。在没有防护措施的情况下,很多病毒程序取得系统控制权后,可以在很短时间里传染大量其他程序,而且计算机系统仍能正常运行,用户不会感到任何异常。传染的隐蔽性和存在的隐蔽性,是病毒隐蔽性的主要表现。

(3) 潜伏性:某些病毒进入系统之后一般不会马上发作,可以在一段时间内隐藏在合法程序中,默默地进行传染扩散而不被人发现,潜伏性越好,它在系统中存在的时间也就越长,病毒传染的范围也越广,其危害性也越大。病毒的内部有一种触发机制,不满足触发条件时,病毒除了传染外不做什么破坏。一旦触发条件满足,病毒便开始表现,有的是在屏幕上显示信息、图形,有的则执行破坏系统的操作。

(4) 破坏性:病毒一旦被触发而发作就会造成系统或数据的损坏甚至毁灭。病毒的破坏程度主要取决于病毒设计者的目的。如果病毒设计者的目的在于彻底破坏系统,那么此病毒可以毁掉系统的部分或全部数据并使之无法恢复。即使不直接产生破坏作用的病毒程序也要占用系统资源(如占用内存空间、占用磁盘存储空间以及系统运行时间等)。

3. 计算机病毒的分类

从第一个病毒出世以来,虚拟世界就在不断增加这个东西。据国外统计,计算机病毒以每周 10 种的速度递增,另据我国公安部统计,国内以每月 4~6 种的速度递增。按照计算机病毒的特点及特性,计算机病毒的分类方法有许多种。因此,同一种病毒可能有多种不同的分法。

- 按照计算机病毒攻击的操作系统分类:攻击 DOS 系统的病毒、攻击 Windows 系统的病毒、攻击 UNIX 系统的病毒、攻击 OS/2 系统的病毒;
- 按照病毒的攻击机型分类:攻击微型计算机的病毒、攻击服务器的病毒、攻击工作站的病毒、攻击大中型计算机的病毒;
- 按照计算机病毒的链接方式分类:源码型病毒、嵌入型病毒、外壳型病毒、操作系统型病毒,由于计算机病毒本身必须有一个攻击对象以实现对计算机系统的攻击,计算机病毒所攻击的对象是计算机系统可执行的部分;
- 按照计算机病毒的破坏情况分类:良性计算机病毒、低危险计算机病毒、危险计算机病毒、高风险计算机病毒;
- 按照计算机病毒的寄生部位或传染对象分类:磁盘引导区传染的计算机病毒、操作系统传染的计算机病毒、可执行程序传染的计算机病毒;
- 按照计算机病毒的特有算法分类:伴随型病毒、蠕虫型病毒、寄生型病毒;
- 按照计算机病毒的传播媒介分类:单机病毒、网络病毒。

病毒划分从不同角度有不同划分,分类标准多种多样。

国际上对病毒命名的一般惯例为前缀+病毒名+后缀。前缀表示该病毒发作的操作平台或者病毒的类型,而 DOS 下的病毒一般是没有前缀的;病毒名为该病毒的名称及其家族;后缀一般可以不要,只是以此区别在该病毒家族中各病毒的不同,可以为字母,或者为数字以说明此病毒的大小。

7.1.2　计算机病毒的结构

计算机病毒主要由潜伏机制、传染机制和表现机制构成。若某程序被定义为计算机病毒,只有传染机制的存在是强制性的,而潜伏机制和表现机制是非强制性的。

(1) 潜伏机制。潜伏机制的功能包括初始化、隐藏和捕捉。潜伏机制模块随着感染的宿主程序被执行进入内存,首先,初始化其运行环境,使病毒相对独立于宿主程序,为传染机制做好准备。然后利用各种可能的隐藏方式,躲避各种检测,欺骗系统,将自己隐藏起来。最后,不停地捕捉感染目标交给传染机制,不停地捕捉触发条件交给表现机制。

(2) 传染机制。传染机制的功能包括判断和感染。传染机制先是判断候选感染目标是否已被感染,感染与否是通过感染标记来判断,感染标记是计算机系统可以识别的特定字符或字符串。一旦发现作为候选感染目标的宿主程序中没有感染标记就对其进行感染,也就是将病毒代码和感染标记放入宿主程序之中。早期的有些病毒是重复感染型的,它不做感染检查,也没有感染标记,因此这种病毒可以再次感染自身。

(3) 表现机制。表现机制的功能包括判断和表现。表现机制首先对触发条件进行判断,然后根据不同的条件决定什么时候表现、如何表现。表现内容有多种多样,然而不管是炫耀、玩笑、恶作剧,还是故意破坏,或轻或重都具有破坏性。表现机制反映了病毒设计者的意图,是病毒间差异最大的部分。潜伏机制和传染机制是为表现机制服务的。

7.1.3　计算机病毒的防治措施

计算机病毒带来的危害已经严重影响了人们的工作和生活,威胁着社会的秩序和安全。全球对防治病毒的关注和重视不断升温,病毒防治技术也随之迅速发展,与病毒制造技术展开了前所未有的竞赛。

计算机病毒的防治要从防毒、查毒、解毒三方面来进行;信息系统对于计算机病毒的实际防治能力和效果也要从防毒能力、查毒能力和解毒能力三方面来评判。

"防毒"是指根据系统特性,采取相应的系统安全措施预防病毒侵入计算机。"查毒"是指对于确定的环境,能够准确地报出病毒名称,该环境包括:内存、文件、引导区(含主导区)、网络等。"解毒"是指根据不同类型病毒对感染对象的修改,并按照病毒的感染特性所进行的恢复。该恢复过程不能破坏未被病毒修改的内容。感染对象包括:内存、引导区(含主引导区)、可执行文件、文档文件、网络等。

防毒能力是指预防病毒侵入计算机系统的能力。通过采取防毒措施,应该可以准确地、实时地监测预警经由光盘、软盘、硬盘不同目录之间、局域网、因特网(包括 FTP 方式、E-mail、HTTP 方式)或其他形式的文件下载等多种方式进行的传输;能够在病毒侵入系统时发出警报,记录携带病毒的文件,即时清除其中的病毒;对网络而言,能够向网络管理员发送关于病毒入侵的信息,记录病毒入侵的工作站,必要时还要能够注销工作站,隔离病毒源。

查毒能力是指发现和追踪病毒来源的能力。通过查毒应该能准确地发现计算机系统是否感染有病毒,并准确查找出病毒的来源,并能给出统计报告;查病毒的能力应由查毒率和误报率来评判。

解毒能力是指从感染对象中清除病毒,恢复被病毒感染前的原始信息的能力;解毒能力应用解毒率来评判。

针对目前计算机病毒流行的情况,根据这些病毒的特点和未来的发展趋势,结合国家计算机病毒应急处理中心制定的防毒策略,提出如下几条建议作为参考。

（1）建立病毒防治的规章制度，严格管理；

（2）建立病毒防治和应急机制；

（3）进行计算机安全教育，提高安全意识；

（4）对系统进行风险评估，定期进行病毒扫描；

（5）选择经过公安部门认证的病毒防治产品；

（6）正确配置计算机防病毒产品，减少病毒危害；

（7）养成正确使用计算机和正确浏览网页的习惯，不接受或使用不清楚的信息；

（8）定期检查敏感信息文件；

（9）定期进行安全评估和漏洞扫描，根据当前形势及时调整防毒策略；

（10）经常备份数据，确保恢复，减少损失。

7.2　网络安全基本概念以及重要性

7.2.1　网络安全的形势

计算机网络的广泛应用对社会经济、科学研究、文化发展产生了重大的影响，同时也不可避免地会带来一些新的社会、道德、政治与法律问题。Internet 技术的发展促进了电子商务、电子政务技术的成熟与广泛应用。网络的应用正在改变人们的工作方式、生活方式与思维方式，对提高人们的生活质量产生了重要的影响。网络已经成为一个国家政治、经济、文化、科技、军事与综合国力的重要标志。

然而，网络的广泛应用对社会发展起到正面作用的同时，也会产生负面影响。无论在计算机上存储和使用，还是在信息社会被传递，信息都有可能被泄露，导致一系列可怕后果。另外信息有可能被故意破坏，当然有时可能是无意中被利用。

计算机犯罪正在引起全社会的普遍关注，而计算机网络是犯罪分子攻击的重点。根据有关资料报道：计算机犯罪案件正在以每年 100% 的速度增长，Internet 被攻击的事件则以每年 10 倍的速度增长，平均每 20 秒就会发生一起 Internet 入侵事件。从 1986 年发现首例计算机病毒以来，目前已经发现了数万种病毒，它们对网络构成了很大的威胁。网络攻击者在世界各地四处出击，寻找袭击网络的机会，美国国防部与银行等要害部门的计算机系统都曾经多次遭到非法入侵者的攻击。

负责维护计算机安全的人士之所以会面临一个比较困难的时期，原因是多方面的，其中首先在于，从最近一段时间的发作的病毒来看，一种所谓"混合型"的威胁正在增多，这种威胁利用多种感染方式，包括"黑客"手段、电脑蠕虫病毒、DOS 式攻击和篡改网页等，对计算机发起统一、复杂的攻击，最终使得计算机安全防护系统疲于应付。

在发布的《中国计算机病毒疫情调查技术分析报告》中强调，过去计算机用户面临的只是网络病毒和蠕虫，而现在则面临着黑客攻击以及木马病毒的威胁。面对病毒发展的新趋势，用户一定要注意隐藏的新问题。

黑客一度被认为是计算机狂热者的代名词，他们一般是一些对计算机有狂热爱好的学生。当麻省理工学院购买的第一台计算机让学生使用时,这些学生通宵达旦地写程序,并且与其他同学共享。随着计算机与网络应用的深入,人们对黑客有了更进一步的认识。黑客中的一部分人不伤害别人,但是也做一些不应该做的糊涂事;而相当大比例的黑客不顾法律与道德的约束,或出于寻求刺激,或被非法组织所收买,或因为对某个企业、组织有强烈的报复心理,而肆意地攻击和破坏一些组织与部门的网络系统,危害极大。研究黑客的行为、防止黑客的攻击是网络安全研究的一个重要内容。

随着 Internet 的广泛应用,Internet 技术开始影响到企业内部网的开发模式。因为大多数公司都有一些重要的在线信息,例如贸易秘密、产品开发计划、市场策略、财政分析资料等,泄露这些经济情报对一家公司来说,无疑是一种致命的危险。一旦某个公司运行在网络上的计算机信息系统遭到攻击,轻者会造成信息丢失或错误,重者会造成信息系统瘫痪、重要信息丢失,给公司造成严重的经济损失。

Internet 可以为科学研究人员、学生、公司职员提供很多宝贵的信息,使得人们可以不受地理位置与时间的限制,相互交换信息,合作研究,学习新的知识,了解各国科学、文化发展情况。但与此同时,人们对 Internet 上一些不健康的、违背道德规范的信息也表示了极大的担忧。

必须意识到,对于大到整个的 Internet,小到各个公司的企业内部网与各个大学的校园网,都存在着各种来自网络内部与外部的威胁。要使网络有序、安全地运行,必须加强网络使用方法、网络安全技术与道德教育,完善网络管理工作,研究并不断开发新的网络安全技术与产品,同时也要重视"网络社会"中的道德与法律教育。

目前,网络安全问题已经成为信息化社会的一个焦点问题。每个国家都要立足本国,研究网络安全技术,培养专门人才,发展网络安全产业,才能构筑本国的网络与信息安全防范体系。因此,我国网络与信息安全技术的自主研究与产业的发展,将关系到我们国家的国计民生与国家安全问题。

7.2.2 网络安全的概念

网络安全是计算机网络的机密性、完整性和可用性的集合,机密性指通过加密数据防止信息泄露;完整性指通过验证防止信息篡改;可用性指得到授权的实体在需要时可使用网络资源。网络安全是在分布网络环境中,对信息载体(处理载体、存储载体、传输载体)和信息的处理、传输、存储、访问提供安全保护,以防止数据、信息内容或能力被非授权使用、篡改和拒绝服务。信息载体的安全包括处理载体、存储载体和传输载体的安全。处理载体指处理器、操作系统等处理信息的硬件或软件载体。存储载体指内存、硬盘、数据库等存储信息的硬件或软件载体。传输载体指通信线路、路由器、网络协议等传输信息的硬件或软件载体。

基本的网络安全威胁可以分为 4 类:信息泄露、完整性破坏、拒绝服务、非法使用。可实现的计算机安全威胁可以直接导致某一个基本威胁的实现,主要分为两类:渗入威胁和植入威胁。

渗入威胁主要有:假冒、旁路、授权侵犯。

植入威胁主要有：特洛伊木马、陷门。

7.2.3　网络安全标准

网络安全只凭技术来解决是远远不够的，还必须依靠政府与立法机构制定并不断完善法律法规来进行制约。目前，我国与世界各国都非常重视计算机、网络与信息安全的立法问题。从 1987 年开始，我国政府就相继制定与颁布了一系列行政法规，主要包括：《电子计算机系统安全规范》、《计算机软件保护条例》、《计算机软件著作权登记办法》、《中华人民共和国计算机信息与系统安全保护条例》、《计算机信息系统保密管理暂行规定》、全国人民代表大会常务委员会通过的《关于维护互联网安全决定》等。

国外关于网络与信息安全技术与法规的研究起步较早，比较重要的组织有美国国家标准与技术协会（NITS）、美国国家安全局（NSA）、美国国防部（ARPA），以及很多国家与国际性组织（例如 IEEE-CS 安全与政策工作组、故障处理与安全论坛等），它们的工作各有侧重点。用于评估计算机、网络与信息系统安全性的标准已有多个，但是最先颁布、并且比较有影响的是美国国防部的黄皮书（可信计算机系统 TCSEC-NCSC）评估准则。著名安全标准有可行计算机系统评估准则（TCSEC）、通用准则（CC）、安全管理标准 ISO17799 等。

（1）TCSEC（Trusted Computer System Evalution Criteria，TESEC）：美国国家计算机安全中心对计算机系统定义不同的安全等级标准，这些等级标准成为 IT 行业进行计算机安全评估的标准。在这个标准中，系统的安全等级被划分为 A、B、C、D 4 个等级，每一等级又被分成小的层次，从高到低分别是 D、C1、C2、B1、B2、B3、A1 和 A2 几个等级。D级为最低保护等级、最不受信任，A 级为验证保护，它包括所有下面等级的安全等级要求，增加了形式化的安全验证。

（2）CC（Common Criteria，CC）：CC 的基础是欧洲 ITSEC、美国的包括 TCSEC 在内的新的联邦评价标准、加拿大的 CTCPEC 以及国际标准化组织 ISO 的安全评价标准，CC在 ISO 标准中正式名称为"信息技术安全评估标准"（Common Criteria for Information Technology Security Evaluation，CCITSE），通常情况使用"通用准则（CC）"这一术语。和 TCSEC 相比，CC 标准中增加了完整性的评估要求，所以通过 CC 标准应该说安全性更高。CC 把系统安全等级从低到高依次划分为 EAL1～EAL7 七个评估保证级别（Evaluation Assurance Levels，EALs），EAL1 是功能测试级别，EVL7 是形式化验证的设计和测试级别，相当于 TCSEC 的 A1 级。

（3）GB17859—1999：1999 年我国制定了强制性国家标准《计算机信息系统安全保护等级划分准则》（GB17859—1999），它是建立安全等级保护制度，实施安全等级管理的重要基础性标准。标准从 10 个方面规范计算机安全单元基本机制：自主访问控制、身份鉴别、数据完整性、客体重用、审计、标记、强制访问控制、隐蔽信道分析、可信路径、可信恢复。标准规定计算机系统安全保护能力的 5 个级别：第一级用户自主保护级、第二级系统审计保护级、第三级安全标记保护级、第四级结构化保护级、第五级访问验证保护级。除此以外国家技术监督局按照 CC 标准发布一个推荐标准 GB/T15408。

7.3 密码学

密码技术是保证网络与信息安全的核心技术之一。密码学（Cryptography）包括密码编码学与密码分析学。密码体制的设计是密码学研究的主要内容。

7.3.1 密码学基本原理

密码学是以研究数据保密为目的，对存储或者传输的信息采取秘密的交换以防止第三者对信息的窃取的技术。被变换的信息称为明文（Plaintext），它可以是一段有意义的文字或者数据。变换过后的形式称为密文（Ciphertext），密文应该是一串杂乱排列的数据，从字面上没有任何含义。加密的基本思想是伪装明文以隐藏其真实内容，即将明文 X 伪装成密文 Y。伪装明文的操作称为加密，加密时所使用的信息变换规则称为加密算法。由密文恢复出原明文的过程称为解密。解密时所采用的信息变换规则称为解密算法。密码体制从理论角度来看就是一对关于数据的数学算法，图 7-1 是一个密码方案的简化模型。

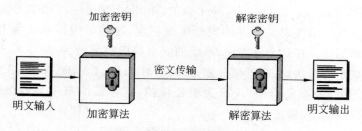

图 7-1 密码体制的简化模型

加密算法和解密算法的操作通常都是在一组密钥控制下进行的。密码体制是指一个系统能够所采用的基本工作方式以及它的两个基本构成要素，即加密/解密算法和密钥。

传统密码体制所用的加密密钥和解密密钥相同，也称为对称密码体制。如果加密密钥和解密密钥不相同，则称为非对称密码体系。密钥可以视为密码算法中的可变参数。从数学的角度来看，改变了密钥，实际上也就改变了明文与密文之间等价的数学函数关系。密码算法是相对稳定的，在这种意义上，可以把密码算法视为常量，而密钥则是一个变量。可以根据事先约好的规则，对应每一个新的信息改变一次密钥，或者定期更换密钥。密码算法实际上很难做到绝对保密，因此，现代密码学的一个基本原则是：一切秘密寓于密钥之中。在设计加密系统时，加密算法是可以公开的，真正需要保密的是密钥。

加密技术可以分为密钥和加密算法两部分。其中，加密算法是用来加密的数学函数，而解密算法是用来解密的数学函数。密码是明文经过加密算法运算后的结果。实际上，

密码是含有一个参数 k 的数学变换，即

$$C = E_k(m)$$

其中：m 是未加密的信息（明文）；C 是加密后的信息（密文）；E 是加密算法；参数 k 称为密钥。密文 C 是明文 m 使用密钥 k，经过加密算法计算后的结果。

加密算法可以公开，而密钥只能由通信双方来掌握。如果在网络传输过程中，传输的是经过加密处理后的数据信息，那么即使有人窃取了这样的数据信息，由于不知道相应的密钥与解密方法，也很难将密文还原成明文，从而可以保证信息在传输过程中的安全。

对于同一种加密算法，密钥的位数越长，破译的困难也就越大，安全性也就越好。在给定的环境下，为了确保加密的安全性，人们一直在争论密钥长度，即密钥使用的位数。密钥位数越多，密钥的可能的范围也就越大，那么攻击者也就越不容易通过蛮力攻击来破译。在蛮力攻击中，破译者可以用穷举法对密钥的所有组合进行猜测，直到成功解密。例如，密钥的长度为 40，则利用穷举法需要尝试的密钥个数为 2^{40}，也就是 1 099 511 627 776 个；如果密钥的长度位 128，则利用穷举法需要尝试的密钥个数为 2^{128}，也就是 $3.402\,823\,669\,209 \times 10^{38}$ 个。

假设用穷举法破译，猜测每 10^6 个密钥用 $1\mu s$ 的时间，那么猜测 2^{128} 个密钥最长时间大约是 1.1×10^{19} 年。所以，一种自然的倾向就是使用最长的可用密钥，它使得密钥很难被猜测出。但是密钥越长，进行加密和解密过程所需要的计算时间也就越长。我们的目标是要使破译密钥所需要的花费比该密钥所保护的信息价值还要大。许多国家对于密钥长度的加密产品有着特殊的进口和出口规定。

目前，常用的加密技术可以分为两类，即对称加密与非对称加密。它们的区别在于：在对称密码系统中，加密用的密钥与解密用的密钥是相同的，密钥在通信中需要严格保密；在非对称加密系统中，加密用的公钥与解密用的私钥是不同的，加密用的公钥可以向大家公开，而解密用的私钥是需要保密的。

7.3.2 对称密钥密码体系

1. 对称密钥密码体系的概念

对称加密技术对信息的加密与解密都使用相同的密钥，因此又被称为密钥密码技术。由于通信双方加密与解密时使用同一个密钥，因此如果第三方获取该密钥就会造成失密，只要通信双方能确保密钥在交换阶段未泄露，那么就可以保证信息的机密性与完整性。对称加密技术存在着通信双方之间确保密钥安全交换的问题。同时，如果一个用户要与 N 个其他用户进行加密通信时，每个用户对应一把密钥，那么它就需要维护 N 把密钥。当网络中有 N 个用户之间进行加密通信时，则需要有 $N \times (N-1)$ 个密钥，才能保证任意双方之间的通信。

由于在对称加密体系中加密方和解密方使用相同的密钥，系统的保密性主要取决于密钥的安全性。因此，密钥在加密方和解密方之间的传递和分发必须通过安全通道进行，在公共网络上使用明文传递密钥是不合适的。如果密钥没有以安全的方式传送，那么黑客就很

可能非常容易地截获密钥。如何产生满足保密要求的密钥,如何安全、可靠地传送密钥是十分复杂的问题。

2. 典型的对称加密算法

数据加密标准(Data Encryption Standard, DES)是最典型的对称加密算法,它是由 IBM 公司提出,经过国际标准化组织认定的数据加密的国际标准。DES 算法是目前广泛采用的对称加密方式之一,主要用于银行业中的电子资金转账领域。DES 算法采用了 64 位密钥长度,其中 8 位用于奇偶校验,用户可以使用其余的 56 位。DES 算法并不是非常安全的,入侵者使用运算能力足够强的计算机,对密钥逐个尝试就可以破译密文。但是,破译密码是需要很长时间的,只要破译时间超过密文的有效期,那么加密就是有效的。目前,已经有一些比 DES 算法更安全的对称加密算法,如 IDEA 算法、RC2 算法、RC4 算法与 Skipjack 算法等。

7.3.3 非对称密钥密码体系

1. 非对称加密的概念

非对称加密技术对信息的加密与解密使用不同的密钥,用来加密的密钥是可以公开的公钥,用来解密的密钥是需要保密的私钥,因此又被称为公钥加密技术。

非对称密钥密码体系在现代密码学中是非常重要的。按照一般的理解,加密主要是解决信息在传输过程中的保密性问题。但是还存在另一个问题,那就是如何对信息发送人与接收人的真实身份进行验证,防止对所发出信息和接收信息的用户在事后抵赖,并且能够保证数据的完整性。非对称密钥密码体制对这两个方面的问题都给出了很好的回答。

在非对称密钥密码体制中,加密的公钥与解密的私钥是不相同的。人们可以将加密的公钥公开,谁都可以使用。而解密的私钥只有解密人自己知道。由于采用了两个密钥,并且从理论上可以保证要从公钥和密文中分析出明文和解密的私钥在计算机上是不可行的。那么以公钥作为加密密钥,接收方使用私钥解密,则可实现多个用户发送的密文,只能由一个持有解密的私钥的用户解读。相反,如果以用户的私钥作为加密密钥,而以公钥作为解密密钥,则可以实现由一个用户加密的消息而由多个用户解读,这样非对称密钥密码就可以用于数字签名。非对称加密技术可以大大简化密钥的管理,网络中 N 个用户之间进行通信加密,仅仅需要使用 N 对密钥就可以。

非对称加密技术与对称加密技术相比,其优势在于不需要共享通用的密钥,用于解密的私钥不需要发往任何地方,公钥在传递和发布过程中即使被截获,由于没有与公钥相匹配的私钥,截获的公钥对入侵者也就没有太大意义。

2. 非对称加密的典型算法

目前,主要的非对称加密算法包括: RSA 算法、DSA 算法、PKSC 算法、PGP 算法等。

RSA 公钥体制是 1978 年由 Rivest、Shamir 和 Adleman 提出的一个公钥密码体制。RSA 就是用这三个发明人首字母命名的。该体制被认为是目前为止理论上最为成熟的一种公钥密码体制。RSA 体制多用在数字签名、密钥管理和认证方面。该体制的理论基础是寻找大素数是相对容易的，而分解两个大素数的积在计算上是不可行的。RSA 算法的安全性建立在大素数分解的基础上，素数分解是一个极其困难的问题。RSA 算法的保密性随其密钥的长度增加而增强。但是，使用的密钥越长，加密与解密所需要的时间也就越长。因此，人们必须要根据被保护信息的重要程度，攻击者破解所要花的代价，以及系统所要求的保密期限来综合考虑，选择密钥的长度。

El Gamal 和 DSS 算法实现签名但没有加密；Diffie Hellman 算法用于建立共享密钥，没有签名也没有加密，一般与传统密码算法共同使用。这些算法复杂度各不相同，提供的功能也不完全一样。

7.4 防 火 墙

7.4.1 防火墙的原理

1. 防火墙的概念

防火墙是一种系统保护措施，它能够防止外部网络中的不安全因素进入内部网络，所以防火墙安装的位置是在内部网络与外部网络之间。防火墙的概念起源于中世纪的城堡防卫系统，那时人们为了保护城堡的安全，在城堡的周围挖一条护城河，每一个进入城堡的人都要经过吊桥，并且还要接受城门守卫的检查。而防火墙就是借鉴这种思想而设计的一种网络安全防护系统。

通常防火墙是运行在一台或者多台计算机之上的一组特别的服务软件，用于对网络进行防护和通信控制，但有时候防火墙可以以硬件的形式出现，这种硬件也叫防火墙。本质上它也是安装了防火墙软件，并针对安全防护进行了专门设计的网络设备，实际上还是利用软件控制。

防火墙是用来隔离内部网络和外部网络的，如果没有防火墙，网络的安全性就完全依赖网络中的每个主机，如果其中的一台主机的安全性比其他主机的安全性低，那么整个网络的安全性能就是由这个最低安全水平的主机决定，这也就是木桶原理。如果，网络越大，网络中主机的数量越多，此时对网络中的若干台计算机的安全性进行管理就越困难。

如果采用防火墙，内部网络中的主机将不再直接暴露给外部网络，这样，网络中所有主机安全的管理就变成了对防火墙的管理，此时安全管理就变得易于控制，同时内部网络也更加安全。

2. 防火墙技术

防火墙技术主要体现在包过滤技术和代理服务器技术两个方面。

（1）包过滤技术

包过滤是防火墙要实现的基本功能。包指的是网络层中传输的数据单元，包过滤也就是在网络层中对所传递的数据进行有选择的放行。依据防火墙内事先设定的过滤规则，检查数据流中每个数据包头部，根据数据包的源地址、目的地址、TCP/UDP 源端口号、TCP/UDP 目的端口号及数据包头中的各种标志位等因素来确定是否允许数据包通过，其核心就是过滤规则的设计。

由于 CPU 处理包过滤的时间相对较少，而且合法用户进出网络时，根本感觉不到它的存在，使用起来相对较方便，所以此技术在防火墙上的应用相当广泛。但是，由于包过滤技术是在网络层实现的，所以不能在应用层进行过滤，这是包过滤技术的弱点。不过现在已经有一些在网络层重组应用层数据的技术，可以对应用层数据进行检查，能够达到很好的效果。

（2）代理服务器技术

代理服务器用来提供应用层服务的控制，起到内部网络向外部网络申请服务时中间转接的作用。内部网络只接受代理提出的服务要求，拒绝外部网络的直接要求。防火墙可以提供的代理功能分为透明代理和传统代理两类。透明代理是指内网主机需要访问外网主机时，不需要做任何设置，直接完成与外网的通信，完全感觉不到防火墙实施了代理功能。基本原理是在内网主机与外网主机通信过程中，由防火墙本身完成与外网主机的通信，然后把结果传回给内网主机，此时内网主机和外网主机都意识不到它们其实在和防火墙通信，而从外网又只能看到防火墙，这样就隐藏了内部网络，从而起到保护的作用，提高了安全性。

7.4.2　瑞星防火墙的使用

目前涉足网络信息安全领域的国内外公司很多。防火墙产品也一直是信息安全领域的主要产品。如国外的思科（CISCO），国内的华为、方正等公司都拥有强大的防火墙系列产品。针对不同类型的用户，防火墙产品一般分为个人防火墙、小型企业级防火墙、中小企业级防火墙、大中型企业级防火墙以及电信级防火墙。

下面以瑞星个人防火墙为例介绍个人防火墙的使用。瑞星个人防火墙安装成功，会随操作系统启动实施实时保护。在成功启动瑞星个人防火墙程序后的界面如图 7-2 所示。

1. 主要界面元素

（1）菜单栏

用于进行菜单操作的窗口，包括"操作"、"设置"、"帮助"三个菜单。

（2）操作按钮

操作按钮位于主界面右侧，包括"启动/停止保护"、"连接/断开网络"、"智能升级"、"查看日志"，如图 7-3 所示。

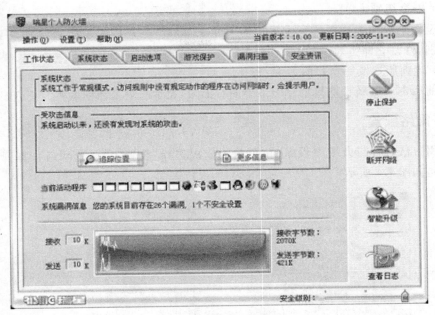

图 7-2　瑞星个人防火墙界面

图标	功　　能
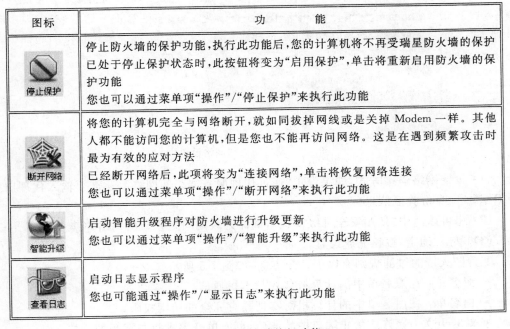停止保护	停止防火墙的保护功能,执行此功能后,您的计算机将不再受瑞星防火墙的保护 已处于停止保护状态时,此按钮将变为"启用保护",单击将重新启用防火墙的保护功能 您也可以通过菜单项"操作"/"停止保护"来执行此功能
断开网络	将您的计算机完全与网络断开,就如同拔掉网线或是关掉 Modem 一样。其他人都不能访问您的计算机,但是您也不能再访问网络。这是在遇到频繁攻击时最为有效的应对方法 已经断开网络后,此项将变为"连接网络",单击将恢复网络连接 您也可以通过菜单项"操作"/"断开网络"来执行此功能
智能升级	启动智能升级程序对防火墙进行升级更新 您也可以通过菜单项"操作"/"智能升级"来执行此功能
查看日志	启动日志显示程序 您也可能通过"操作"/"显示日志"来执行此功能

图 7-3　防火墙按钮功能

（3）标签页

标签页位于主界面上部,分"工作状态"、"系统状态"、"游戏保护"、"安全资讯"、"漏洞扫描"、"启动选项"六个标签。

（4）安全级别

安全级别调整工具栏位于主界面右下角 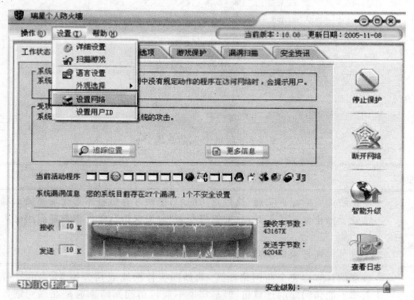，拖动滑块到对应的安全级别，修改立即生效。

（5）当前版本及更新日期

当前版本及更新日期提示位于主界面右上角，显示防火墙当前版本及更新日期。

2．网络配置

使用方法打开防火墙主程序，在菜单中依次选择"设置"/"设置网络"，打开"网络设置"窗口，如图 7-4 所示。

图 7-4　瑞星防火墙网络设置

（1）设定网络连接方式，如果设定"通过代理服务器访问网络"，还需要输入代理服务器 IP、端口、身份验证信息。

（2）您可以选中"使用安全升级模式"，确保升级期间阻止新的网络连接。

（3）单击"确定"按钮完成设置。

配置防火墙的过滤规则有以下几个方面，如图 7-5 所示。

- 黑名单：在黑名单中的计算机禁止与本机通信；
- 白名单：在白名单中的计算机对本地具有完全的访问权限；
- 端口开关：允许或禁止端口中的通信，可简单开关本机与远程的端口；
- 可信区：通过可信区的设置，可以把局域网和互联网区分对待；
- IP 规则：在 IP 层过滤的规则；
- 访问规则：本机中访问网络的程序的过滤规则。

大学信息技术基础

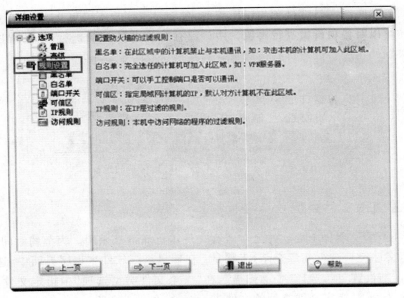

图 7-5　配置防火墙的过滤规则

7.5　瑞星杀毒软件的配置和使用

下面以瑞星杀毒软件为例说明杀毒软件的使用。软件安装好后,桌面上生成瑞星杀毒软件快捷方式图标即可使用。综合大多数普通用户的通常使用情况,瑞星杀毒软件已预先作了合理的默认设置。因此,普通用户在通常情况下无须改动任何设置即可进行病毒查杀。

1. 瑞星杀毒软件的使用

(1) 双击桌面快捷方式图标启动瑞星杀毒软件。

(2) 在"查杀目标"栏中显示了待查杀病毒的目标,默认状态下,所有本地硬盘、内存、引导区和邮箱都被选中(如图 7-6 所示)。

(3) 单击瑞星杀毒软件主程序界面上的"杀毒"按钮,即开始扫描所选目标,发现病毒时程序会提示用户如何处理。扫描过程中可随时单击"暂停"按钮暂停当前操作,单击"继续"按钮可继续当前操作,也可以单击"停止"按钮结束当前扫描。对扫描中发现的病毒,病毒文件的文件名、所在文件夹、病毒名称和状态都将显示在病毒列表窗口中。

(4) 设置安全防护级别:瑞星杀毒软件为用户设定了高、中、低三个安全防护级别,用户可以根据自己的实际情况设定不同的级别,如图 7-7 所示。此外,为了让用户更方便、灵活地使用计算机资源,用户还可以自定义三套安全防护级

图 7-6　瑞星杀毒目标的选择

别。高、中、低三个级别是软件预先设置好的，各项设置用户不可更改，只有在用户自定义的状态下才可以对各项设置进行修改。用户保存好安全防护级别后，以后程序在扫描时即根据此级别的相应参数进行扫描病毒。

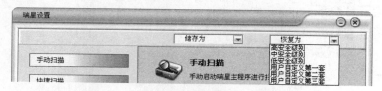

图 7-7　瑞星杀毒软件安全防护级别的选择

2. 设置查杀文件类型

在默认设置下，瑞星杀毒软件是对所有文件进行病毒查杀的。为节约时间，可以有针对性地指定文件类型进行病毒查杀，步骤是：在瑞星杀毒软件主程序界面中，选择"设置"菜单中的"详细设置"项，选择"手动扫描"，在"查杀文件类型选项"中指定文件类型，单击"确定"按钮，即可对指定文件类型的文件进行查杀，如图 7-8 所示。

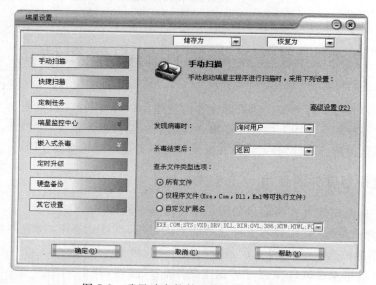

图 7-8　瑞星杀毒软件查杀文件类型设置

查杀文件类型选项：所有文件，选择后将扫描任何格式的文件，此时扫描范围最全面，但扫描时间花费最多；仅有程序文件，只扫描程序文件，此时扫描具有一定针对性，可节约部分扫描时间；自定义扩展名，选择后可在提供的输入栏中输入文件扩展名，瑞星杀毒软件即可对在文件名称中以此类文件扩展名结尾的文件进行杀毒；或在下拉菜单中选择文件扩展名进行杀毒。按扩展名扫描同样具有一定针对性，可节约部分扫描时间。

3. 快捷扫描

当遇到外来陌生文件时，为避免外来病毒的入侵，可以启用以下几种方法快捷扫描。

方法一：右键查杀功能。操作方法——右击该文件，在弹出的快捷菜单中选择"瑞星杀毒"（如图7-9所示），即可启动瑞星杀毒软件对此文件进行查杀毒操作。

方法二：用鼠标将查杀目标拖动到桌面上的"瑞星杀毒软件"快捷方式图标上。

方法三：用鼠标将查杀目标拖动到瑞星杀毒软件主程序窗口中，即可调用瑞星杀毒软件对此目标进行病毒查杀。

使用以上三种快捷扫描方式，也可以按指定类型进行查杀。选择"设置"菜单中的"详细设置"项，选择"快捷扫描"，可以对快捷扫描方式进行详细设置，如图7-10所示。

图7-9　瑞星杀毒的鼠标
　　　右键的快捷方式

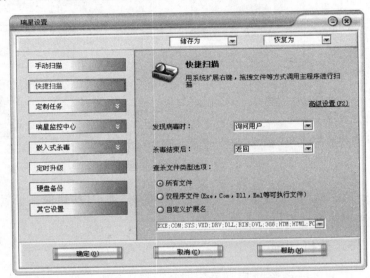

图7-10　瑞星杀毒快捷扫描方式详细设置

4．定时扫描

在瑞星杀毒软件主程序界面中，选择"设置"菜单中"详细设置"项，选择"定制任务"级联菜单中的"定时扫描"选项卡（如图7-11所示）。

在"发现病毒时"，可以根据需要选择"询问用户"、"直接杀毒"、"直接删除"或"忽略"。在"杀毒结束后"，可以根据需要选择"返回"、"退出"、"重启"或"关机"。在"扫描频率"中，可以根据需要选择"不扫描"、"每周期一次"、"每周一次"、"每天一次"或"每小时一次"等不同的扫描频率。

在"扫描内容设定"中，可指定需要定时扫描的磁盘或文件夹，并可选择要扫描的文件类型。当系统时钟到达所设定的时间，瑞星杀毒软件会自动运行，开始扫描预先指定的磁盘或文件夹。瑞星杀毒界面会自动弹出显示，用户可以随时查阅查毒的情况。在"高级设置"中，可以设置"定时扫描高级设置"。

定时杀毒为用户提供了自动化、个性化的杀毒方式。例如，对上班族而言，可利用午餐时间对系统进行自动杀毒，可以这样设置：在瑞星杀毒软件主程序界面中，选择"设置"菜单中"详细设置"项，选择"定制任务"级联菜单中的"定时扫描"，将"扫描频率"设为"每

图 7-11　瑞星杀毒定时扫描方式详细设置

天一次",将"扫描时刻"设为 12:00,再单击"确定"按钮保存设置。以后每天 12:00 时,瑞星杀毒软件即可自动查杀病毒了。

5. 开机扫描

在 Windows 系统启动后随即开始扫描病毒。可以对"发现病毒时"、"杀毒结束后"及扫描内容进行设置。单击"高级设置"可以进行"开机扫描高级设置",如图 7-12 所示。

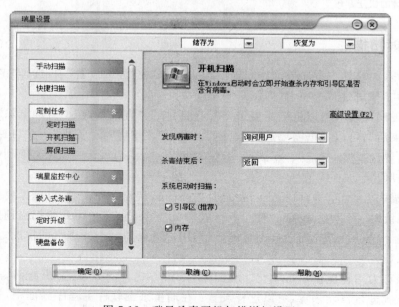

图 7-12　瑞星杀毒开机扫描详细设置

6. 屏保扫描

在 Windows 进入屏幕保护程序时,瑞星杀毒软件随即开始扫描病毒,充分利用计算机的空闲时间。

可以对"发现病毒时"及扫描内容进行设置。单击"高级设置"可以进行"屏保扫描高级设置",如图 7-13 所示。

图 7-13　瑞星杀毒屏保扫描详细设置

7. 嵌入式杀毒

使用 Office/IE 嵌入式杀毒,每次打开 Office 文档时或者用 IE 下载插件程序文件时,Office/IE 嵌入式杀毒可以自动扫描病毒,保护系统的安全。

注意:瑞星 Office/IE 嵌入式杀毒只有在使用 Office 2000、IE 5 以上版本时才起作用。在安装瑞星杀毒软件完成之后此功能默认有效。这时如果启动了 Office 2000(及以上版本),或打开 IE 5(及以上版本)从网页上下载某些插件时,会看到瑞星杀毒软件图标的启动画面(如图 7-14 所示)。

如果启动的 Office 文件中有病毒存在,会自动弹出提示对话框(如图 7-15 所示)。

用户可以根据自己的需要选择相应的操作,如"直接清除"、"删除文件"和"忽略,继续扫描"。如果清除病毒失败,安全助手会让用户选择清除失败后的处理方式。

如果不想在启动 Office 和 IE 时启动瑞星 Office/IE 嵌入式杀毒,则须进行以下设置:在瑞星杀毒软件主程序界面中,选择"设置"菜单中"详细设置"项,选择"嵌入式杀毒",取消选中"使用 Office/IE 嵌入式杀毒"。

图 7-14 瑞星杀毒嵌入式杀毒启动界面

图 7-15 瑞星杀毒嵌入式杀毒有毒提示对话框

7.6 习 题

7.6.1 简答题

1. 什么是计算机病毒？计算机病毒有哪些特征？
2. 计算机病毒的结构是什么？
3. 什么是网络安全？网络安全威胁分为哪几类？
4. 什么是密码学？密码学的基本原理是什么？
5. 简单描述 DES 和 RSA 算法的基本原理。
6. 什么是防火墙？什么是防火墙技术？
7. 如何配置常用单机计算机杀毒软件和个人网络防火墙？

大学信息技术基础

第 8 章　FrontPage 2003 网页制作

8.1　网页基础知识

8.1.1　什么是网页

WWW 是 World Wide Web(万维网)的缩写。万维网是一个信息资源网络,它以丰富的文字资料、光彩夺目的图像以及生动活泼的动画效果,吸引着无数的用户。所有通过浏览器在 WWW 上所看到的都是网页,当我们进入某一网站看到的即是该网站的首页。

网页(Web Page),实际是一个文件,通常是 HTML 格式(文件扩展名为.html 或.htm 或.asp或.aspx 或.php 或.jsp 等),存放在世界某个角落的某一台计算机中,而这台计算机必须是与互联网相连的。网页经由网址(URL)来识别与存取,当用户在浏览器中输入网址后,经过一段复杂而又快速的程序,网页文件会被传送到用户的计算机,然后再通过浏览器解释网页的内容,最终展示到用户的眼前。

网页是构成网站的基本元素。所谓网站(Website),就是指在因特网上,根据一定的规则,使用 HTML 等工具制作的用于展示特定内容的相关网页的集合。就像布告栏一样,人们可以通过网站来发布自己想要公开的资讯(信息),或者利用网站来提供相关的网络服务。人们可以通过网页浏览器来访问网站,获取自己需要的资讯(信息)或者享受网络服务。

8.1.2　网页基本组成

文字与图片是构成一个网页的两个最基本的元素。除此之外,网页的元素还包括动画、音乐、程序等。通过这些不同元素的组合,产生网页信息资源,显示各种各样的信息。

(1) 文字:是网页内容的主体,网页内容大多通过文字来表达。虽然文字的表达效果不如图像、声音等直观,但文字所占空间小,一个中文字符只占 2 个字节,所以文字在网络传输中的速度是其他元素无法比拟的。

(2) 图像:给人的视觉效果要比文字强烈,将图片点缀在文字间可以增强文字排版效果。网络上常用的图像文件格式有 JPG、GIF 和 PNG 等几种,这些文件格式都具有压缩比较高,图像效果不错,以及跨平台的特点。

(3)声音:浏览网页的同时加上声音效果,可以增加网页的多媒体效果。

(4)超链接:超链接属于网页的一部分,将鼠标指针移动至超链接上,指针就会变成手形,单击超链接可以在网站中跳转,是一种允许用户同其他网页或站点之间进行连接的元素。各个网页链接在一起后,才能真正构成一个网站。

8.1.3 JavaScript

JavaScript 语言的前身叫 Livescript。自从 Sun 公司推出著名的 Java 语言之后,Netscape 公司引进了 Sun 公司有关 Java 的程序概念,将自己原有的 Livescript 重新进行设计,并改名为 JavaScript。

JavaScript 是一种基于对象和事件驱动并具有安全性能的脚本语言,有了JavaScript,可使网页变得生动。使用它的目的是使 HTML 超文本标记语言与脚本语言一起实现在一个网页中链接多个对象,与网络客户交互作用,以致客户端的应用程序得以开发。在标准的 HTML 语言中是通过嵌入或调入实现的。

JavaScript 具有以下一些优点。

(1)简单性

JavaScript 是一种脚本编写语言,它采用小程序段的方式实现编程,像其他脚本语言一样,JavaScript 同样也是一种解释性语言,它提供了一个简易的开发过程。它的基本结构形式与 C、C++、VB、Delphi 十分类似。但它不像这些语言一样,需要先编译,而是在程序运行过程中被逐行地解释。它与 HTML 标识结合在一起方便用户的使用操作。

(2)动态性

JavaScript 是动态的,它可以直接对用户或客户的输入做出响应,无须经过 Web 服务程序。它对用户的反映响应,是采用以事件驱动的方式进行的。所谓事件驱动,就是指在主页中执行了某种操作所产生的动作,就称为"事件"。例如按下鼠标、移动窗口、选择菜单等都可以视为事件。当事件发生后,可能会引起相应的事件响应。

(3)跨平台性

JavaScript 是依赖于浏览器本身,与操作环境无关,只要能运行浏览器的计算机,并支持 JavaScript 的浏览器就可以正确执行。

(4)节省与服务器交互的时间

随着 WWW 的迅速发展,有更多的 WWW 服务器提供的服务要与浏览者进行交流,确定浏览者的身份、需要服务的内容等,这项工作通常由 CGI/PERL 编写相应的接口程序与用户进行交互来完成。很显然,通过网络与用户的交互过程一方面增大了网络的通信量,另一方面影响了服务器的服务性能。服务器为一个用户运行一个 CGI 时,需要一个进程为它服务,它要占用服务器的资源(如 CPU 服务、内存耗费等),如果用户填表出现错误,交互服务占用的时间就会相应增加。被访问的热点主机与用户交互越多,服务器的性能影响就越大。

JavaScript 是一种基于客户端浏览器的语言,用户在浏览中填表、验证的交互过程只是通过浏览器对调入 HTML 文档中的 JavaScript 源代码进行解释执行来完成的,即使是必须调用 CGI 的部分,浏览器只将用户输入验证后的信息提交给远程的服务器,大大减少了服务器的开销。

8.1.4 FrontPage 2003 窗口简介

FrontPage 2003 是 Office 2003 的组件之一,集网站创建、发布、管理、网页设计、编辑等多种功能于一体。操作界面简易,所见即所得,用户无须了解 HTML 语言格式,利用工具栏或功能表,系统自动把页面文件编译为 HTML 文件。初学者可以直接使用系统提供的模板、向导及主题进行网页制作。在建立和管理站点时,可以直接在屏幕上建立组织结构图,自动在页面中加入链接导航栏。

单击"开始"按钮,选择"程序"项中的"Microsoft Office",选择"Microsoft Office FrontPage 2003",启动 FrontPage 2003。打开一个新的空白网页,如图 8-1 所示。

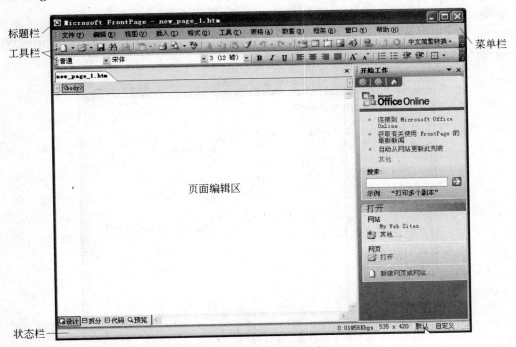

图 8-1 FrontPage 2003 窗口

与其他 Office 组件一样,FrontPage 窗口也包含有标题栏、菜单栏、"常用"工具栏和状态栏,左下角有 4 个标签,用于选择网页的显示方式,有设计、拆分、代码和预览四种,功能如下:设计方式,用于编辑网页;拆分方式,编辑区分成两部分,上半部分显示 HTML 文件,下半部分用于编辑网页;代码方式,显示网页对应的 HTML 文件;预览方式,模拟网页在浏览器中显示。

8.2 建立站点

　　站点是若干相关网页及这些网页相关的图像、声音、视频等的集合。站点包括提供各种综合信息的服务性站点和提供某些方面服务的专业站点。通过各种各样的站点，用户可以获得所需要的各种信息或服务。创建 Web 站点，并不是直接创建在 Internet 上，而是在本地计算机上首先创建一个"草稿"，然后再实行编辑和完善，最后将做好的站点通过传输工具上传到 Internet 上。

8.2.1　创建站点

1. 根据向导创建站点

　　创建新站点有以下几个步骤。

　　(1) 单击工具栏上"新建普通网页"下三角按钮，从下拉列表中选择"站点"命令。打开"网站模板"对话框，如图 8-2 所示。在右侧的"指定新网站的位置"组合框中可更改新站点的保存位置。

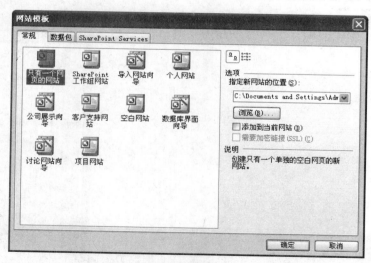

图 8-2　"网站模板"对话框

　　(2) 左侧"常规"选项卡中可选择相应的站点向导。

　　(3) 如果选择"公司展示向导"，单击"确定"按钮，弹出"公司网站向导"对话框，如图 8-3 所示。单击"下一步"按钮，对站点中的网页内容进行相应的设置，在最后一个对话框中单击"完成"按钮，完成站点的设置。

　　设置完成后，任务视图下的站点效果如图 8-4 所示，也可利用左下角按钮进行视图切换。

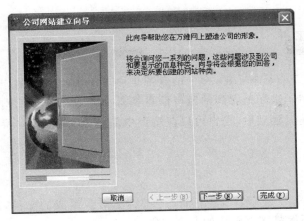

图 8-3 "公司网站建立向导"对话框

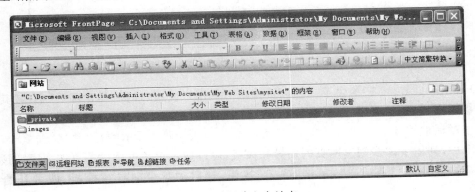

图 8-4 任务视图下的新建站点

2. 创建空白站点

如果在图 8-2"网站模板"对话框里"常规"选项卡中选择"空白网站",则系统会自动创建一个空站点,如图 8-5 所示。

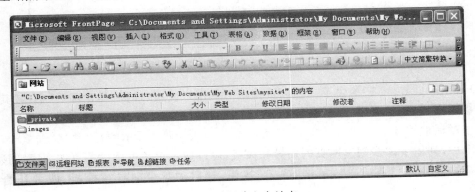

图 8-5 新建空白站点

8.2.2　添加网页

网页是构成站点的基本元素,每个站点都是由多个网页构成的。网上用户所访问的站点,如新浪、搜狐等,实际上看到的所有信息都是由构成该站点的网页显示出来的。网页是站点的基础,站点建立后,用户可以在站点中新建网页,也可以将设计好的网页添加到新建的站点中。

1.　创建网页

网页实际上就是由 HTML 包括另外一些脚本语言组成的文件,最终在浏览器中直观地显示给用户,下面是网页创建的几个步骤。

(1) 单击"文件"菜单,选择"新建"菜单项,右边弹出"新建"任务窗格。

(2) 选择"新建网页"中的"空白网页",出现如图 8-6 所示的空白页面编辑区,则可以对该空白网页进行编辑。

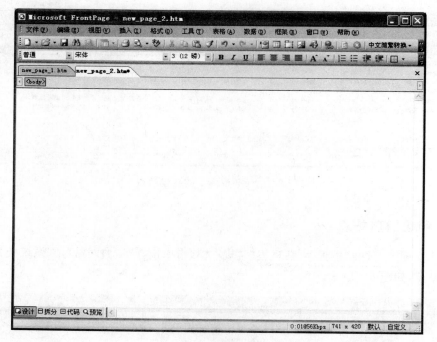

图 8-6　创建网页

FrontPage 2003 还提供了一些网页模板可供用户使用,选择"新建网页"中的"其他网页模板",则弹出"网页模板"对话框,如图 8-7 所示。

该对话框有 3 个选项卡:常规、框架网页、样式表,默认显示的是"常规"选项卡,在该选项卡中,列出了许多创建网页的向导和模板,可以通过对话框中的预览选项区域预览各种模板的效果,并从中选择,单击"确定"按钮,则启动某个向导或模板,即可开始创建网页。

　　　　大学信息技术基础

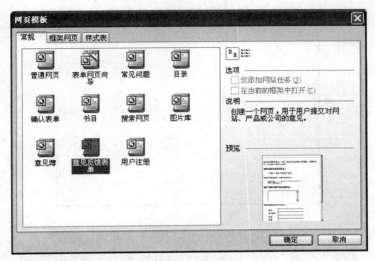

图 8-7 "网页模板"对话框

如果要保存新创建的网页,可以单击"常用"工具栏的"保存"按钮或单击"文件"菜单的"保存"选项,打开"另存为"对话框,如图 8-8 所示。

图 8-8 "另存为"对话框

在"保存位置"下拉列表框中选择某个 Web 站点的文件夹,将创建好的网页保存在此Web 站点中。

2. 将网页添加到站点

(1) 单击"文件"菜单中的"导入"菜单项,弹出"导入"对话框,如图 8-9 所示。

(2) 单击"添加文件"按钮,弹出"将文件添加到导入列表"对话框,如图 8-10 所示。选择需要添加的网页,单击"打开"按钮。

(3) 返回"导入"对话框,单击"确定"按钮即可。

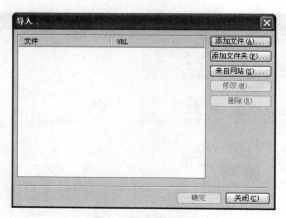

图 8-9　"导入"对话框

图 8-10　"将文件添加到导入列表"对话框

8.2.3　修改站点的结构

FrontPage 中站点结构的修改和建立主要是在导航视图中完成的。

单击"文件"菜单,选择"打开网站"菜单项,打开一个站点,单击左下角"导航"按钮,切换到导航视图,如图 8-11 所示。

1. 在导航视图中新建网页

在导航视图中,右击某一网页,如"兴趣",在快捷菜单中选择"新建"菜单项中"网页"命令,即可为"兴趣"创建一子网页,如图 8-12 所示。

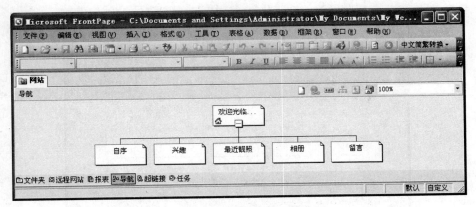

图 8-11　导航视图下的新建站点

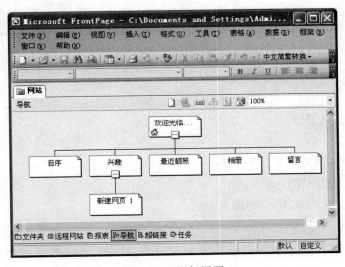

图 8-12　添加网页

2．在导航视图中移动网页

（1）鼠标指向某一网页，如"最近靓照"，将其拖动到目标位置，如"相册"下，目标区域显示虚线框，如图 8-13 所示。

（2）松开鼠标左键，即可完成网页的移动。

3．在导航视图中删除网页

选中要删除的网页，如"新建网页 1"，右击，从弹出的快捷菜单中选择"删除"命令，就能将所选中网页删除。

4．在导航视图中重命名网页

选中要重命名的网页，如"自序"，右击，从弹出的快捷菜单中选择"重命名"命令，便能

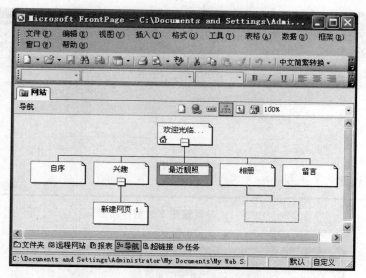

图 8-13　移动网页

将所选网页重命名。

8.2.4　保存站点

保存站点文件的方法有以下几种。

（1）使用快捷键 Ctrl＋S。

（2）单击"常用"工具栏中的保存按钮。

（3）选择"文件"菜单中的"保存"或"另存为"命令。

（4）文件保存也可以在关闭文档时进行，FrontPage 会出现保存提示对话框，单击"是"按钮即可。

8.3　编　辑　网　页

8.3.1　文本编辑

1．添加文本

网页中的文字说明是浏览者获取信息的主要途径，在 FrontPage 2003 中添加文本只需在网页的页面编辑区中，将鼠标指针移到需要加入文本的地方单击，即可输入文本。如果需要对文本的字体、字形、字号等属性进行修改设置，可以先选中要设定的文字，然后右击，从弹出的快捷菜单中选择"字体"命令，弹出"字体"对话框，如图 8-14 所示，进行相应设置。

大学信息技术基础

图 8-14 "字体"对话框

打开"字体"对话框的"字符间距"选项卡,如图 8-15 所示,可以在"间距"下拉列表框中设置字符的间距,下面"预览"选项区域中可以看到字符间距的变化。

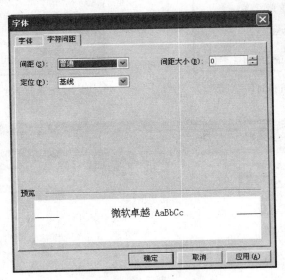

图 8-15 "字符间距"选项卡

在"定位"下拉列表框中可对文字相对于底线的距离做出选择,"预览"选项区域中的黑线就是行的底线。

2. 插入时间标记

用户在浏览网页时常常能看到网页上显示更新时间,实现此功能有以下几个步骤。

(1) 在页面末尾处或用户需要显示更新时间处输入"更新时间"。

（2）光标移动到"更新时间"字样后，选择"插入"菜单下的"日期和时间"命令，弹出对话框，如图 8-16 所示，在"日期格式"下拉列表框中选择合适的日期格式，在"时间格式"下拉列表框中设置时间的格式。

（3）单击"确定"按钮即可。

3. 插入分隔线

为了使得页面的层次更加清楚，可以加入分隔线进行划分，效果如图 8-18，"C 程序设计教程"与"第一章"之间出现的分隔线，具体操作有以下几个步骤。

（1）将光标移到需要插入分隔线的位置。

（2）选择"插入"菜单下的"水平线"命令，如图 8-18 所示为插入水平线后的页面。

如要修改水平线的样式，先选中水平线，右击，在弹出的快捷菜单中，单击"水平线属性"命令，在弹出的"水平线属性"对话框（如图 8-17 所示）中可对水平线的宽度、高度、对齐方式、颜色等属性进行设定。

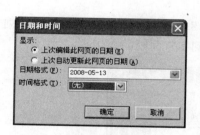

图 8-16　"日期和时间"对话框

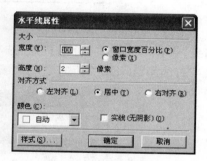

图 8-17　"水平线属性"对话框

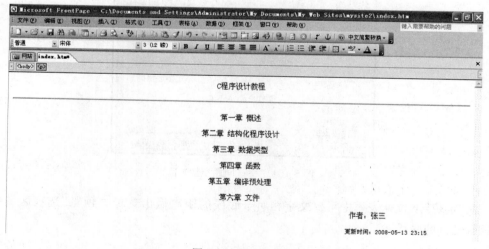

图 8-18　index.htm

　　大学信息技术基础

8.3.2 设置网页属性

1. 设定网页标题

所谓的网页标题是对网页主体内容的概括,常常出现在浏览器标题栏的左边。

(1) 打开一个需要设定网页标题的网页。

(2) 在网页编辑区右击,弹出快捷菜单。

(3) 选择"网页属性",弹出"网页属性"对话框,如图 8-19 所示。

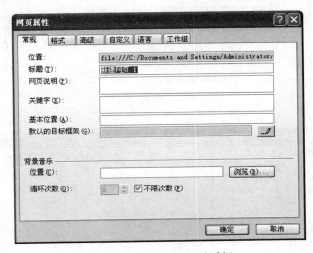

图 8-19 "网页属性"对话框

在"标题"文本框中输入需要设定的网页标题,单击"确定"按钮即可。

2. 设定背景

为了丰富网页视觉效果,可以对网页背景进行设定,使得网页更加美观。

(1) 打开一个网页,如 index.html。

在网页编辑区右击,在弹出的快捷菜单中单击"网页属性",弹出"网页属性"对话框,打开"格式"选项卡,如图 8-20 所示。

如果需将网页背景设置为一幅图片,可以选中"背景图片"复选框,再单击"浏览"按钮,从弹出的"选择背景图片"对话框(如图 8-21 所示)中,指定路径,选择需要的图片,然后单击"打开"按钮退出"选择背景图片"对话框。

(2) 在"网页属性"对话框中单击"确定"按钮即可。所选择的图片就成为背景显示在网页中了。

(3) 由于加入背景图片后往往会使得网页文件变大,影响传输速度,因此,一般制作网页时往往都不采用背景图片,更多的是改变背景颜色。如图 8-20 所示,在对话框的"颜色"选项组的"背景"颜色下拉列表中,可以选择需要的颜色,然后单击"确定"按钮。

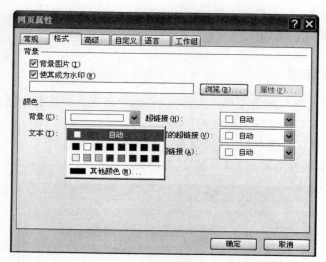

图 8-20 "格式"选项卡

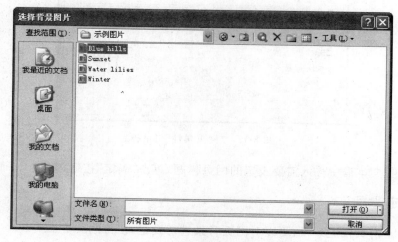

图 8-21 "选择背景图片"对话框

3. 添加声音

为了吸引浏览者,网页中往往也会添加声音,打开网页的同时,音乐会随画面同时出现。

(1) 在页面编辑区右击,弹出快捷菜单,单击"页面属性",弹出"页面属性"对话框,如图 8-19 所示。

(2) 在"背景音乐"选项组内,单击"浏览"按钮,出现"背景音乐"对话框选择插入的文件名和文件类型。

(3) 同时可以设置循环次数。单击"确定"按钮完成操作。

8.4　创建超链接

所谓的超链接是指从一个网页指向一个目标的连接关系,这个目标可以是另一个网页,也可以是同一网页上的不同位置,还可以是一个图片,一个电子邮件地址,一个文件,甚至是一个应用程序。而在一个网页中用来链接的对象,可以是一段文本或者是一个图片。当浏览者单击已经链接的文字或图片后,链接目标将显示在浏览器上,并且根据目标的类型来打开或运行。

在网页中,一般文字上的超链接都是蓝色(当然,用户也可以根据需要或喜好自己设置成其他颜色),文字下面有一条下划线。当移动鼠标指针到该超链接上时,鼠标指针就会变成手的形状,这时候单击,就可以直接跳转到与这个超链接相连接的目标上去。如果用户已经浏览过某个超链接,这个超链接的文本颜色就会发生改变。只有图像的超链接访问后颜色不会发生变化。

8.4.1　创建超链接

在 FrontPage 2003 中创建超链接可分为下面几步。

(1) 超链接的对象可以是文本、图片等元素,假设需要对 index. html 页面中的各章加上链接以便链接到各自的信息网页上。首先选中文字"第一章　概述"。

(2) 右击,弹出快捷菜单,选择"超链接"命令,弹出"插入超链接"对话框,如图 8-22 所示。

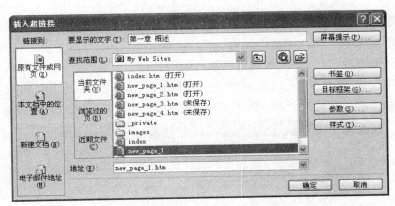

图 8-22　"插入超链接"对话框

(3) 选择链接目标页面,如"new_page_1",单击"确定"按钮。文字"第一章　概述"下面出现一条下划线,表明链接关系已经建立。

(4) 按照上述步骤,可以为其他各章建立超链接。

8.4.2 设置超链接的属性

先选中具有超链接的对象,右击弹出快捷菜单,选择"超链接属性",打开"编辑超链接"对话框,如图 8-23 所示,可以在"链接到"中修改目标位置。单击"样式"按钮弹出"修改样式"对话框。

图 8-23 "编辑超链接"对话框

如要取消链接关系,单击右下角"删除链接"按钮,再单击"确定"按钮即可。

8.4.3 创建 E-mail 链接

在网页中,常常能看到"联系我们"的 E-mail 链接,单击会打开如 Outlook 的邮件发送软件,以便用户发送邮件。

（1）如选中文字"作者:张三"。

（2）按照上述方法打开"插入超链接"对话框。

（3）选择左侧"链接到"选项组中的"电子邮件地址(M)",对话框变成与其对应的形式,如图 8-24 所示。按要求填写,单击"确定"按钮即可。

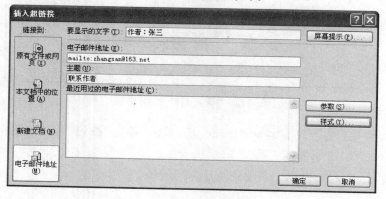

图 8-24 "插入超链接"对话框

大学信息技术基础

8.5 使用表格

FrontPage中表格的使用对网页的布局起着重要作用,不仅可以简明扼要地把数据有条理、有层次地表示出来,还可以在表格中放置一些文本和图片,达到对网页的合理布局。

8.5.1 创建表格

创建表格(如图8-25所示)的方法有以下几种。

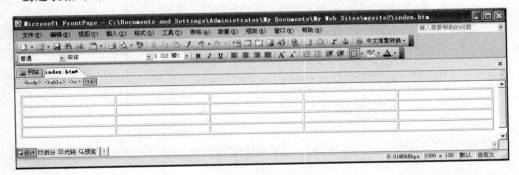

图 8-25 创建的表格

- 单击"表格"菜单中的"插入"菜单项,选择"表格"命令,在弹出的"插入表格"对话框中对表格样式进行设置。
- 将光标移至需要插入表格的位置,单击工具栏中的"插入表格"按钮,拖动鼠标,选择要插入的表格行列数。
- 选择"表格"菜单中的"绘制表格"命令,弹出"表格"工具栏,选择笔状按钮,画出表格。

8.5.2 选定表格

选中整个表格的方法有以下几种。
- 将光标定位于表格内,选择"表格"菜单中"选择"菜单项,选择"表格"命令。
- 将鼠标移至表格的左边,双击。
- 直接用鼠标拖动选定表格。

8.5.3 设置表格属性

要修改表格的属性,将光标移至表格内,右击,在弹出的快捷菜单中选择"表格属性",

或者单击"表格"菜单中"表格属性"菜单项,选择"表格"命令,弹出"表格属性"对话框,如图 8-26 所示,可以对表格的对齐方式、边框颜色等重新设定。

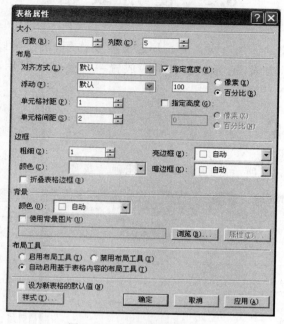

图 8-26 "表格属性"对话框

要修改某一个单元格的属性,将光标移至该单元格内,右击,在弹出的快捷菜单中,单击"单元格属性",或者单击"表格"菜单中"表格属性"菜单项,选择"单元格"命令,弹出"单元格属性"对话框,如图 8-27 所示,在其中可以对文字的对齐方式、边框、背景等进行设定。

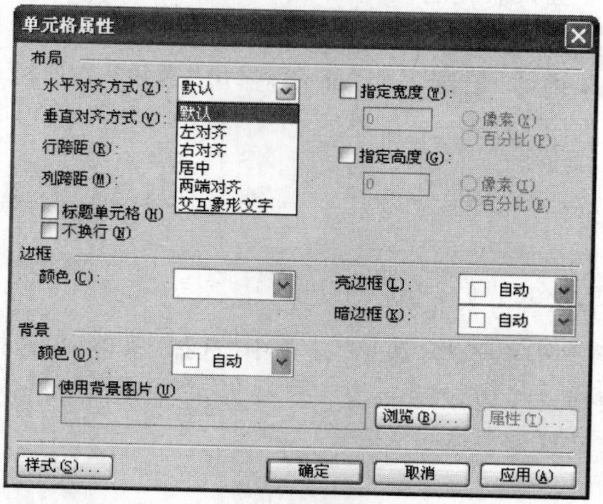

图 8-27 "单元格属性"对话框

8.5.4　使用表格布局网页

创建好表格后,就可以在表格中输入文本或插入图片了,以对页面进行布局,有以下几个步骤。

(1)将光标置于表格中,右击,在弹出的快捷菜单中,单击"表格属性",弹出"表格属性"对话框,如图 8-26 所示。

(2)在"边框"选项组的"粗细"数值框中输入"0",单击"确定"按钮,效果如图 8-28 所示。

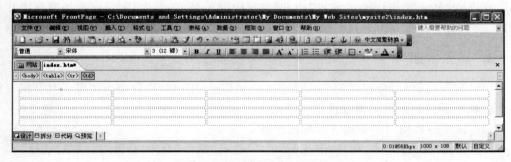

图 8-28　边框粗细为 0 的表格

(3)即可在表格对应位置输入文字或插入图片。

(4)保存文件后,即可预览效果。

8.6　添加特殊效果

8.6.1　添加多媒体

1.插入图像

网页中使用图片,可以使网页图文并茂,丰富多彩,吸引浏览者。网页上的图片文件一般都要求体积小以满足网络传输速度的要求,因此常使用压缩处理后的图片格式,如 GIF、JPG、PNG 等。

GIF(Graphics Interchange Format,图片交换格式)格式,最高支持 8 位彩色,GIF 图片被广泛使用,是因为有三个特性:透明,指可以给图片指定一种颜色,使其不被显示而成为透明;交错,指在显示图片的过程中可以从概貌逐渐变化到全貌,看上去也就是清晰度的从小变大;动画,指将各幅静态的图片连续显示形成动态画面。

JPEG(Joint Photographic Experts Group,联合图片专家组)格式,最大可支持 32 位彩色。JPEG 格式的最大特色就是文件比较小,可以进行高倍率的压缩,是目前所有格式中压缩率最高的格式之一。JPEG 格式在压缩保存的过程中会以失量最小的方式丢掉一些肉眼不易察觉的数据,用于对图像质量要求不高的场合。

PNG 格式是由 Netscape 公司开发出来的格式,用于网络图像,可以保存 24 位的真彩色图像,并且支持透明背景和消除锯齿边缘的功能,能在不失真的情况下压缩保存图像。在网页中使用要比 GIF 和 JPEG 格式少得多,但相信随着网络的发展和因特网传输的改善,PNG 格式将是未来网页中使用的一种标准图像格式。PNG 格式文件在 RGB 各灰度模式下支持 Alpha 通道,但是索引颜色各位图模式下不支持 Alpha 通道。在保存 PNG 格式的图像时,会弹出对话框,如果在对话框中选中 Interlaced(交错的)按钮,那么在使用浏览器欣赏该图片时就会以由模糊逐渐转为清晰的效果方式渐渐显示出来。

在 FrontPage 2003 中,是通过"插入"菜单中的子菜单"图片"来完成添加网页图片功能的。在 Microsoft Office 剪贴画中提供了大量的剪贴画,可以插入网页中进行装饰。

2. 插入视频

设计网页时,可以根据需要插入动态的视频信息,用户可以设定当浏览者打开网页或将光标移动到视频处自动播放该文件。插入视频有以下几个步骤。

(1) 将光标移动到需要插入视频的位置。

(2) 单击"插入"菜单,选择"图片"菜单项,选择"视频"命令,打开"视频"对话框。

(3) 选择要插入的视频文件,单击"确定"按钮即可。

选择视频后,右击,在弹出的快捷菜单中选择"图片属性"命令,打开"图片属性"对话框,用户可以设置插入视频文件的属性用来控制播放条件和播放方式等。

3. 添加动画

在 FrontPage 2003 中,可以为 Web 站点上的大多元素(如文字、图片、表格等)添加动画效果。例如:可以使文本具有如下动画效果:当网页加载时,文字从下面飞入。

(1) 选择"视图"菜单,选择"工具"菜单项,选择"DHTML 效果",打开"DHTML 效果"工具栏,如图 8-29 所示。

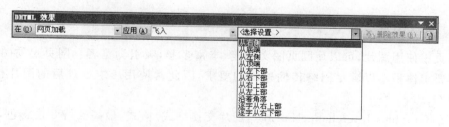

图 8-29 "DHTML 效果"工具栏

(2) 选中需要添加动画的文字,如"C 程序设计教程"。

(3) 在"在(O)"下拉列表框中选择触发动画效果的事件,此处选择"网页加载"选项。

(4) 然后,"应用(A)"下拉列表框变为可用,提供多种动画效果,此处选择"飞入"选项。

（5）此时，第 3 个"选择设置"下拉列表框也变成可用状态，提供各种飞入页面的方式，此处选择"从底端"选项。

（6）选择"文件"菜单中"用浏览器预览"命令即可看到动画效果。如要删除动画，只要选中具有动画效果的元素，然后在"DHTML 效果"工具栏中单击"删除效果"按钮即可。

8.6.2　插入 Web 组件

1．网站计数器

浏览网站的时候，常常可以看到用于记录访问网页次数的计数器，它能反映出一个站点受关注的程度。实现步骤如下，需要注意的是只有在站点发布之后，才能正常计数。

（1）将光标移动到需要插入计数器的位置。

（2）选择"插入"菜单中"Web 组件"命令，弹出"插入 Web 组件"对话框，如图 8-30 所示。

（3）在"组件类型"列表框中选择"计数器"选项，右侧列出几种计数器样式，可进行选择，然后单击"完成"按钮。

（4）弹出"计数器"属性对话框，如图 8-31 所示。选中"计数器重置为"复选框，然后输入初始计数值，一般为 0。选中"设定数字位数"复选框，在后面输入计数值的显示位数，如输入"6"，则当访问次数为 123 次时，显示"000123"。

图 8-30　"插入 Web 组件"对话框

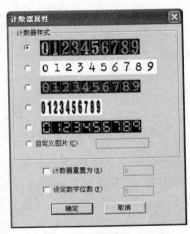

图 8-31　"计数器属性"对话框

（5）单击"确定"按钮即可。

2．字幕

字幕组件可以制作网页上水平滚动字幕等效果，可用于发布通知或重要消息。下面介绍插入字幕的步骤。

（1）将光标移动到需要插入字幕的位置。

（2）选择"插入"菜单中的"Web 组件"命令，弹出"插入 Web 组件"对话框，如图 8-30

所示。

（3）在"组件类型"列表框中选择"动态效果"选项，右侧列表框有 2 个选项："字幕"、"交互式"按钮，选择"字幕"选项。

（4）单击"完成"按钮，出现"字幕属性"对话框，如图 8-32 所示可调整字幕的滚动速度、背景色等。

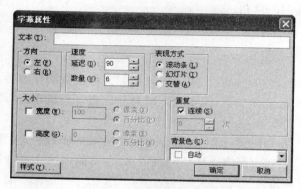

图 8-32　"字幕属性"对话框

（5）在"文本"文本框中输入要显示的文字，设置字幕的方向、速度、表现方式、大小、背景色等。

（6）设置完成后，单击"确定"按钮，即可预览字幕的动态效果。

（7）在字幕上单击鼠标右键，选择"字体"命令进入"字体"对话框，调整字幕的字体、字号等。

8.7　发 布 站 点

发布站点其实就是将创建完成后的站点发布到 WWW 上的某个服务器的过程。在发布之前，首先要向发布站点所在的服务器提出申请，经过服务器批准申请，提供相应的URL 地址后，就可以向服务器发布制作好的站点了，这个由若干个网页组成的站点将会被放在一个虚拟的目录中。随后通过浏览器就可以远程访问这个新发布的站点了。

8.7.1　发布条件

发布站点一般是将制作好的网页传到网络上的某个提供站点服务的 Web 服务器上，由于需要占用一定的硬盘空间，可能需要支付一定费用。但由于计算机技术的迅速发展，目前的 PC 很多已经具备作为服务器的性能，其实可以将做好的站点发布在网络中的本地计算机上以供浏览。

如果要发布到本地计算机上，要求本地计算机必须安装 FrontPage Server Extensions，这样才能保证发布后站点能实现在 FrontPage 中所设计的网页功能，如不具有 FrontPage Server Extensions,只能通过 FTP 方式发布网页。

8.7.2　发布

完成站点中的各个网页的制作即可发布站点了,选择"文件"菜单中的"发布站点"命令,即弹出"远程网站属性"对话框,如图 8-33 所示,可以在其中指定发布站点服务器在网络中的位置。

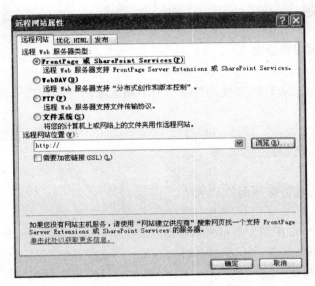

图 8-33　"远程网站属性"对话框

在"远程网站属性"对话框的"发布"选项卡中可以选择发布方式,如图 8-34 所示。选

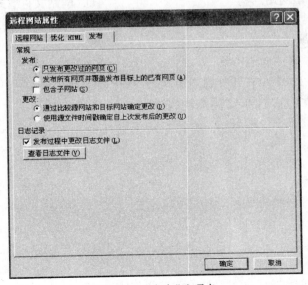

图 8-34　"发布"选项卡

中"只发布更改过的网页"单选按钮,将只发布更改过的网页文件,单击"确定"按钮即可发布。发布后,系统会询问用户名和密码,输入正确的用户名和密码,系统将开始传输站点中的网页文件,完成后,弹出"成功发布站点"提示框。

8.8 习 题

8.8.1 选择题

1. 网站的主页习惯命名为( )。

A. index. html　　　　B. index　　　　C. 主页　　　　D. 主页. html

2. 在 FrontPage 2003 中,要使浏览器中的不同区域同时显示几个网页,可使用( )方法。

A. 表格　　　　B. 框架　　　　C. 表单　　　　D. 单元格

3. 一个网站的结构是一个( )结构。

A. 网状　　　　B. 链状　　　　C. 关系　　　　D. 树状

4. 创建网页的超链接使用的菜单是( )。

A. 编辑　　　　B. 插入　　　　C. 格式　　　　D. 视图

5. FrontPage 2003 中用于显示来自和指向站点中每一网页的所有超链接的是( )。

A. 网页视图　　　　　　　　　　B. 导航视图

C. 超链接视图　　　　　　　　　D. 报表视图

6. 在 FrontPage 2003 的"导航"视图模式下,可直接进行( )操作。

A. 查看和修复链接　　　　　　　B. 查看文件信息

C. 快速调整网站结构　　　　　　D. 网站文件管理

8.8.2 简答题

1. FrontPage 2003 中有几种视图模式,各有什么特点?

2. 简述如何在网站中加入"站点计数器"。

3. 简述如何发布一个站点。

参 考 文 献

[1] 张国平.大学信息技术教程.北京：中国农业出版社,2006.

[2] 王移芝.计算机文化基础教程.北京：高等教育出版社,2003.

[3] 王移芝.计算机文化基础教程——学习与实验指导.北京：高等教育出版社,2003.

[4] 王移芝,罗四维.大学计算机基础.2版.北京：清华大学出版社,2007.

[5] 王仲轩,罗廷礼,徐贤军.信息技术基础教程.北京：清华大学出版社,2005.

[6] 李志蜀.计算机文化基础.北京：高等教育出版社,2003.

[7] 李志蜀.计算机文化基础上机实习指导.北京：高等教育出版社,2003.

[8] 杨振山,龚沛曾.计算机文化基础.北京：高等教育出版社,2003.

[9] 杨振山,龚沛曾.计算机文化基础实验指导与测试.北京：高等教育出版社,2003.

[10] 楚玉忠,蔺永政.Windows XP 应用教程.山东：山东科学技术出版社,2008.

[11] 姚华.Windows XP 操作系统标准教程.北京：北京理工大学出版社,2006.

[12] 吴军希,吴俊海,等.Windows XP/2000 综合应用标准教程.北京：清华大学出版社,2006.

[13] 冯欢.中文版 Windows XP 实用教程.陕西：西安电子科技大学出版社,2005.

[14] 张胜涛,赖亚非.中文版 Windows XP 实用教程.北京：清华大学出版社,2005.

[15] 冯博琴.大学计算机基础.北京：高等教育出版社,2004.

[16] 冯博琴.大学计算机基础实验指导.北京：高等教育出版社,2004.

[17] 吕新平,张强华,冯祖洪.计算机文化基础上机指导与习题集.北京：人民邮电出版社,2006.

[18] 龚沛曾.大学计算机基础.北京：高等教育出版社,2004.

[19] 龚沛曾.大学计算机基础上机实验指导与测试.北京：高等教育出版社,2004.

[20] 雷国华.计算机基础教程.北京：高等教育出版社,2004.

[21] 雷国华.计算机基础习题与实验.北京：高等教育出版社,2003.

[22] 李秀,姚瑞霞,等.计算机文化基础.北京：清华大学出版社,2004.

[23] 李秀,姚瑞霞,等.计算机文化基础上机指导.北京：清华大学出版社,2004.

[24] 徐士良.计算机公共基础.北京：清华大学出版社,2004.

[25] 徐士良.计算机公共基础实验指导.北京：清华大学出版社,2004.

[26] 卢湘鸿.计算机应用教程.北京：清华大学出版社,2004.

[27] 卢湘鸿.计算机应用教程习题解答与实验指导.北京：清华大学出版社,2004.

[28] 张森.大学信息技术基础.北京：高等教育出版社,2004.

[29] 张森.大学信息技术基础实验指导.北京：高等教育出版社,2004.

[30] 贾宗福.新编大学计算机基础教程.北京：中国铁道出版社,2008.

[31] 陈桂林,钱峰,江鹰,等.新编计算机文化基础教程.成都：电子科技大学出版社,2004.

[32] 郭晔.大学计算机基础.2版.北京：中国铁道出版社,2007.

[33] 高来光,等.大学计算机应用基础.北京：清华大学出版社,2006.

[34] 訾秀玲.大学计算机基础.北京：清华大学出版社,2006.

[35] 高来光,等.大学计算机应用基础.北京：清华大学出版社,2006.

网站参考资料

[1]　http：//www. internetworldstats. com.

[2]　http：//www. cnnic. net. cn/.

[3]　http：//www. microsoft. com/china/windows/windows-xp/.

读者意见反馈

亲爱的读者：

感谢您一直以来对清华版计算机教材的支持和爱护。为了今后为您提供更优秀的教材，请您抽出宝贵的时间来填写下面的意见反馈表，以便我们更好地对本教材做进一步改进。同时如果您在使用本教材的过程中遇到了什么问题，或者有什么好的建议，也请您来信告诉我们。

地址：北京市海淀区双清路学研大厦 A 座 602 室 计算机与信息分社营销室 收
邮编：100084   电子邮件：jsjjc@tup.tsinghua.edu.cn
电话：010-62770175-4608/4409   邮购电话：010-62786544

教材名称：大学信息技术基础
ISBN：978-7-302-20825-9
个人资料
姓名：_____ 年龄：_____ 所在院校/专业：_____
文化程度：_____ 通信地址：_____
联系电话：_____ 电子信箱：_____
您使用本书是作为： □指定教材 □选用教材 □辅导教材 □自学教材
您对本书封面设计的满意度：
□很满意 □满意 □一般 □不满意 改进建议_____
您对本书印刷质量的满意度：
□很满意 □满意 □一般 □不满意 改进建议_____
您对本书的总体满意度：
从语言质量角度看 □很满意 □满意 □一般 □不满意
从科技含量角度看 □很满意 □满意 □一般 □不满意
本书最令您满意的是：
□指导明确 □内容充实 □讲解详尽 □实例丰富
您认为本书在哪些地方应进行修改？（可附页）
_____
_____
您希望本书在哪些方面进行改进？（可附页）
_____
_____

电子教案支持

敬爱的教师：

为了配合本课程的教学需要，本教材配有配套的电子教案（素材），有需求的教师可以与我们联系，我们将向使用本教材进行教学的教师免费赠送电子教案（素材），希望有助于教学活动的开展。相关信息请拨打电话 010-62776969 或发送电子邮件至 jsjjc@tup.tsinghua.edu.cn 咨询，也可以到清华大学出版社主页（http://www.tup.com.cn 或 http://www.tup.tsinghua.edu.cn）上查询。

高等学校计算机基础教育教材精选

网页设计创意与编程　魏善沛　　　　　　　　ISBN 978-7-302-12415-3

网页设计创意与编程实验指导　魏善沛　　　　ISBN 978-7-302-14711-4

网页设计与制作技术教程(第2版)　王传华　　ISBN 978-7-302-15254-8

网页设计与制作教程(第2版)　杨选辉　　　　ISBN 978-7-302-17820-0

网页设计与制作实验指导(第2版)　杨选辉　　ISBN 978-7-302-17729-6

微型计算机原理与接口技术(第2版)　冯博琴　ISBN 978-7-302-15213-2

微型计算机原理与接口技术题解及实验指导(第2版)　吴宁　ISBN 978-7-302-16016-8

现代微型计算机原理与接口技术教程　杨文显　ISBN 978-7-302-12761-1

新编16/32位微型计算机原理及应用教学指导与习题详解　李继灿　ISBN 978-7-302-13396-4